Lebendiges Lernen mit lebenden Tieren – Einsatz von Tieren in pädagogischen Settings

Lisa Virtbauer
(Hrsg.)

Lebendiges Lernen mit lebenden Tieren – Einsatz von Tieren in pädagogischen Settings

Ein Leitfaden für Alle, die tiergestützt arbeiten (wollen)

Hrsg.
Lisa Virtbauer
Schulbiologiezentrum Salzburg
Fachbereich Umwelt und Biodiversität
Paris Lodron Universität Salzburg
Salzburg, Österreich

ISBN 978-3-662-70218-5   ISBN 978-3-662-70219-2   (eBook)
https://doi.org/10.1007/978-3-662-70219-2

Die Deutsche Nationalbibliothek verzeichnet diese Publikation in der DeutschenNationalbibliografie; detaillierte bibliografische Daten sind im Internet überhttps://portal.dnb.deabrufbar.

© Der/die Herausgeber bzw. der/die Autor(en), exklusiv lizenziert an Springer-Verlag GmbH, DE, ein Teil von Springer Nature 2025

Das Werk einschließlich aller seiner Teile ist urheberrechtlich geschützt. Jede Verwertung, die nicht ausdrücklich vom Urheberrechtsgesetz zugelassen ist, bedarf der vorherigen Zustimmung des Verlags. Das gilt insbesondere für Vervielfältigungen, Bearbeitungen, Übersetzungen, Mikroverfilmungen und die Einspeicherung und Verarbeitung in elektronischen Systemen.
Die Wiedergabe von allgemein beschreibenden Bezeichnungen, Marken, Unternehmensnamen etc. in diesem Werk bedeutet nicht, dass diese frei durch jede Person benutzt werden dürfen. Die Berechtigung zur Benutzung unterliegt, auch ohne gesonderten Hinweis hierzu, den Regeln des Markenrechts. Die Rechte des/der jeweiligen Zeicheninhaber*in sind zu beachten.
Der Verlag, die Autor*innen und die Herausgeber*innen gehen davon aus, dass die Angaben und Informationen in diesem Werk zum Zeitpunkt der Veröffentlichung vollständig und korrekt sind. Weder der Verlag noch die Autor*innen oder die Herausgeber*innen übernehmen, ausdrücklich oder implizit, Gewähr für den Inhalt des Werkes, etwaige Fehler oder Äußerungen. Der Verlag bleibt im Hinblick auf geografische Zuordnungen und Gebietsbezeichnungen in veröffentlichten Karten und Institutionsadressen neutral.

Planung/Lektorat: Stefanie Wolf
Einbandabbildung: © mit freundlicher Genehmigung der Herausgeberin Frau Lisa Virtbauer

Springer ist ein Imprint der eingetragenen Gesellschaft Springer-Verlag GmbH, DE und ist ein Teil von Springer Nature.
Die Anschrift der Gesellschaft ist: Heidelberger Platz 3, 14197 Berlin, Germany

Wenn Sie dieses Produkt entsorgen, geben Sie das Papier bitte zum Recycling.

Ihr Ziel ist, dass die Erfahrungen und die Expertise, die sie in Aus- und Fortbildungs-Veranstaltungen weitergibt, auch praktisch in der Schule (oder anderen tiergestützten Einheiten) umgesetzt werden.

Inhaltsverzeichnis

Teil I Die Basics – Was ist beim Einsatz von lebenden Tieren in pädagogischen Settings zu beachten?

1 Lebendige Lernbegleiter: Warum Tiere den Unterricht bereichern 3
Lisa Virtbauer
Literatur 5

2 Tiergestützte Didaktik 7
Lisa Virtbauer
2.1 Geeignete Tierarten für einen Einsatz in der Schule oder anderen pädagogischen Settings 8
2.2 Vorbereitung des tiergestützten Unterrichts 11
2.3 Vom Konzept zur Praxis – Zielorientierung in der tiergestützten Intervention 17
2.4 Einführung des Tieres in den Unterricht 19
2.5 Welche Wirkung können Tiere im Unterricht auf Kinder haben? ... 21
    2.5.1 Wirkung auf das Lernen und kognitive Prozesse 23
    2.5.2 Wirkung auf soziale Bereiche 25
    2.5.3 Wirkung auf emotionales Empfinden 28
2.6 Wenn Tiere Ekel auslösen – Lösungsansätze für den Unterricht 29
    2.6.1 Was ist Ekel? Auslöser und Entwicklung 30
    2.6.2 Faktoren, die zur Entstehung von Emotionen wie Ekel und Angst gegenüber Tieren beitragen 33
    2.6.3 Welche Tiere werden besonders häufig als Ekeltiere wahrgenommen? 36
2.7 Lebendiges Lernen mit Tieren – Methoden für einen erfolgreichen Unterricht 39
    2.7.1 Praktische Empfehlungen für den Umgang mit (potenziell ekelerregenden) Tieren 40
    2.7.2 Kriteriengeleitete Tierbeobachtung im Unterricht – Herangehensweise und Umsetzung 46
    2.7.3 Experimente mit lebenden Tieren im Unterricht planen und durchführen 51

2.8	Gesetzliche Rahmenbedingungen beim Einsatz von Tieren im Unterricht...	54
2.9	Tierschutz, Tierethik und Tierrecht – Ein kurzer Überblick	63
2.10	Gesundheitliche Aspekte beim Einsatz von Tieren in pädagogischen Settings	66
Literatur...		69

Teil II Informationen und Arbeitsmaterialien zu ausgewählten Tierarten

3 Wirbellose im Klassenzimmer: Ein Plädoyer für ihren Einsatz im Unterricht.... 79
Lisa Virtbauer
Literatur... 81

4 Kleinsäuger: Mongolische Rennmaus......................... 83
Karin Weilhartner, Lisa Virtbauer und Elena Schüssling
4.1 Steckbrief der Mongolischen Rennmaus 84
4.2 Rennmäuse in der Schule: Haltung, Pflege und Handling......... 86
4.3 Vorschläge für den Unterricht 88
Literatur... 95

5 Krebstiere: Heimische und Exotische Asseln 97
Karin Weilhartner, Lisa Virtbauer und Elena Schüssling
5.1 Steckbrief von Landasseln 98
5.2 Asseln in der Schule: Haltung, Pflege und Handling............ 101
5.3 Vorschläge für den Unterricht 103
5.4 Lösungen zu den Arbeitsblättern 107
Literatur... 108

6 Weichtiere: Achatschnecken oder Afrikanische Riesenschnecken.... 111
Karin Weilhartner, Lisa Virtbauer und Elena Schüssling
6.1 Steckbrief der Afrikanischen Achatschnecke................. 112
6.2 Schnecken in der Schule: Haltung, Pflege und Handling 114
6.3 Vorschläge für den Unterricht 116
Literatur... 118

7 Insekten: Stab- und Gespenstschrecken 119
Karin Weilhartner, Lisa Virtbauer und Elena Schüssling
7.1 Steckbrief von Stab- und Gespenstschrecken 119
7.2 Gespenstschrecken in der Schule: Haltung, Pflege und Handling 122
7.3 Vorschläge für den Unterricht 125
Literatur... 131

Teil III Best practice Beispiele von Lehrenden

8 Tierhaltung am BRG Salzburg 135
Martina Wörndl-Aichriedler und Astrid Fitzga
- 8.1 Kurze Beschreibung 135
- 8.2 Rahmenbedingungen 135
- 8.3 Motivation 136
- 8.4 Vorstellen unserer permanenten Tierhaltung 136
- 8.5 Empfehlungen zur Haltung von Tieren an der Schule – kurz & knapp 139
- 8.6 Highlights und Erfolge 140
- 8.7 Herausforderungen und Empfehlungen für Lehrkräfte 140
- 8.8 Resümee und Ausblick 141

9 Rennmäuse im Klassenzimmer – ein fächerübergreifendes Schulprojekt in der Mittelschule 143
Bettina Heinrich
- 9.1 Kurze Beschreibung 143
- 9.2 Rahmenbedingungen 143
- 9.3 Motivation 144
- 9.4 Vorbereitung des Projekts 144
- 9.5 Fütterung und Pflege der Mäuse 145
- 9.6 Konkrete Einbeziehung in den einzelnen Fächern 146
- 9.7 Ergebnissicherung Kurzfilm für Schulhomepage 151
- 9.8 Highlights und Erfolge 151
- 9.9 Herausforderungen und Empfehlungen für Lehrkräfte 153
- 9.10 Resümee und Ausblick 153

10 Achatschnecken – Langsam, aber lehrreich. Eine kooperative, forschend angelegte Experimentiereinheit für den Biologieunterricht 155
Monique Meier, Stefanie Wiedmer und Marit Kastaun
- 10.1 Kurze Beschreibung 155
- 10.2 Rahmenbedingungen 156
- 10.3 Motivation 156
- 10.4 Ablauf, Materialien und Herangehensweise 156
  - 10.4.1 Einführung 157
  - 10.4.2 Verlaufsplan 158
  - 10.4.3 Phase 1: Freies Experimentieren 158
  - 10.4.4 Phase 2: Angeleitetes Experimentieren 161
- 10.5 Highlights und Erfolge 163
- 10.6 Herausforderungen und Empfehlungen für Lehrkräfte 164
- 10.7 Resümee und Ausblick 166

11	\multicolumn{2}{l}{Stressreduktion durch Riesenschnecken – Entwicklung einer Anti-Stresstherapie für Kinder und Jugendliche................}	167

11 Stressreduktion durch Riesenschnecken – Entwicklung einer Anti-Stresstherapie für Kinder und Jugendliche.................... 167
  Roman Auer
  11.1 Kurze Beschreibung................................ 167
  11.2 Rahmenbedingungen............................... 168
  11.3 Motivation.. 168
  11.4 Ablauf und Herangehensweise...................... 169
  11.5 Highlights und Erfolge............................. 171
  11.6 Herausforderungen und Empfehlungen für Lehrkräfte....... 171
  11.7 Resümee und Ausblick............................. 172

12 Turtelträume am Reithmanngymnasium...................... 173
  Thomas Berti
  12.1 Kurze Beschreibung................................ 173
  12.2 Rahmenbedingungen............................... 173
  12.3 Motivation.. 174
  12.4 Ablauf des Projekts................................ 174
  12.5 Naturwissenschaftliche Experimente.................. 175
  12.6 Forschungsarbeit und Interviews..................... 177
  12.7 Präsentationen und Öffentlichkeitsarbeit............... 178
  12.8 Highlights und Erfolge............................. 179
  12.9 Herausforderungen und Empfehlungen für Lehrkräfte....... 179
  12.10 Resümee und Ausblick............................. 180

Autor:innenverzeichnis

Dr. Roman Auer Vöcklabruck, Österreich

Dr. Thomas Berti Oberhofen Tirol, Österreich

Mag.ª Astrid Fitzga BRG Salzburg, Salzburg, Österreich

Dipl.-Päd.ⁱⁿ Bettina Heinrich, BEd, Mittelschule – Albertus Magnus Schule, Wien, Österreich

Dr.ⁱⁿ Marit Kastaun Fachgebiet Didaktik der Biologie, Universität Kassel, Kassel, Deutschland

Prof.ⁱⁿ Dr.ⁱⁿ Monique Meier Professur für Didaktik der Biologie, Technische Universität Dresden, Dresden, Deutschland

Elena Schüssling Fachdidaktik Biologie und Umweltkunde, Universität Salburg, Salzburg, Österreich

Dr.ⁱⁿ Lisa Virtbauer Schulbiologiezentrum Salzburg, Fachbereich Umwelt und Biodiversität, Paris Lodron Universität Salzburg, Salzburg, Österreich

Mag.ª Karin Weilhartner Fachdidaktik Biologie und Umweltkunde, Universität Salzburg, Salzburg, Österreich

Dr.ⁱⁿ Stefanie Wiedmer Professur für Didaktik der Biologie, Technische Universität Dresden, Dresden, Deutschland

Mag.ª Martina Wörndl-Aichriedler BRG Salzburg, Salzburg, Österreich

Abbildungsverzeichnis

Abb. 2.1	Eine Stabschrecke wird unter die Lupe genommen. (© PLUS/ Michael Namberger)	9
Abb. 2.2	Vertraut machen mit der Handhabe eines Wandelnden Blattes. (© Virtbauer Lisa).	13
Abb. 2.3	Beispiel für einen Praxiskoffer. (© Weilhartner Karin)	15
Abb. 2.4	Die rosa geflügelte Stabschrecke kann kurze Distanzen fliegend zurücklegen (Gleitflug). (© Virtbauer Lisa).	19
Abb. 2.5	Auswirkungen tiergestützter Pädagogik, verändert nach Vernooij und Schneider (2018, S. 79)	22
Abb. 2.6	Sehen und fühlen, wie sich die Schnecke fortbewegt und den Bananenbrei frisst. (© Virtbauer Lisa)	23
Abb. 2.7	Mimischer Ausdruck verschiedener Intensitätsstufen von Ekel, (Virtbauer, 2018, verändert nach Fadrus & Spindler, 2016 bzw. Spindler & Fadrus, 2024).	30
Abb. 2.8	Kind (ca. 2,7 Jahre) streichelt Nacktschnecke. (© Lisa Virtbauer).	31
Abb. 2.9	Madagaskar Fauchschaben stellen potenzielle Ekeltiere, aber auch geeignete Schultiere dar. (© Virtbauer Lisa)	37
Abb. 2.10	Beobachtung einer Stabschrecke in einem geschlossenen Behälter. (© PLUS/Michael Namberger)	41
Abb. 2.11	Maßnahmen, die negative Emotionen wie Ekel im Umgang mit Tieren im Unterricht reduzieren können (vgl. Gebhard, 2020).	41
Abb. 2.12	Ein Schwalbenschwanz saugt Nektar. (© Virtbauer Lisa)	47
Abb. 2.13	Geduldiges Beobachten der Schnecken. (© PLUS/ Michael Namberger).	48
Abb. 2.14	Schritte bei der Anwendung naturwissenschaftlicher Arbeitsweisen in der Schule bzw. beim Forschenden Lernen (verändert nach Kremer et al., 2019; S. 117)	49
Abb. 2.15	Drei Naturwissenschaftliche Arbeitsweisen beim Einsatz von lebenden Tieren innerhalb des Unterrichts im Vergleich; Die Beobachtung kann auch Teil des Experimentes darstellen (vereinfacht nach Nerdel, 2017; S. 116).	52

Abb. 2.16	Relevante Gesetze bei der Haltung und dem Einsatz von Tieren (in der Schule)	59
Abb. 4.1	Anatomie einer Mongolischen Rennmaus. (© Weilhartner Karin)	85
Abb. 4.2	Comic: Rennmaus-Forscher:in. (© Weilhartner Karin)	90
Abb. 4.3	Beobachtungsarena für Mäuse. (© Weilhartner Karin)	91
Abb. 4.4	Arbeitsblatt *„Anatomie der Mongolischen Rennmaus"*", Seite 1	93
Abb. 4.5	Arbeitsblatt *„Anatomie der Mongolischen Rennmaus"*, Seite 2	94
Abb. 5.1	Anatomie der Mauerassel *(Oniscus asellus)* (© Weilhartner Karin)	98
Abb. 5.2	Von Asseln gefressenes Eichenblatt. (© Virtbauer Lisa)	100
Abb. 5.3	Plastikbox für Asseln. Am Deckel wurden zwei Streifen ausgeschnitten und mit Gaze zugeklebt. (© Weilhartner Karin)	102
Abb. 6.1	Anatomie der Achatschnecken *(Achatiniidae)*; (© Weilhartner Karin)	112
Abb. 7.1	Anatomie der Annam-Stabschrecke *(Medauroidea extradentata)*. (© Weilhartner Karin)	120
Abb. 7.2	Äste mit Annam-Stabschrecken. (© Weilhartner Karin)	127
Abb. 7.3	Eine ausgewachsene Annam-Stabschrecke kann auch mit den Fingern hochgehoben werden. (© Virtbauer Lisa)	128
Abb. 7.4	Stabschrecken-Comic. (© Weilhartner Karin)	129
Abb. 8.1	Tierhaltung bzw. Aquarien am BRG Salzburg. (© Martina Wörndl-Aichriedler & Astrid Fitzga)	137
Abb. 8.2	Tierhaltung am BRG Salzburg. (© Martina Wörndl-Aichriedler & Astrid Fitzga)	138
Abb. 9.1	Beispiel eines Lapbooks. (© Bettina Heinrich)	145
Abb. 9.2	Kontaktaufnahme beim Futter anbieten. (© Bettina)	146
Abb. 9.3	Schülerin bei der Kontaktaufnahme mit den Mäusen. (© Heinrich Bettina)	152
Abb. 10.1	Comic zur Veranschaulichung des Phänomens der Nahrungssuche bei AchatsSchnecken. (Eigene Darstellung, erstellt mit Canva (2025) von Stefanie Wiedmer)	162
Abb. 10.2	V-Diagramm als Protokollvorlage zur Dokumentation. (© Monique Meier)	163
Abb. 10.3	Karte für den Austausch in den Forschergruppen. (© Monique Meier)	164
Abb. 10.4	Fotos der Durchführung exemplarischer Experimente. (© Marit Kastaun)	165
Abb. 10.5	Fotos der Durchführung exemplarischer Experimente. (© Marit Kastaun)	165
Abb. 11.1	Vier Mitglieder des Projektteams bei der Präsentation ihrer Arbeit beim Jugend Innovativ Award. (© Auer Roman)	168
Abb. 11.2	Versuchsaufbau. (© Roman Auer)	170

Abb. 12.1	Taubenschlag am Dach des Reithmanngymnasiums. (© Thomas Berti)	174
Abb. 12.2	Schüler mit Taube „Jenny" und angebrachter Kamera. (© Berti Thomas)	176
Abb. 12.3	Die Schülerinnen zeigen einen freundvollen und geübten Umgang mit den Tauben. (© Berti Thomas)	178

Tabellenverzeichnis

Tab. 4.1 Mongolische Rennmäuse im Lehrplan (VS, NMS, AHS). *falls Biologie und Umweltbildung unterrichtet wird 89
Tab. 5.1 Asseln im Lehrplan (VS, NMS, AHS). *falls Biologie und Umweltbildung unterrichtet wird 104
Tab. 6.1 Afrikanische Achatschnecken im Lehrplan (VS, NMS, AHS). *falls Biologie und Umweltbildung unterrichtet wird 117
Tab. 7.1 Stab- und Gespenstschrecken im Lehrplan (VS, NMS, AHS). *falls Biologie und Umweltbildung unterrichtet wird 125
Tab. 7.2 Tabelle für ein Spiel zu Stab- und Gespenstschrecken. 126
Tab. 10.1 Verlaufsplan mit Impulsen zur Experimentiereinheit. 159

Teil I
Die Basics - Was ist beim Einsatz von lebenden Tieren in pädagogischen Settings zu beachten?

Lebendige Lernbegleiter: Warum Tiere den Unterricht bereichern

Lisa Virtbauer

Pädagog:innen, die bereits mit Tieren im Unterricht gearbeitet haben, berichten übereinstimmend von deren positiver Wirkung – sowohl auf den Lernprozess als auch auf die soziale und emotionale Entwicklung von Kindern und Jugendlichen. Lebewesen ermöglichen ein besonders aktives und nachhaltiges Lernen: Sie schaffen emotionale Verknüpfungen, sprechen mehrere Sinne an und ermöglichen direkte Erfahrungen, die theoretisch kaum zu ersetzen sind. Für all jene, die bisher noch keinen Zugang dazu gefunden haben, wird in den folgenden Kapiteln verdeutlicht, warum die Integration lebender Tiere in den Unterricht (und anderen pädagogischen Settings) eine Chance ist, die man nicht ungenutzt lassen sollte.

Obwohl der Einsatz von Tieren in der Schule bereits seit über 50 Jahren empfohlen wird, verlief die wissenschaftliche Auseinandersetzung mit diesem Thema lange Zeit uneinheitlich und fand nur begrenzt statt. Zwar existieren zahlreiche Erfahrungsberichte und einzelne Studien, jedoch mit unterschiedlichen Schwerpunkten und Herangehensweisen (z. B. Hummel & Randler, 2010; Klingenberg, 2012; Strunz, 2022; Vernooij & Schneider, 2018).

In den letzten Jahren zeigt sich ein deutlich wachsendes Interesse an diesem Thema, nicht nur im schulischen Kontext, sondern auch in Bereichen wie Therapie, Umweltbildung und Persönlichkeitsentwicklung. Studien belegen die positiven Effekte des Einsatzes lebender Tiere im Unterricht auf Motivation und Interesse in Lernprozessen sowie auf positive Einstellungen gegenüber der Natur (Moormann et al., 2021; Wilde, 2021).

Gerade im Biologieunterricht, dem Fach, das sich mit der Lehre des Lebens befasst, sollte das Lernen mit Lebewesen eine Selbstverständlichkeit sein. Ein Anspruch, den die Fachdidaktik seit Langem vertritt (Randler, 2013; Schrenk, 2019).

L. Virtbauer (✉)
Schulbiologiezentrum Salzburg, Fachbereich Umwelt und Biodiversität, Paris Lodron Universität Salzburg, Salzburg, Österreich
E-Mail: lisa.virtbauer@plus.ac.at

Die Bedeutung des Lernens mit der Natur ist keine neue Erkenntnis: Bereits eines der frühesten bekannten Werke zu Lehrmethodik und Bildung, die „*Didactica Magna*" von Comenius (1657) betont die Wichtigkeit des Lernens mit realen Gegenständen und das direkte Schöpfen von Wissen aus der Natur (vgl. Kattmann, 2013a).

Mehr als 300 Jahre später etablierten sich Begriffe wie „*Originale Begegnung*" und „*Primärerfahrungen*", die an diese Konzepte anknüpfen und die Wichtigkeit des direkten Kontakts zu Lebewesen unterstreichen (Kattmann, 2013b; Prokop et al., 2009; Klingenberg, 2012). Lebewesen wecken von sich aus die Neugier, regen zu Fragen an und fördern eigenständiges Denken und Verstehen (Neuböck-Hubinger et al., 2016). Die Faszination für Tiere sowie die natürliche Neigung, sich mit Lebewesen und der Natur verbunden zu fühlen, werden auch durch die Biophilie-Hypothese bestärkt (Wilson, 1984).

Der Einsatz lebender Tiere im Unterricht bringt eine besondere Dynamik in den Unterricht. Er motiviert, aktiviert, schafft emotionale Nähe und stärkt die Identifikation mit dem Lerngegenstand (Drissner, 2024; Patrick et al., 2013; Randler, 2013). Er ermöglicht authentische Beobachtungen biologischer Phänomene wie Verhalten, Fortpflanzung oder Ernährung – ein Zugang, der das Verständnis vertieft und das Erlernte langfristig verankert.

Wird darüber hinaus ausreichend Zeit zur Reflexion des Erlebten eingeräumt und in gemeinsamen Gesprächen über Erfahrungen, Emotionen sowie die vermittelten Inhalte gesprochen, fördert dies nicht nur das Verständnis, sondern auch eine tiefere Verbindung zur Natur. Eine bewusste Auseinandersetzung mit Tieren kann bereits vorhandene Vorurteile abbauen und Empathie fördern (Früchtnicht & Gebhard, 2021). Studien zeigen, dass positiv erlebte Begegnungen mit Tieren langfristig Einstellungen und Werthaltungen prägen können. Diese lassen sich häufig auch auf andere Tierarten und die Natur im Allgemeinen übertragen. Dadurch entsteht eine wertvolle Grundlage für verantwortungsbewusstes, ökologisches Handeln und ein aktives Engagement für den Erhalt der Artenvielfalt (Drissner, 2024; Moormann et al., 2021; Patrick et al., 2013).

Herausforderungen und Lösungsansätze
Der Einsatz lebender Tiere im Unterricht bringt zweifellos auch Herausforderungen mit sich, die häufig als Argumente dagegen angeführt werden. Ein zentraler Vorbehalt ist der zusätzliche organisatorische Aufwand, insbesondere bei der erstmaligen Durchführung (Grümme, 2007; Klingenberg, 2012; Virtbauer, 2018). Tiere erfordern eine artgerechte Haltung, Pflege und eine geeignete Umgebung – Aspekte, die eine gründliche Vorbereitung notwendig machen.

Doch dieser anfängliche Mehraufwand relativiert sich etwas, sobald eine gewisse Routine entsteht – insbesondere, wenn Tiere dauerhaft in der Schule gehalten werden. Eine etablierte Tierhaltung, etwa durch ein Klassenterrarium oder eine dauerhafte Pflegegruppe, bietet nicht nur kontinuierlichen Zugang zu den Tieren, sondern ermöglicht auch die wiederholte Nutzung entwickelter Unterrichtskonzepte. Diese können dann mit wenig Anpassung in verschiedenen Klassenstufen oder Jahrgängen eingesetzt werden – ein entscheidender Vorteil für den schulischen Alltag.

Darüber hinaus kann die Einbindung von Schüler:innen in Pflege und Verantwortung nicht nur Lehrkräfte entlasten, sondern auch wichtige pädagogische Ziele fördern – wie Verantwortungsbewusstsein, Empathie, Achtsamkeit und Selbstwirksamkeit.

Auch andere Herausforderungen – etwa Bedenken hinsichtlich Hygiene oder Allergien – lassen sich in der Regel durch geeignete Maßnahmen und transparente Kommunikation gut lösen. Besonders bei wirbellosen oder felllosen Tierarten sind gesundheitliche Risiken gering. Eine gute Abstimmung mit Eltern und Schulgemeinschaft schafft zusätzlich Sicherheit.

Nicht zuletzt stellt auch die ethische Verantwortung einen wichtigen Aspekt dar, bei dem Lehrpersonen Unsicherheiten oder Bedenken äußern. Hier kommt Lehrkräften eine besondere Vorbildfunktion zu: Sie sollten nicht nur Wissen über die Tiere vermitteln, sondern auch einen respektvollen Umgang vorleben. Die Tiere dürfen niemals zu bloßen Objekten degradiert werden. Ihr Wohl muss stets im Vordergrund stehen und alle tierschutzrechtlichen Vorgaben müssen eingehalten werden. Gerade durch den vorgelebten, achtsamen Umgang im Unterricht können Schüler:innen lernen, Tiere als fühlende Lebewesen zu respektieren und ihre Bedürfnisse wahrzunehmen – eine wertvolle Lektion, die weit über den Biologieunterricht hinausreicht (Früchtnicht & Gebhard, 2021).

Fazit

Trotz organisatorischer Hürden überwiegt das Potenzial: Der tiergestützte Unterricht fördert nicht nur langfristiges, tiefgehendes naturwissenschaftliches Lernen, sondern stärkt auch soziale Kompetenzen, Empathie und Verantwortungsbewusstsein. Bei guter Planung, methodischer Reflexion und gegebenenfalls dauerhafter Tierhaltung kann er zu einem festen, wertvollen Bestandteil schulischer Bildung werden – mit nachhaltiger Wirkung auf Lernen und Werthaltung der Schüler:innen.

Literatur

Drissner, J. (2024). Mehr als Biene Maja: Wie sich Kinder für Insekten begeistern lassen. *Der Palmengarten*, 87(1), 66–69. https://doi.org/10.21248/palmengarten.2626.

Früchtnicht, K., & Gebhard, U. (2021). Vom Erlebnis zur Erfahrung: Zur Bedeutung der Reflexion bei Naturerfahrungen. In U. Gebhard, A. Lude, A. Möller, & A. Moormann (Hrsg.), *Naturerfahrung und Bildung* (S. 167–184). Springer Fachmedien.

Grümme, T. (2007). Haltung, Pflege und Einsatz lebender Tiere im Unterricht –Ergebnisse einer Befragung. *Praxis der Naturwissenschaften: Biologie in der Schule, 56*(5), 28–30.

Hummel, E., & Randler, C. (2010). Experiments with living animals – effects on learning success, experimental competency and emotions. *Procedia Social and Behavioraal Sciences, 2*, 3823–3830. https://doi.org/10.1016/j.sbspro.2010.03.597.

Kattmann, U. (2013a). Geschichte des Biologieunterrichts. In H. Gropengießer, U. Harms, & U. Kattmann (Hrsg.), *Fachdidaktik Biologie* (S.125–141). Aulis.

Kattmann, U. (2013b). Vielfalt und Funktionen des Biologieunterrichts. In H. Gropengießer, U. Harms, & U. Kattmann (Hrsg.), *Fachdidaktik Biologie* (S.344–377). Aulis.

Klingenberg, K. (2012). *Lebende Tiere im Unterricht. Analysen – Studien – Konzepte*. Logos.

Moormann, A., Lude, A., & Möller, A. (2021). Wirkung von Naturerfahrungen auf Umwelteinstellungen und Umwelthandeln., In U. Gebhard, A. Lude, A. Möller, & A. Moormann (Hrsg), *Naturerfahrung und Bildung* (S. 57–78). Springer Fachmedien.

Neuböck-Hubinger, B., Aschauer, M., Breitwieser, I., Schwarz, T., Bisenberger, A., & Hirschenhauser, K. (2016). Lehramtsstudierende erforschen den Einsatz von lebenden Tieren und Pflanzen im Sachunterricht. *GDSU-Journal, 5*, 41–54.

Patrick, P., Byrne, J., Tunnicliffe, S. D., Asunta, T., Carvalho, G., Hava-Nuutinen, S., Sigurjónsdóttir, H., Òskarsdóttir, G., & Tracana, R. B. (2013). Students (ages 6, 10, and 15 years) in six countries knowledge of animals. *NORDINA, 9*(1), 18–32.

Prokop, P., Tolarovičová, A., Camerik, A. M., & Peterková, V. (2009). High School Students' Attitudes towards spiders: A cross-cultural comparison. *International Journal of Science Education, 32*(12), 1665–1688. https://doi.org/10.1080/09500690903253908.

Randler, C. (2013). Unterrichten mit Lebewesen. In H. Gropengießer, U. Harms, & U. Kattmann (Hrsg.), *Fachdidaktik Biologie* (9. Aufl., S. 299–311). Aulis.

Schrenk, M. (2019). Kinder brauchen Tiere – nicht (nur) als Schreibanlässe. M. Siebach, J. Simon, & T. Simon (Hrsg.), *Ich und Welt verknüpfen. Allgemeinbildung, Vielperspektivität, Partizipation und Inklusion im Sachunterricht* (S.130–140). Schneider Hohengehren.

Strunz, I. A. (2022). 10-Punkte-Checkliste für die Tierhaltung in Kindergärten und Schulen. In I. A. Strunz (Hrsg), *Tiergestützte Pädagogik in Theorie und Praxis*. (8. Aufl., S. 45–49). Schneider.

Vernooij, M. A., & Schneider, S. (2018). *Handbuch der Tiergestützten Interventionen. Grundlagen – Konzepte – Praxisfelder* (4. Aufl.). Quelle & Meyer.

Virtbauer, L. (2018). *Emotionen, Interesse und Einstellungen zu lebenden Tieren – Untersuchungen mit SchülerInnen, LehramtsstudentInnen und Biologielehrkräften* [unveröffentlichte Dissertation]. Universität Salzburg.

Wilde, M. (2021). Motivation und Naturerleben – Naturerleben und Motivation. In U. Gebhard, A. Lude, A. Möller, & A. Moormann (Hrsg.), *Naturerfahrung und Bildung* (S. 115–128). Springer Fachmedien.

Wilson, E. O. (1984). *Biophilia: The Human Bond with Other Species*. Harvard University Press.

Tiergestützte Didaktik

Lisa Virtbauer

Immer häufiger begegnen uns die Begriffe „Tiergestützte Therapie" und „Tiergestützte Interventionen" – sei es in den Medien, in Fachkreisen oder im alltäglichen Sprachgebrauch. Doch was genau verbirgt sich dahinter, und wie lassen sich diese Begriffe klar voneinander abgrenzen?

Unter dem Begriff *„Tiergestützte Interventionen"* versteht man verschiedene methodische Ansätze im Umgang mit Tieren zu therapeutischen, pädagogischen oder anderen fördernden Zwecken. Darunter fällt etwa die *„Tiergestützte Therapie"*. Diese ist eine gezielte, professionell begleitete Maßnahme, bei der Tiere eingesetzt werden, um körperliche, geistige oder emotionale Heilungsprozesse zu unterstützen und das Wohlbefinden von Menschen zu fördern (Vernooij & Schneider, 2018). Diese darf ausschließlich von qualifizierten Fachkräften wie Psychotherapeut:innen durchgeführt werden, die eine entsprechende Ausbildung oder Zusatzqualifikation in diesem Bereich besitzen. Eine tiergestützte Intervention kann aber auch die *„Tiergestützte Pädagogik"* sein, bei welcher Tiere von Pädagog:innen gezielt im Unterricht oder in anderen pädagogischen Kontexten eingesetzt werden. Die Person kann, muss jedoch nicht, eine Zusatzqualifikation im Bereich „Tiergestützte Pädagogik" abgeschlossen haben. Eine noch spezifischere Form stellt die *„Tiergestützte Didaktik"* dar. Dabei handelt es sich um ein pädagogisches Konzept, bei dem Tiere methodisch fundiert und mit klaren didaktischen Zielsetzungen in Lehr- und Lernprozesse eingebunden werden. Die Didaktik an sich ist die Theorie des Lehrens und Lernens, die sich mit der Planung, Gestaltung und Analyse von Bildungsprozessen auseinandersetzt. Durch den methodisch überlegten Einsatz von Tieren sollen nicht nur fachliche Inhalte vermittelt, sondern auch die emotionalen, sozialen oder methodischen Kompetenzen der Lernenden gefördert

L. Virtbauer (✉)
Schulbiologiezentrum Salzburg, Fachbereich Umwelt und Biodiversität, Paris Lodron Universität Salzburg, Salzburg, Österreich
E-Mail: lisa.virtbauer@plus.ac.at

werden (Vernooij & Schneider, 2018; Waschulewski & Ignatowicz, 2022). Wie genau Tiergestützte Didaktik (in der Schule) umgesetzt werden kann und welche Möglichkeiten sich daraus ergeben, wird in diesem Buch anschaulich erläutert.

2.1 Geeignete Tierarten für einen Einsatz in der Schule oder anderen pädagogischen Settings

Die Auswahl geeigneter Tierarten für pädagogische Settings, insbesondere für den Einsatz in der Schule, erfordert eine sorgfältige Abwägung verschiedener Faktoren. Die Tiere sollten ungefährlich und stressresistent sein, sich durch ihre Anpassungsfähigkeit, ein eher ruhiges Wesen und eine einfache Handhabung auszeichnen und zugleich einen direkten Bezug zum Lehrplan ermöglichen. Die Bedürfnisse der Tiere sowie die Sicherheit und das Wohlbefinden der Schüler:innen müssen zu jedem Zeitpunkt berücksichtigt werden. Geeignete Tierarten unterscheiden sich je nach Zielsetzung, Altersgruppe, Gruppengröße und den räumlichen Gegebenheiten, weshalb eine differenzierte Betrachtung notwendig ist. Der Fokus liegt hier auf Tierarten, die mit vergleichsweise geringem Aufwand in herkömmliche Klassenräume integriert werden können, selbst wenn die Räume nicht besonders groß sind und möglicherweise eine größere Schüler:innenzahl umfassen. Es sollte daran gedacht werden, dass mehrere Tiere der gewünschten Tierart zur Verfügung stehen, um im Unterricht die Möglichkeit zu haben, einzelne Tiere an Kleingruppen oder Teams auszuteilen, sodass sich diese intensiv mit den Lebewesen auseinandersetzen können. Wenn Tiere über einen längeren Zeitraum im Biologie- oder Klassenraum gehalten werden, muss eine für die Schüler:innen störende Lärm- oder Geruchsentwicklung ausgeschlossen werden können. Der Einsatz von Tieren im Unterricht sollte jedoch nicht nur die Bedürfnissen der Schüler:innen und der Tiere selbst berücksichtigen, sondern auch für die verantwortliche Lehrperson praktikabel sein. Dabei spielen Faktoren wie vertretbare Kosten für die Schule sowie ein angemessener Betreuungs- und Pflegeaufwand eine entscheidende Rolle, um eine nachhaltige und artgerechte, aber auch eine schulgeeignete Haltung sicherzustellen. Eine Absprache der Lehrenden mit der Schulleitung und Kolleg:innen, sowie deren Rückhalt sind ebenso entscheidend, um eine reibungslose Umsetzung zu gewährleisten (Eschenhagen et al., 2003; Virtbauer, 2019a).

Schulgeeignete Tierarten sind beispielsweise Insekten und andere wirbellose Tierarten, aber auch verschiedene Kleinsäuger (Virtbauer, 2019a; Grümme, 2007). Auch Schulhunde, die eine entsprechende Ausbildung besitzen, sind eine Bereicherung für den Unterricht. Die Beschreibung eines derartigen Einsatzes wird hier aber bewusst ausgeklammert, um den Blick auf andere, weniger aufwendige Alternativen zu lenken. Ebenso wird der Einsatz von Tieren, die eine zusätzliche Aufsicht durch geschulte Expert:innen erfordern, in diesem Buch nicht behandelt (Schlangen, Hühner, Nutztiere, Bauernhofbesuche, etc.). Dies soll keinesfalls deren Bedeutung oder Wirksamkeit schmälern, vielmehr liegt der Fokus dieses

2 Tiergestützte Didaktik

Buches auf Methoden, die Lehrer:innen und Pädagog:innen eigenständig umsetzen können.

Terrarientiere wie **Stabschrecken** (siehe Abb. 2.1), **Käfer oder Achatschnecken** eignen sich besonders gut für den Einsatz im Unterricht. Sie sind nicht besonders groß, benötigen keine aufwendige Pflege und ermöglichen dennoch faszinierende Einblicke in die Biologie und das Verhalten von eher unbekannten Tierarten. Sie können zudem als anschauliche Modellorganismen für heimische Insekten und Landschnecken dienen, um die wesentlichen Merkmale und Charakteristika dieser Tiergruppen auf verständliche Weise zu vermitteln. Anschauliche und direkt beobachtbare Inhalte im Unterricht stellen auch die Entwicklung der Tiere, ihre Anpassungen an den Lebensraum oder Bewegungsabläufe dar. Dies kann sowohl in einzelnen Lehreinheiten als auch in Langzeitprojekten geschehen. Ihre Haltung ist in relativ kleinen Terrarien möglich, was sie ideal für (weniger große) Klassenräume macht. Zudem sind einige exotische Arten größer als unsere heimischen wirbellosen Tiere, da sie leicht beobachtet und besser in die Hand genommen werden können, was das Handling der Tiere für die Schüler:innen erleichtert (vgl. Reinke-Nobbe, 2007; Virtbauer, 2019b; Klingenberg, 2012). Arbeitsmaterialien zu Schnecken (Teil II, Kap. 4, Teil III, Kap. 3 und 4) sowie Stabschrecken (Teil II, Kap. 5) befinden sich ebenfalls im Buch.

Heimische Tiere wie Asseln oder Regenwürmer sind besonders wertvoll für den Unterricht, da sie einen direkten Bezug zur natürlichen Umgebung der Lernenden herstellen. Sie lassen sich ideal in den Lehrplan einbinden, etwa im thematischen Rahmen der Anatomie und Lebensweise heimischer wirbelloser Tiere sowie Stoffkreisläufe, Boden- oder Waldökologie. Ihr geringer Pflegeaufwand und die einfache Haltung machen sie besonders geeignet für den schulischen Einsatz. Zudem können sie problemlos in größerer Anzahl in die Klasse gebracht werden, sodass sowohl Kleingruppen als auch einzelne Schüler:innen – unter Berücksichtigung des Tierwohls – intensiv mit ihnen arbeiten können. Durch die direkte Beobachtung dieser Tiere gewinnen die Lernenden wertvolle Einblicke in deren ökologische Bedeutung und verstehen besser, welche Rolle kleine Lebewesen für das Gleichgewicht der Natur spielen (vgl. Hummel, 2011; Klingenberg, 2012; Retzlaff-Fürst, 2008; Virtbauer, 2019b). Materialien für die Schule sowie weitere Infos über Asseln können im zweiten Teil des Buches (in Kap. 3) nachgelesen werden.

Mithilfe des Einsatzes beliebter **Kleintiere wie Meerschweinchen oder Rennmäusen** im Sach- oder Biologieunterricht kann nicht nur anschaulich Wissen über Anatomie, Ernährung und Verhalten, sondern auch die Bedürfnisse von Haustieren

Abb. 2.1 Eine Stabschrecke wird unter die Lupe genommen. (© PLUS/ Michael Namberger)

vermittelt werden. Durch ihre freundliche und neugierige Art üben sie auf viele Schüler:innen eine besondere Faszination aus, was sie zu idealen Begleitern im Lernprozess macht. Darüber hinaus kann die tägliche Pflege dieser Tiere wichtige soziale Kompetenzen wie Verantwortungsbewusstsein, Geduld und Empathie fördern. Gleichzeitig muss beim Einsatz von Kleinnagern aber darauf geachtet werden, die Stresssignale der Tiere zu kennen, sowie über mögliche Allergien oder andere gesundheitliche Einschränkungen der Schüler:innen Bescheid zu wissen, um eine sichere und angenehme Lernumgebung für alle zu gewährleisten (vgl. Klingenberg, 2012; Virtbauer, 2019b). Weitere Herausforderungen wie auch Vorteile des Einsatzes von mongolischen Rennmäusen finden sich in Teil II des Buches, Kap. 1.

Auch **Aquarientiere wie heimische Wasserschnecken, kleinere Fischarten (z. B.: Guppys), Kleinkrebse (z. B.: Zwerggarnelen)** oder gar **Wasserflöhe** bereichern nicht nur optisch die Schulräume, sondern bieten zugleich eine faszinierende Möglichkeit, ökologische Zusammenhänge hautnah zu erleben. Ein (Nano-) Aquarium kann als lebendiges Anschauungsobjekt in den Unterricht integriert werden und Themen wie Ökosysteme, Nahrungsnetze oder Verhaltensbiologie (Fressverhalten, Sozialverhalten, Fortpflanzung) von Wasserlebewesen anschaulich vermitteln. Ebenso lassen sich Themen wie Umweltverschmutzung und Gewässerschutz gut thematisieren. Ein besonderer Vorteil kleiner Wasserlebewesen besteht darin, dass sie für kurze Zeit – etwa während einer Schulstunde – in kleinere wasserdichte Behälter umgesiedelt werden können, sodass diese am Arbeitstisch der Kleingruppen oder Teams platziert werden können. Dadurch erhalten Kleingruppen die Möglichkeit, Anatomie, Fortbewegung oder Nahrungsaufnahme einzelner Tiere aus nächster Nähe zu beobachten und zu erforschen (Klingenberg, 2012; Virtbauer, 2019b). Bedacht werden muss, dass kein Leitungswasser in die kleineren Behälter gefüllt werden soll, sondern im Idealfall Wasser aus dem Originalaquarium der Tiere verwendet wird (gleichbleibende Wasserqualität).

Vögel wie Wellensittiche oder Zebrafinken (aber auch Brieftauben) können ebenfalls pädagogisch wertvoll sein, da sie soziale Verhaltensweisen zeigen und akustische sowie visuelle Anreize bieten. Allerdings erfordern sie etwas mehr Platz und Pflege, was bei der Planung berücksichtigt werden sollte. In Teil III des Buches, Kap. 5 wird ein faszinierendes Projekt mit Brieftauben an einer AHS vorgestellt – lebendig beschrieben, mit all seinen Herausforderungen und besonderen Momenten.

Diese Tierarten stellen lediglich eine kleine Auswahl an für den schulischen Einsatz geeigneten Tieren dar. Sie dienen als Inspiration und zur Ideenfindung, da nicht alle möglichen Tierarten im Detail vorgestellt werden können. Dennoch bietet Teil 2 des Buches zu einigen dieser Tierarten genauere Beschreibungen sowie praxisnahe Arbeitsmaterialien als Beispiele, um ihre Einbindung in den Unterricht zu erleichtern.

Check & Go: Checkliste für schulgeeignete Tierarten
- Keine bedrohten Tierarten (Gesetze einhalten: siehe Abschn. 1.8)

- Keine gefährlichen oder giftigen Tiere
- Geringe Geruchs- und Lärmbelästigung
- Geringe Anschaffungskosten
- Geringe Haltungs- und Pflegekosten: Futterbeschaffung, Säuberung der Anlagen, Überschaubarer Technischer Aufwand (wie etwa Beleuchtung, Wärmequellen, etc.)
- Überschaubarer Betreuungsaufwand (wie etwa Gesundheitscheck, Säubern der Anlagen, Futterwechsel, Anlage neu einrichten, Wartung der Anlagen)
- Robuste, relativ stressresistente Tiere
- Bezüge zum Lehrplan leicht herstellbar, in mehreren Schulstufen zu verschiedenen Themen und das (Schul-)Jahr hindurch gut einsetzbar
- Für Schüler:innen interessante Tierart wählen: Zu jeder Art gibt es eine Vielzahl biologisch spannende Fakten, wenn man sich umfassend einliest
- Anzahl der verfügbaren Tiere passabel zur Gruppen- oder Klassengröße
- Tag- und Nachtrythmus der Tiere passend für den (Schul-)Betrieb
- Handling auch für Kinder möglich
- Reproduktionsrate kontrollierbar (unerwünschte Vermehrung vermeiden)
- Zumutbarkeit für alle Beteiligten muss gegeben sein (Emotionen, Ängste, Allergien)

2.2 Vorbereitung des tiergestützten Unterrichts

Der Einsatz lebender Tiere in pädagogischen Settings erfordert eine sorgfältige Planung und Vorbereitung, um sowohl den pädagogischen Nutzen als auch das Wohl der Tiere zu gewährleisten. Dabei müssen nicht nur praktische Aspekte wie die Unterbringung und Pflege der Tiere berücksichtigt werden, sondern auch Sicherheits- und Hygienemaßnahmen, rechtliche Vorgaben und die pädagogische Zielsetzung. Gleichzeitig ist es wichtig, mögliche Ängste, Allergien oder andere individuelle Bedürfnisse aller Beteiligten frühzeitig abzuklären. Eine umfassende Vorbereitung stellt sicher, dass der Einsatz lebender Tiere für Schüler:innen eine bereichernde Erfahrung darstellt, während er für die Tiere selbst stressfrei und ungefährlich abläuft.

Wenn der Wunsch besteht, lebende Tiere in den Unterricht (oder anderen pädagogischen Settings) einzubinden, besteht der erste wichtige Schritt darin, sich intensiv mit der Tierart auseinanderzusetzen, um gesichertes **Expert:innenwissen zu erlangen** (vgl. auch Waschulewski & Ignatowicz, 2022). Als allgemeine Richtlinie empfiehlt es sich, mindestens zehn interessante Fakten über die Tierart zu sammeln. Ein fundiertes Wissen ist essenziell – sowohl für das Wohl der Tiere als auch für eine effektive Unterrichtsgestaltung. Kinder (und auch Erwachsene) stellen oft viele Fragen zur jeweiligen Tierart. Ein tiefgehendes Verständnis ermöglicht es nicht nur, faszinierende Inhalte mit einem gewissen Wow-Effekt zu vermitteln, sondern auch die Schüler:innen zum eigenständigen Recherchieren zu befähigen. Zum Expert:innenwissen gehört auch ein fundiertes Verständnis des natürlichen Lebensraums und des Verhaltens der Tiere in ihrer freien Wildbahn. Dieses Wissen liefert wertvolle Erkenntnisse darüber, welche Bedingungen für eine artgerechte Haltung und Pflege in menschlicher Obhut erforderlich sind. Damit dies keine individuelle Einschätzung bleibt, muss auch eine Recherche zu geltenden gesetzlichen Bestimmungen für die betreffende Tierart erfolgen (siehe Abschn. 1.8). Neben der Nachforschung zu optimaler Behältergröße, geeigneter Einrichtung und passender Futtermittel kann parallel dazu eine Kostenanalyse dieser Materialien erfolgen. Es ist auch sinnvoll, im Vorfeld einen Plan für die Fütterung und Reinigung zu erstellen. Dabei ergeben sich weitere wichtige Fragen: Wer trägt die **Hauptverantwortung** für die Tiere? Wer übernimmt als Vertretung die Pflege im Krankheitsfall oder bei Abwesenheit? Wie lange sollen die Tiere in der Schule oder pädagogischen Einrichtung bleiben – sind sie nur vorübergehende Gäste oder über mehrere Jahre hinweg Teil des Konzepts? Einige wirbellose Tiere benötigen nicht täglich frisches Futter und kommen problemlos damit zurecht, wenn sie freitags gefüttert und erst am Montag wieder versorgt werden. Doch auch bei pflegeleichten Tieren stellt sich die Frage, wer während der Ferien oder in Urlaubszeiten die Verantwortung übernimmt.

Im Anschluss gilt es, einen geeigneten **Standort** für die Tiere und ihre Unterkunft festzulegen. Entscheidende Kriterien sind dabei Temperaturverhältnisse, Sonneneinstrahlung und die praktische Handhabbarkeit im Alltag. Abhängig davon, ob sie in einem allgemein zugänglichen Bereich wie einem Flur oder Aufenthaltsraum, in einem Klassenzimmer, einem Vorbereitungsraum für Lehrkräfte oder einem speziellen Unterrichtsraum wie einem Biologiesaal untergebracht werden, sind unterschiedliche Vorbereitungen erforderlich. Zudem müssen entsprechende Genehmigungen eingeholt werden. Zunächst ist die Zustimmung der Schulleitung erforderlich. Anschließend sollten alle Lehrkräfte und Mitarbeitenden, die Zugang zu diesem Raum haben, einbezogen werden, um sicherzustellen, dass keine Bedenken hinsichtlich Allergien, Ängsten oder Ekel bestehen (Strunz, 2022; Virtbauer, 2019b). Zweckmäßig wäre, wenn mehrere Lehrer:innen die Tiere in ihren Klassen und in verschiedenen Schulstufen einsetzen und sich auch bei der Pflege und Haltung der Tiere gegenseitig unterstützen.

Sobald diese Schritte abgeschlossen und die Tierbehausungen vollständig eingerichtet sind, folgt die **Beschaffung der Tiere.** Unter Einhaltung aller Gesetze können heimische Tiere von der Natur in die Schule gebracht oder in Tierhandlungen erworben werden. Auch hier sollten zuverlässige Händler:innen bzw. behördlich gemeldete Züchter:innen ausgewählt werden. In Österreich regelt das bundeseinheitliche Tierschutzgesetz (TSchG) den Verkauf von Tieren (RIS, 2025d). So ist der Verkauf gewisser Tierarten (öffentliche und online) nur unter bestimmten Voraussetzungen gestattet, beispielsweise durch behördlich gemeldete Züchter:innen oder im Rahmen eines bewilligten Tierheims. Es sollten auch Informationen darüber eingeholt werden, ob die gewünschte Tierart Dokumente für die Haltung braucht (wie dies etwa bei Schildkröten der Fall ist; Erläuterungen in Abschn. 1.8.2). Darüber hinaus sollte bedacht werden, dass bei gewissen Tierarten auch bei einmaliger Zucht, beispielsweise bei einem ungeplanten Wurf, eine Meldung und Registrierung bei der Behörde erforderlich ist. Dies betrifft hauptsächlich Säugetiere. Ungeachtet der Meldepflicht ist eine unkontrollierte und **zahlreiche Fortpflanzung** aber auch bei (nicht meldepflichtigen) wirbellosen Tieren unerwünscht. Es muss daher im Vorfeld überlegt werden, wie eine Überpopulation verhindert werden kann – z. B. durch Absammeln der Eier. Wird dies nicht bedacht, kann es schnell zu einer unkontrollierten Vermehrung exotischer, wirbelloser Tiere kommen, die weder selbst behalten noch an andere weitergegeben werden können (Strunz, 2022). Auch muss klar sein, dass ein Entlassen exotischer Tiere in die Natur ausgeschlossen ist. Daher ist es essentiell, es nicht so weit kommen zu lassen, etwa durch das Trennen der Geschlechter. Alternativ können Eier in einem frühen Entwicklungsstadium eingefroren und anschließend entsorgt werden. Ohne vorheriges Einfrieren besteht die Gefahr, dass sie sich im Müll oder Kompost weiterentwickeln.

Ist im Vorfeld alles gut durchdacht, können die Tiere in die Schule einziehen. Die Lehrkraft sollte dann die Möglichkeit nutzen, sich in aller Ruhe mit den Tieren, ihrem Verhalten und dem richtigen Umgang, dem *„Handling"*, vertraut zu machen (Vgl. Abb. 2.2). Ein sicherer und routinierter Umgang mit den Tieren ist essenziell, um den Schüler:innen ein positives Vorbild zu sein. Unsicherheit oder zögerliches Verhalten werden von Kindern (und Erwachsenen) schnell bemerkt und können sich auf ihre eigene Haltung gegenüber den Tieren auswirken. Daher ist es wichtig, durch geübtes Handling Vertrauen zu vermitteln und einen respektvollen, souveränen Umgang mit den Lebewesen vorzuleben. Für den anschließenden Einsatz im Unterricht kann schon überlegt werden, welche Verhaltensregeln für die Schüler:innen im Umgang mit den Tieren sinnvoll sind.

Der Einsatz von Tieren im Unterricht stößt häufig auf Vorbehalte. Lehrkräfte, die bereits eine **lebhafte Klasse** haben, könnten zunächst Bedenken haben, ob ein solcher Unterricht realistisch umsetzbar ist. Gedanken wie diese spiegeln die Sorge wieder, dass unruhige oder laute Kindergruppen ungeeignet für die Integration von Lebewesen sein könnten. Diese Sorgen beziehen sich oft auf das Wohl der Tiere, den Lernerfolg der Schüler:innen, aber auch auf den zusätzlichen Aufwand für die Lehrperson (Virtbauer, 2018). Es könnten Zweifel entstehen, wie etwa: „Lohnt sich der Aufwand überhaupt?" oder „Ist das in meiner Klasse überhaupt umsetzbar?". Doch zeigen Praxis und Forschung, dass viele dieser Herausforderungen mit einer sorgfältigen Vorbereitung, Planung und klaren Zielsetzung

Abb. 2.2 Vertraut machen mit der Handhabe eines Wandelnden Blattes. (© Virtbauer Lisa)

überwunden werden können (Randler, 2013). Besonders bei unruhigen Gruppen wird fälschlicherweise häufig angenommen, dass sie für den Umgang mit Tieren ungeeignet seien. In Wirklichkeit jedoch wirkt der Kontakt mit Tieren oftmals beruhigend und fördert die Verantwortungsbereitschaft der Schüler:innen. Ein beeindruckendes Beispiel hierfür ist eine Tierart, bei der man es vielleicht nicht sofort erwarten würde: die Afrikanische Achatschnecke (*Achatinidae*). Diese wird auch in Therapie-Einrichtungen gezielt eingesetzt, um das Stressniveau von Kindern – insbesondere Kinder mit Hyperaktivität – zu reduzieren (Heier, 2016; van Nahmen, 2012). Die beruhigende Wirkung des direkten Kontakts mit den Schnecken untersuchte auch eine Schüler:innengruppe des BRG Schloss Wagrain und kann in Teil III des Buches, Kap. 4 nachgelesen werden.

Zwar nimmt die anfängliche **Planung und Vorbereitung** eines tiergestützten Projekts Zeit in Anspruch, doch ein durchdachtes Konzept kann mehrfach genutzt werden und bietet langfristige Vorteile. Wagt man den ersten Schritt, zeigt sich häufig, dass sowohl Lehrpersonen als auch Lernende begeistert vom Einsatz lebender Tiere im Unterricht sind. Wichtig ist die klare Kommunikation zu Beginn der Einheit. Regeln, Abläufe und Ziele sollten verständlich vermittelt werden, um Struktur in potenziell chaotische Situationen zu bringen.

Des Weiteren sollten bei der Planung des Unterrichts mit Tieren **folgende Fragen** beantwortet werden: Gibt es für den Einsatz der Tiere im Unterricht eine einzelne zentrale Aufgabe oder Frage, der nachgegangen wird, oder mehrere Fragen und Stationen? Wechseln die Kleingruppen die Stationen oder bleiben sie stationär an ihrem Arbeitsbereich und bearbeiten hier verschiedene Themen? Arbeiten alle gleichzeitig an denselben Inhalten oder versetzt? Die Herangehensweise wird sich unter anderem an der Anzahl der Personen, Tiere und Materialien orientieren. Arbeitet man mit einer größeren Klasse und kleineren Tierarten, welche in größerer Anzahl in eine Klasse bzw. zu einer Gruppe gebracht werden können (z. B. Wirbellose), empfiehlt es sich, die Schüler:innen in Teams oder Kleingruppen einzuteilen. Hier haben sich Dreiergruppen bzw. Kleingruppen von drei bis sechs Personen bewährt, welche idealerweise vor dem Vorstellen der Tiere eingeteilt werden (Eschenhagen et al., 2003). Falls nicht ausreichend viele Tiere zur Verfügung stehen, können nicht alle Stationen mit lebenden Tieren ausgestattet werden. In diesem Fall bieten sich alternative Lösungen an, wie etwa Arbeitsaufträge mit Medien, Videos oder Modellen, um das Thema anschaulich und lehrreich zu vermitteln. Überlegt werden sollte auch, ob bereits alle Materialien auf den Tischen der Kleingruppen liegen (bzw. ausgeteilt werden) oder ob die benötigten Materialien von einem Materialwagen oder dem Lehrer:innen-Pult geholt werden sollen. Ein Rollwagen, der von der Lehrperson vor der Unterrichtseinheit vorbereitet und bestückt wird, um dann in die Klasse geschoben zu werden, kann beim Einsatz von Tieren hilfreich sein. Wird mit kleineren Tieren gearbeitet, so können sich auf dem Wagen die Tiere selbst, verschiedene durchsichtige Behälter für kleinere Tiere für jede einzelne Kleingruppe oder Arbeitsmaterialien wie Lupen oder Pinsel befinden. Pinsel haben sich als praktisch herausgestellt, falls jemand mit den Tieren zwar in Kontakt treten, diese aber nicht mit den Händen oder Fingern anfassen

2 Tiergestützte Didaktik

möchte. Im Gegensatz zu Ohrenstäbchen (welche auch oft angeboten werden) sind sie wasch- und wiederverwendbar.

Empfehlenswert sind auch von der Lehrperson fertig vorbereitete Praxiskoffer oder Boxen (siehe Abb. 2.3), die alles enthalten, was für das Kennenlernen und Arbeiten mit einer bestimmten Tierart (z. B. Asseln) nötig ist, und welche jederzeit wiederverwendet werden kann. Gerade bei gut erprobten Unterrichtseinheiten mit lebenden Tieren minimiert dies den Vorbereitungsaufwand um ein Vielfaches, da der Inhalt der Box einfach vor dem Unterricht auf den Materialtisch platziert wird. Holen sich die Schüler:innen die nötigen Materialien selbst vom Materialtisch, so sollten dafür bei einer großen Klasse einzelne Personen genannt werden, die zum Wagen gehen (z. B. eine Person einer Kleingruppe), damit nicht alle durcheinander eilen. Eine weitere Regel sollte auch sein, dass die Schüler:innen im Raum nicht laufen dürfen. Eine Verminderung von Stolperfallen stellt das zur Seite Räumen aller Schultaschen, Rucksäcke und Ähnlichem unter die Tische oder seitlich des Klassenrandes dar.

Zudem ist es von Vorteil, bei der Unterrichtsplanung, mindestens eine **Pufferstation** vorzubereiten (z. B. ein Rätsel oder ein Video über das Tier). Da nicht alle Kleingruppen im gleichen Tempo arbeiten und einige möglicherweise früher fertig sind, kann dies helfen, Unruhe in der Klasse zu vermeiden. Gleichzeitig verhindert es, dass noch nicht fertige Gruppen unter Druck geraten. Um die schnelleren Gruppen sinnvoll zu beschäftigen, sollten sie eine ansprechende Zusatzaufgabe erhalten.

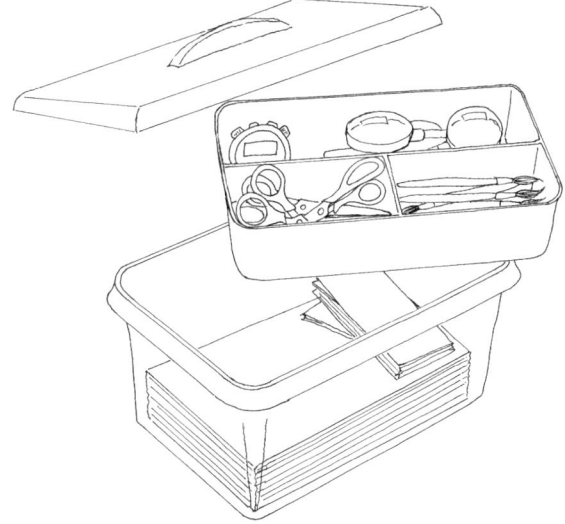

Abb. 2.3 Beispiel für einen Praxiskoffer. (© Weilhartner Karin)

Check & Go: Vorbereitung

Grundlegende Recherche

- Experte/Expertin werden: Mindestens zehn interessante Fakten über das Tier sammeln
- Wissen um Natürlichen Lebensraum und Verhalten der Tiere in freier Wildbahn
- Wissen um Anforderungen an artgerechte Haltung und Pflege
- Recherche zur Gesetzeslage die Tierart betreffend (siehe Abschn. 1.81.8)

Planung der Unterbringung

- Artgerechte Behausung beschaffen
- Einrichtungsgegenstände, Technik und Materialien kaufen (Pumpen, Beleuchtung, Wärmematten, Substrat oder Einstreu, Kletter- und Versteckmöglichkeiten, etc.)
- Geeigneten Standort wählen
- Futtermittel organisieren
- Kostenanalyse erstellen
- Fütterungs- und Reinigungsplan festlegen
- Umgang mit den Tieren vorbereiten
- Vertraut machen mit den Tieren
- Routine im Handling entwickeln
- Regeln für Schüler:innen erstellen (sieh auch Abschn. 1.4)
- Stresssignale des Tieres kennen; Überlegungen anstellen, wie im Unterricht angemessen darauf reagiert werden kann

Organisatorische Abstimmungen

- Verantwortlichkeiten klären (Hauptverantwortliche, Vertreter:innen und Helfer:innen)
- Reinigungs- und Futterplan erstellen
- Genehmigung der Schulleitung einholen
- Abstimmung mit allen Lehrkräften, die Zugang zum Raum bzw. den Tieren haben (Zumutbarkeit, Allergien, Ängste oder Ekel)
- Vorhandensein von Allergien abklären: Einverständnis der Erziehungsberechtigen einholen (siehe Abschn. 1.9)
- Was passiert bei Krankheit, Verletzung oder Todesfall der Tiere? Welche Tierärzte gibt es in der Nähe? Welches Erste-Hilfe-Set kann für Notfälle sowohl die Tiere als auch die Schüler:innen betreffend, angeschafft werden?
- Materialien-Check für den Unterricht mit den Tieren: Was wird in welcher Menge benötigt? (z. B.: kleinere Anschauungsbehälter, Lupen, ...)
- Raum-Check, in dem der Tiereinsatz stattfinden wird: Wo sind die nächsten Handwasch-Gelegenheiten? Wie können Tische und Arbeitsflächen vor und nach der Einheit rasch gesäubert werden?

2.3 Vom Konzept zur Praxis – Zielorientierung in der tiergestützten Intervention

Beim Durchführen jeder tiergestützten Einheit muss sich die Lehrperson klar darüber sein, welche konkreten Ziele mit dem Einsatz verfolgt werden und wie diese erreicht werden können. In diesem Kapitel wird aufgezeigt, dass tiergestützter Unterricht weit mehr bietet als nur das Erlernen von Fakten über Tiere. Er eröffnet vielfältige Möglichkeiten auf verschiedenen Ebenen des Lernens: Tiere können beispielsweise die Lernmotivation steigern, beruhigend wirken und emotionale Reaktionen hervorrufen. Sie fördern das soziale Miteinander und die Kommunikationsbereitschaft der Schüler:innen. Zudem können im Unterricht mit den lebenden Tieren naturwissenschaftliche Sichtweisen und Arbeitsmethoden anschaulich vermittelt werden. Ziel des tiergestützten Unterrichts sollte es stets sein, positive Effekte auf das Lernen und die Entwicklung der Lernenden zu erlangen (Vernooij & Schneider, 2018).

Lehrkräfte, die bisher wenig oder keine Erfahrung mit dem Einsatz von Tieren im Unterricht haben, gehen oft von der Annahme aus, dass Tiere zwar die Begeisterung der Schüler:innen wecken, dabei jedoch der eigentliche Lernerfolg zu kurz kommt. Manche Erwachsene erinnern sich vielleicht an ihre eigenen Schulerfahrungen, bei denen sie Präsentationen über Haustiere hielten oder ein einzelnes Tier von der gesamten Klasse beobachtet wurde – und zwar ohne klare Beobachtungsaufträge oder pädagogische Zielsetzungen (Virtbauer, 2018). Solche Unterrichtseinheiten bleiben zwar lange im Gedächtnis, doch der tatsächliche Lernerfolg hinkt hinten nach. Entscheidend ist, dass die Lehrkraft im Vorfeld einer tiergestützten Einheit genau festlegt, was in der Stunde oder in den Stunden gelehrt und gelernt werden soll. Ohne ein klares Lehrziel besteht die Gefahr, dass der Unterricht in eine ungewollte Richtung verläuft. Gut überlegte Ziele sind daher für die Planung und damit dem Einhalten des *„roten Fadens"* der tiergestützten Einheit essenziell (Nerdel, 2017; Velica, 2010). Passend zum Lehrplan können Haus-, Wirbel- oder wirbellose Tiere, Tiere der Stadt, des Waldes oder eines fremden Lebensraumes einen Schwerpunkt bilden, genauso wie etwa Anpassungen an den Lebensraum, Verhaltensbeobachtungen oder vergleichende Anatomie und Systematik. Aber auch Themen wie Verantwortungsbewusstsein gegenüber Haustieren können in den Fokus rücken. Auch eine Verknüpfung mit den Basiskonzepten, wie diese in den Bildungs- und Lehraufgaben des Lehrplanes für die Unterstufe verankert sind, lässt sich leicht herstellen. Wird zum Beispiel eine heimische Assel im Unterricht eingesetzt und ihr (Fress-)Verhalten beobachtet, so würde dies gut zum Basiskonzept „Stoff- und Energieumwandlung" oder „System" passen, da Asseln wichtige Destruenten unseres Ökosystems Wald sind. Werden Rennmäuse beobachtet, könnte dies in das Basiskonzept „Anpassung und Evolution" eingegliedert werden, da das Verhalten und die Körpermerkmale von Rennmäusen an trockene Lebensräume angepasst sind (RIS, 2025a, g, h).

Darüber hinaus kann der Einsatz von Tieren in der Schule eine wertvolle Ergänzung zum Lehren von reinem Faktenwissen darstellen und viele weitere positive Wirkungen erzielen. Diese positiven Effekte gehen direkt von den Tieren aus, werden jedoch durch spezifische Methoden ergänzt und gefördert, die beim Einsatz von Lebewesen im Unterricht angewendet werden können. Zudem können wichtige Kompetenzen im Bereich der selbstständigen Anwendung von naturwissenschaftlichen Arbeitsweisen erlangt werden (siehe Abschn. 1.7).

Da die Lernziele sehr unterschiedliche Ebenen betreffen können, werden sie häufig mithilfe einer Lernzielhierarchie kategorisiert: Je nachdem, wie sehr die Ziele dabei ins Detail gehen, können sie in Leit-, Richt-, Grob- und Feinziele unterteilt werden (vgl. Eschenhagen et al., 2003; Nerdel, 2017; Velica, 2010). Leitziele sind sehr allgemein, können Teil eines jeden Unterrichtsfaches sein und finden sich meist unter den Bildungs- und Lehraufgaben oder didaktischen Grundsätzen des Lehrplanes (RIS, 2025a, g, h). Dazu gehört zum Beispiel das Lehren eines Verantwortungsbewusstseins gegenüber (Haus-)Tieren und der Umwelt oder die Förderung einer Kommunikations- und Kooperationsbereitschaft (z. B.: bei der Arbeit in Kleingruppen mit den Tieren oder beim Reden über die Tiere und deren Verhalten) (RIS, 2025a, g, 2025h; Nerdel, 2017). Richtziele beziehen sich auf naturwissenschaftliches Fachwissen, Naturwissenschaftsverständnis, Natur- und Tierschutz oder selbstständiges Lernen – zum Beispiel dem Schutz von Insekten und deren Lebensraum mittels Nisthilfen (Nerdel, 2017). Das Aneignen aber auch das Anwenden von Fachwissen fällt unter die Kategorie Grobziele (z. B.: Charakteristische anatomische Merkmale von Schmetterlingen bzw. Insekten nennen können), genauso wie naturwissenschaftlichen Denk- und Arbeitsweisen anzuwenden (wie etwa eine kriteriengeleitete Beobachtung an Schmetterlingen anstellen; Details siehe Abschn. 1.7.2). Das Formulieren der Feinziele dient der Verfeinerung, also der Konkretisierung der Inhalte auf spezifische Details, die sich auf die einzelne Unterrichtseinheit oder einen Teil der Einheit beziehen (Nerdel, 2017). Je genauer und präziser die Feinziele beschrieben werden, desto weniger Interpretationsspielraum besteht und desto einfacher kann die Planung dieses Unterrichtsabschnittes vorgenommen werden, damit das gewünschte Schüler:innen-Verhalten tatsächlich eintritt (Velica, 2010).

Ein weiterer Vorteil ist, dass klar formulierte Ziele überprüfbar sind und somit eine Lernzielkontrolle bzw. Leistungsmessung bei den Schüler:innen erleichtert wird (Eschenhagen et al., 2003). Hierbei können verschiedene Niveaus und Punktesysteme angewendet werden, um den Lernfortschritt differenziert zu bewerten (Arnold et al., 2014). Zudem ermöglichen messbare und klar formulierte Lernziele der Lehrperson zusätzlich eine Qualitätskontrolle und Evaluation des eigenen Unterrichts vorzunehmen, um den Unterricht kontinuierlich zu verbessern und effektiver zu gestalten (Velica, 2010).

Wie können und sollen die Lernziele nun konkret formuliert werden? Lernziele beschreiben Fähigkeiten, Fertigkeiten und Haltungen die Schüler:innen nach Abschluss einer Unterrichtseinheit mit den lebenden Tieren erworben oder entwickelt haben. Sie werden oft auch als „*Kann-Beschreibungen*" bezeichnet. Sie geben Antwort auf die Frage: Was können die Schüler:innen am Ende der Unterrichtsstunde oder einer Teilphase des Unterrichts? Sie sollten daher wie folgt formuliert werden: „*Die Schüler:innen können …*" oder „*Nach Ende der tiergestützten Ein-*

heit sind die Schüler:innen in der Lage..." (Hawelka, 2024). Passende Verben, um die Sätze abzuschließen, sind etwa: erklären, nennen, wiederholen, klassifizieren, auflisten, verwenden, präsentieren, definieren, durchführen, beobachten oder auch erkennen (vgl. Hawelka, 2024; Nerdel, 2017). Werden die Lernziele überlegt, so gilt: Weniger ist mehr. Die Empfehlung geht dabei von ein bis drei, maximal bis fünf Lernziele pro 45 bis 50 min-Einheit. Diese variieren je nach Kontext und sollten an die Fähigkeiten und das Vorwissen der Schüler:innen angepasst werden. Die beschriebenen Lernziele müssen keineswegs nur der Lehrperson vorbehalten sein, sondern können und sollen den Lernenden zu Beginn einer Lerneinheit mitgeteilt werden. Dies kann Motivation und Lernerfolg der Lernenden fördern (Velica, 2010).

2.4 Einführung des Tieres in den Unterricht

Der Moment ist gekommen: Die Tiere werden der Gruppe, der Klasse oder einzelnen Schüler:innen vorgestellt. Am besten wird nun mithilfe eines Tieres das Handling erklärt und den Zusehern direkt vorgeführt. Gezeigt und erklärt wird, ob und wie das Tier idealerweise hochgehoben oder berührt werden darf. Es kann demonstriert werden, wie eine Stabschrecke angefasst und von einem Ast genommen werden kann. Oder wie eine Schnecke, die sich im (Transport-)Behälter „festgesaugt" hat, trotzdem aus diesem entnommen werden kann (Tipps zu einzelnen Tierarten finden sich in Teil II des Buches).

Es gilt: Je mehr Wissen die Kinder über das Tier und dessen Umgang haben, desto sicherer fühlen sie sich. Daher ist es wichtig, grundlegende Informationen zu vermitteln, bevor die Tiere den Schüler:innen übergeben werden – es sei denn, die Schüler:innen sollen diese eigenständig erkunden.

Dabei können spannende **Fragen geklärt** werden: Kann das Tier springen, fliegen (z. B.: Abb. 2.4), klettern oder besonders schnell laufen? Kann es (die Kinder) beißen oder besitzt es andere besondere Fähigkeiten wie ein spezielles Abwehrverhalten? Dürfen die Tiere von den Schüler:innen angefasst werden? Wenn ja, wie? Was passiert oder kann passieren, wenn das Tier zu Boden fällt?

Ein weiterer wichtiger Aspekt ist der Schutz der Tiere. Die Schüler:innen sollten lernen, wie sie Stresssignale der Tiere erkennen können. Es sollte thematisiert werden, welche Verhaltensweisen darauf hinweisen, dass sich ein Tier unwohl fühlt. Wann benötigt es eine Pause, und wie kann während des Unterrichts darauf

Abb. 2.4 Die rosa geflügelte Stabschrecke kann kurze Distanzen fliegend zurücklegen (Gleitflug). (© Virtbauer Lisa)

angemessen reagiert werden? Dieses Wissen ermöglicht es den Kindern nicht nur, sicher mit den Tieren umzugehen, sondern auch aktiv zu ihrem Wohlbefinden beizutragen (Mombeck, 2022).

Bei kleineren Tieren kann die erste Begegnung mit den Schüler:innen zunächst in einem geschlossenen, aber transparenten Behälter erfolgen. So haben die Kinder die Möglichkeit, die Tiere in Ruhe zu beobachten, während gleichzeitig eine gewisse Distanz gewahrt bleibt (Gebhard, 2020).

Es wird empfohlen, den Schüler:innen noch vor der Vorstellung der Tiere die zu beachtenden **Regeln** sowie den Ablauf der Unterrichtseinheit zu erläutern. Dazu gehören – sofern vorhanden – die Struktur und Reihenfolge der Arbeitsblätter sowie die Organisation der einzelnen Stationen, damit alle optimal auf die Begegnung und das Lernen mit den Tieren vorbereitet sind. Dies ist besonders wichtig, da die Übergabe der Tiere zunächst zu einem (zumindest vorübergehenden) Anstieg von Emotionen und Aufregung führen kann (Virtbauer, 2018). Eine klare Struktur und vorbereitende Erklärungen helfen dabei, die Aufmerksamkeit der Schüler:innen zu lenken und einen eher geordneten Ablauf sicherzustellen. Es ist von Vorteil, eine solche Phase bewusst einzuplanen – die Kinder möchten die Tiere zunächst kennenlernen und bestaunen. In dieser Zeit liegt die gesamte Aufmerksamkeit auf den Tieren, was eine natürliche Reaktion ist. Diese Eingewöhnungsphase ermöglicht es den Schüler:innen, ihre Neugier auszuleben, bevor der eigentliche Unterricht beginnt. Je nach Tierart und Personengruppe kann diese Phase sehr kurz oder etwas länger andauern. Danach kann die Aufmerksamkeit wieder auf Lernprozesse gelenkt werden. Sind sofort Aufgaben zu erledigen, besteht die Gefahr, dass es zu einer Art (kognitivem und emotionalem) *Overload* kommt, da die Kinder gleichzeitig mit den lebenden Tieren, den Arbeitsaufträgen und ihre eigenen Emotionen umgehen müssen, was sich negativ auf den Lernprozess auswirken kann (vgl. Hummel, 2011; Hummel & Randler, 2010).

Check & Go: Mögliche Regeln für Schüler:innen beim Arbeiten mit Tieren im Unterricht
Verhaltensregeln

- Die Tiere dürfen nur dann angefasst werden, wenn es erlaubt wurde
- Niemand wird gezwungen, die Tiere anzugreifen oder sich ihnen direkt zu nähern
- Immer nur eine Person darf das Tier angreifen, nicht mehrere gleichzeitig
- Für viele Tiere ist eine sich nähernde Hand eine mögliche Bedrohung (vor allem bei kleineren Tieren). Hektische Bewegungen sind zu vermeiden und auf ruhige Bewegungen sollte geachtet werden
- Tiere mit Respekt und Vorsicht behandeln – kein Ziehen, Drücken oder plötzliche Bewegungen
- Die Tierbehausung bzw. den Anschauungsbehälter nicht ohne Erlaubnis öffnen oder umstellen

- Falls ein Tier Anzeichen von Stress zeigt, sollte es nicht weiter gestört werden (Besprechen, wie dies umgesetzt werden kann)
- Im Raum wird nicht gelaufen
- Kinder, die zurückhaltend oder ängstlich auf die Tiere reagieren, dürfen weder gehänselt noch unter Druck gesetzt werden. Alle Emotionen – sei es Begeisterung, Zurückhaltung oder Unsicherheit – werden respektiert
- Am Tisch/im Einsatzbereich dürfen sich nur die Tiere und benötigten Materialien befinden. Stolperfallen wie Schultaschen oder Ähnliches werden gut verstaut, etwa unter den Tischen oder seitlich entlang der Wand

Hygieneregeln

- Vor und nach dem Kontakt mit den Tieren sind die Hände gründlich zu waschen
- Während der Arbeit mit den Tieren darf nicht gegessen oder getrunken werden
- Tiere werden nicht zum Gesicht gehalten oder geküsst
- Falls ein Schüler oder eine Schülerin eine Allergie hat, sollte darauf geachtet werden, dass kein direkter Kontakt zu den Tieren erfolgt

Lautstärkeregeln

- Ruhiges Verhalten ist wichtig, damit sich die Tiere nicht erschrecken
- Schreien oder lautes Rufen im Raum ist nicht erlaubt
- Die Schüler:innen sollen sich gegenseitig innerhalb ihrer Kleingruppe an angemessene Lautstärke sowie alle Regeln erinnern

2.5 Welche Wirkung können Tiere im Unterricht auf Kinder haben?

Beim ersten Einsatz von Tieren im Unterricht liegt der Fokus zunächst häufig auf der Vermittlung von Fachwissen über die Tiere sowie einer zusätzlichen Motivationssteigerung durch die originale Begegnung mit den Lebewesen. Doch mit zunehmender Erfahrung und wiederholtem Einsatz wird vielen Lehrkräften bewusst, dass die Präsenz von Tieren im Klassenraum weit über die bloße Wissensvermittlung hinausgeht. Es eröffnen sich zunehmend neue Wirkbereiche, die alle Beteiligten schätzen lernen. So berichten einige Lehrer:innen von positiven Veränderungen im Klassenklima, einer harmonischeren und respektvolleren Interaktion oder auch von der Entwicklung neuer sozialer Rollen unter den Schüler:innen. Besonders introvertierte oder zurückhaltende Kinder finden oft leichter Zugang zu den Tieren und profitieren von der Gelegenheit, sich bei Gesprächen über diese oder durch den Umgang mit ihnen zu öffnen – was zu einem gesteigerten Selbstbewusstsein führen kann. Viele dieser Effekte beruhen auf Erfahrungsberichten von Pädagog:innen, während wissenschaftlich fundierte Studien bisher noch in geringerem Umfang vorliegen (vgl. auch Vernooij & Schneider, 2018). Sowohl die Forschungsbemühungen in diesen Bereichen als auch das Interesse an den Auswirkungen von Tieren auf den Menschen nehmen stetig zu – und das nicht nur im Kontext des Einsatzes von (Therapie-)Hunden in Schulen, was derzeit am häufigsten Teil von Studien ist. Allerdings gestaltet sich die Messung dieser Effekte als besonders herausfordernd, da gerade im schulischen Umfeld zahlreiche Einflussfaktoren miteinander interagieren.

Tiergestützte Interventionen, zu denen auch die tiergestützte Pädagogik und Didaktik zählen, haben das Potenzial, in einer Vielzahl von Bereichen positive Auswirkungen zu erzielen. Diese unterschiedlichen Wirkungsfelder lassen sich in zentrale Kategorien einteilen, die in Abb. 2.5. in erweiterter Form abgebildet sind: Kognition und Lernen, Wahrnehmung, soziale Interaktionen, Emotionen, Sprache und Kommunikation sowie Körpergefühl und Motorik (Mombeck, 2022; Vernooij & Schneider, 2018). Jede dieser Kategorien verdeutlicht, wie vielfältig und umfassend die positiven Effekte auf die Entwicklung der Schüler:innen sein können und inwiefern sich Tiere in der pädagogischen Praxis als wertvolle Partner erweisen.

In diesem Kapitel stehen insbesondere drei zentrale Wirkbereiche beim Einsatz von Tieren in der Schule im Fokus: Das Lernen (Kognition), die Emotionen sowie soziale Interaktionen. Dabei ist jedoch zu beachten, dass sich diese Bereiche häufig überschneiden, nicht immer eindeutig voneinander abgrenzen lassen und fließende Übergänge aufweisen – eine strikte Trennung erscheint daher weder möglich noch unbedingt erforderlich. Vielmehr können sich die einzelnen Bereiche in der Praxis oft gegenseitig beeinflussen und sich sogar förderlich ergänzen.

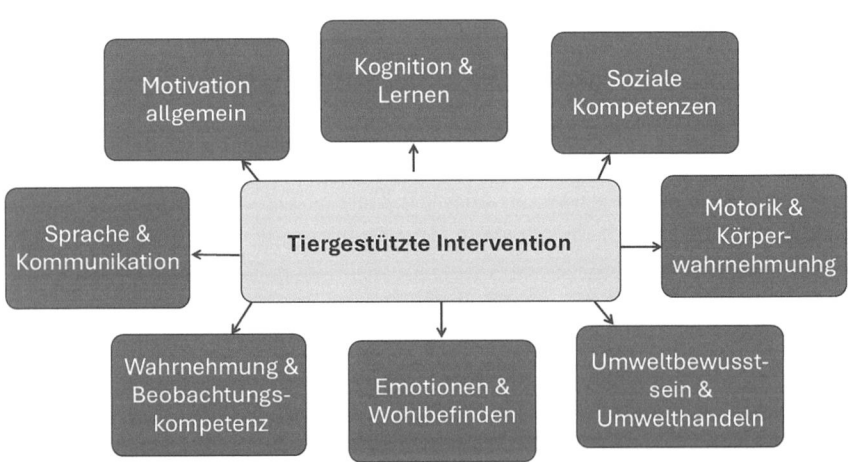

Abb. 2.5 Auswirkungen tiergestützter Pädagogik, verändert nach Vernooij und Schneider (2018, S. 79)

2.5.1 Wirkung auf das Lernen und kognitive Prozesse

Ein zentrales Ergebnis sowohl empirischer Forschung als auch praktischer Erfahrungen ist eindeutig: Der Einsatz lebender Tiere im Unterricht fördert das Lernen auf vielfältige Weise. Tiere fungieren als sogenannte *„positive Verstärker"* – sie können nicht nur kognitive Lernprozesse unterstützen, sondern wirken sich ebenso positiv auf Sozialverhalten, Kommunikation und Emotion aus (Wohlfarth et al., 2022, S. 191).

Schon ihre bloße Präsenz im Klassenzimmer kann Neugier wecken und die Beteiligung der Schüler:innen an Lernaktivitäten fördern – insbesondere, da Tiere häufig von sich aus Interesse auslösen (z. B.: Randler et al., 2012; Virtbauer, 2018; Wohlfarth et al., 2022). Dieses Phänomen lässt sich unter anderem durch die Biophilie-Hypothese erklären, die davon ausgeht, dass Menschen – besonders Kinder – eine angeborene Affinität zur Natur und zu Lebewesen haben (Vgl. Gebhard, 2020; Prokop et al., 2007; Schrenk, 2019; Vernooij & Schneider, 2018).

Tiere können zudem die Konzentrationsfähigkeit und Aufmerksamkeitsspanne der Schüler:innen verlängern und tragen dadurch zu einem lernförderlichen Klima bei (Vernooij & Schneider, 2018; Mombeck, 2022). Studien zeigen, dass tiergestützter Unterricht nicht nur das situative Lernen fördert, sondern auch langfristige Effekte auf den Wissenserhalt hat. Eine wichtige Rolle spielt dabei die Tatsache, dass diese *„Originale Begegnung"* mehrere Sinne anspricht und eine tiefere, ganzheitliche Verarbeitung der Inhalte ermöglicht (siehe auch Abb. 2.6). Die Tiere fungieren dabei als konkrete Modelle, die das Verständnis biologischer Zusammenhänge erleichtern und den Transfer auf andere Kontexte – etwa auf weitere Tierarten oder ökologische Systeme – begünstigen (Neuböck-Hubinger et al., 2016; Wilde, 2021).

Ein zentraler Baustein erfolgreichen Lernens ist Motivation – sie ist sowohl Voraussetzung für den Wissenserwerb als auch für die Entwicklung stabiler Interessen. Tiere können das Interesse der Schüler:innen sozusagen *„einfangen"* – ein Prozess, der in der Lehr-Lernforschung als beschrieben wird (Scheersoi, 2021). Wird das Lernarrangement mit Tieren dann als positiv erlebt, so bleibt die anfängliche Neugier und das Interesse bestehen und man spricht von der ***„Hold-Phase"***. Dies ermöglicht eine längerfristige Auseinandersetzung mit dem Lerngegenstand (Hummel et al., 2012; Wilde et al., 2009). Damit das eingefangene Interesse bestehen bleibt, bedarf es bestimmter Bedingungen. Dazu zählen einerseits die Erfüllung psychologischer Grundbedürfnisse (*„Basic Needs"*, siehe Abschn. 1.7) – wie

Abb. 2.6 Sehen und fühlen, wie sich die Schnecke fortbewegt und den Bananenbrei frisst. (© Virtbauer Lisa)

Autonomie, soziale Eingebundenheit und Kompetenz –, andererseits das Schaffen eines bedeutungsvollen Rahmens, der eine aktive und selbstständige Auseinandersetzung mit dem Lerninhalt ermöglicht (Scheersoi, 2021 nach Mitchell, 1993; Krapp, 1992). Ein methodischer Ansatz, der diese Bedingungen erfüllen kann, ist das Forschende Lernen (siehe Abschn. 1.7.3).

Motivation, Interesse und positive Naturerfahrungen verstärken sich dabei gegenseitig – besonders, wenn es zu wiederholtem Kontakt mit Tieren kommt (Wilde, 2021). Das dabei entstehende Interesse kann sich weiterführend zu einem stabilen Persönlichkeitsmerkmal entwickeln (Scheersoi, 2021).

Ein konkretes Beispiel zur Motivation und dem Lernen mit Tieren liefert etwa die Studie von Wilde und Bätz (2009): Der Einsatz lebender Eurasischer Zwergmäuse im Biologieunterricht führte zu einem signifikanten Einfluss auf den Wissenserwerb und die intrinsische Motivation der Schüler:innen. Die authentische, emotional ansprechende Erfahrung mit den „niedlichen und süßen" Tieren weckte ein starkes situatives Interesse und förderte eine aktive, emotional involvierte Auseinandersetzung mit dem Unterrichtsgegenstand. Gleichzeitig zeigte sich, dass ein punktueller Einsatz der Tiere den Haltungswunsch kurzfristig steigern kann, während eine längerfristige Haltung im Klassenraum zu einer reflektierteren Einstellung bezüglich des Haustierhaltens führt (Wilde & Bätz, 2009).

Zwischen dem individuellen Interesse und den persönlichen Einstellungen besteht eine enge Wechselbeziehung – beide beziehen sich auf einen bestimmten Gegenstand und sind mit positiven Gefühlen wie Freude, Wertschätzung und dem Wunsch verbunden, mehr darüber zu erfahren. Positiv erlebte Tierbegegnungen können nachhaltige Wirkungen entfalten: Sie prägen nicht nur kurzfristig das Lernverhalten, sondern können langfristig zur Persönlichkeitsentwicklung beitragen und eine Grundlage für umweltschützendes Verhalten schaffen (Scheersoi, 2021).

Zudem kann sich der tiergestützte Unterricht in Kombination mit einer dauerhaften Haltung der Tiere an der Schule positiv auf das Selbstwirksamkeitsempfinden auswirken, etwa wenn Schüler:innen neue Rollen übernehmen – sei es im Rahmen der Pflege oder durch die übertragene Verantwortung für ein Lebewesen – und können dadurch eine gesteigerte Akzeptanz und ein stärkeres Selbstbewusstsein erfahren. Auch das Gefühl des Vertrauens in die eigenen Fähigkeiten kann sich positiv auf das Lernen auswirken, da es die proaktive Haltung stärkt, die Bereitschaft erhöht Herausforderungen anzunehmen und sich mehr zu bemühen (Wohlfart et al., 2022).

Werden naturwissenschaftliche Arbeitsweisen wie die kriteriengeleitete Beobachtung oder das Experimentieren mit Tieren im Unterricht eingesetzt, profitieren die Schüler:innen gleich mehrfach: Nicht nur der fachliche Lernerfolg wird gesteigert, auch ihre Beobachtungs- und Experimentierkompetenz wird nachhaltig gefördert. Der Zugang zu diesen Methoden fällt durch die unmittelbare Arbeit mit Tieren oft leichter – die Anwendung wird intuitiver erfasst und praxisnah eingeübt. Zugleich verbessert sich die Qualität der Wahrnehmung: Details werden bewusster und sensibler wahrgenommen (Vernooij & Schneider, 2018).

Diese geschulte Aufmerksamkeit wirkt sich nicht nur auf den Umgang mit Tieren aus, sondern lässt sich auch auf die soziale Wahrnehmung übertragen – etwa im Erkennen von Verhaltensmustern, Emotionen oder Bedürfnissen in zwischenmenschlichen Situationen.

> **Check & Go: Mögliche positive Auswirkungen eines Einsatzes von Tieren im Unterricht auf kognitive Faktoren**
> - Steigerung der Motivation – für diverse Lernprozesse
> - Förderung der Interessensentwicklung
> - Aktivierung mehrerer Sinne
> - Verbesserte Aufmerksamkeit und längere Konzentrationsphasen
> - Höherer Lernerfolg
> - Nachhaltiges, langfristiges Behalten der Inhalte
> - Tiefergehendes Verständnis für Lebewesen und Umwelt
> - Entwicklung positiver Einstellungen gegenüber Tieren
> - Übertragung positiver Einstellungen und Interessen auf andere Lebewesen oder Bereiche der Natur
> - Steigerung der Motivation zum Tier- und Umweltschutz
> - Stärkung der praktischen Anwendung naturwissenschaftlicher Denk- und Arbeitsweisen – wie etwa eine feinere Wahrnehmung oder verbesserte Experimentierkompetenz

2.5.2 Wirkung auf soziale Bereiche

Immer wieder betont die Fachliteratur, dass tiergestützte Interventionen einen signifikanten positiven Einfluss auf die Entwicklung sozialer Kompetenzen bei Kindern haben (vgl. Mombeck, 2022; Vernooij & Schneider, 2018; Wohlfart et al., 2022). Soziale Kompetenz umfasst dabei das angemessene, gemeinschaftsorientierte Handeln, das Bedürfnis nach sozialem Anschluss sowie die Fähigkeit, sich gesellschaftlich anzupassen – etwa durch aktive Gestaltung sozialer Situationen, gegenseitige Unterstützung und prosoziales oder sogar altruistisches Verhalten. Zudem beinhaltet sie die Regulation des eigenen Verhaltens in Abhängigkeit von den Erwartungen und Reaktionen anderer (Vernooij & Schneider, 2018). Für das soziale Wohlbefinden ist das Verhalten anderer entscheidend, da es die Fähigkeit beeinflusst, Beziehungen einzugehen, was ein grundlegendes menschliches Bedürfnis darstellt (Aronson et al., 2004).

Tiere können in diesem Bereich auf verschiedene Weise positiv wirken. Zunächst kann gesagt werden, dass Kinder in der Regel offen auf Tiere zugehen, da Tiere den Menschen gegenüber unvoreingenommen sind. Dies fördert eine entspannte und offene Atmosphäre, in der die Tiere als „Eisbrecher" fungieren und soziale Interaktionen unterstützen. Oft fällt es leichter, über etwas anderes als sich selbst zu sprechen und durch gemeinsame Gespräche über die Tiere entsteht ein verbindender Punkt. Dies stärkt den Zusammenhalt der Klassengemeinschaft, indem es den Austausch zwischen den Schüler:innen anregt. In diesem Kontext können Tiere als „*soziale Katalysatoren*" wirken und die Kommunikation fördern. Berichtet wird, dass die Interaktion und Kommunikation in der Klasse durch die (permanente) Anwesenheit von Tieren intensiver und auch freundlicher wird. In weiteren Studien wird berichtet, dass Rücksichtnahme, Toleranz und Empathievermögen den Tieren, aber auch anderen Lebewesen gegenüber steigen (Mombeck, 2022; Vernooij & Schneider, 2018, sowie Berichte einer Lehrerin in Teil III, Kap. 2).

Kommunikation kann nur im sozialen Kontext stattfinden und nimmt dadurch ebenfalls Einfluss auf unser Wohlbefinden. Denn die Qualität der Kommunikation, bestimmt von Akzeptanz, Empathie und Echtheit, ist entscheidend, um sich sozial verbunden zu fühlen. Auch hier können Tiere als Vorbilder fungieren: Durch das Beobachten und Nachahmen der ausgeprägten sozialen Interaktionen von Tieren (z. B.: Rennmäusen) können Schüler:innen ihre eigenen kommunikativen Fähigkeiten – besonders im nonverbalen Bereich wie Mimik, Gestik, Blickkontakt und angemessenem Nähe- und Distanzverhalten – verbessern. Dies fördert wiederum die Empathie-Fähigkeit von Kindern und Jugendlichen, indem sie lernen, die Gefühle anderer zu erkennen und zu verstehen. Der regelmäßige Kontakt mit Tieren führt zu einem höheren Einfühlungsvermögen, Verantwortungsbewusstsein und Fürsorglichkeit. Dies zeigt sich auch bei Haustierbesitzer:innen. Kinder, die mit Hunden aufwachsen, sind später als Erwachsene sozial kompetenter und beliebter (Vernooij & Schneider, 2018). Tiere ermuntern dazu, sich den eigenen Gefühlen zu stellen und diese zuzulassen – was auch im schulischen Kontext von Bedeutung ist (Beetz et al., 2012; Kotrschal & Ortbauer, 2003).

Die besten Effekte können vor allem dann erzielt werden, wenn die Beziehung zwischen Mensch und Tier als positiv und vertrauensvoll empfunden wird (Mombeck, 2022). Dazu gibt es Befunde, dass es zu einer Übertragung auf die Umgebung bzw. Menschen aus der Umgebung kommen kann: Denn auch Lehrer:innen, die den tiergestützten Unterricht durchführen, werden als vertrauenswürdiger, sympathischer und empathischer eingestuft (Beetz et al., 2012). Dies zeigte sich auch in einer Studie, die das gemeinsame Versorgen eines Klassentiers – in diesem Fall einer Eurasischen Zwergmaus – untersucht. Die wahrgenommene soziale Einbindung der Schüler:innen bei der Pflege der Tiere wirkte sich positiv auf die Beziehung zu ihren Lehrpersonen aus. Im Verlauf des Projekts wurde die Qualität dieser Beziehung besser bewertet (Wilde, 2021).

Eine interessante Studie mit Meerschweinchen untersuchte, ob Kinder mit Bindungsschwierigkeiten von einer tiergestützten Intervention profitieren. Im Rahmen eines mehrwöchigen Empathietrainings erhielten 12 Jungen und 4 Mädchen (Alter 7–9 Jahre) in der Interventionsgruppe in jeder Sitzung ein Meerschweinchen, während die Kontrollgruppe das Training ohne Tier absolvierte. Die wichtigsten Ergebnisse waren, dass die Kinder in der tiergestützten Gruppe im Vergleich zu den Kontrollen signifikant weniger aggressives Verhalten und häufiges prosoziales Verhalten gegenüber Peers und Lehrern zeigten. Zudem sank der Cortisolspiegel, ein physiologischer Stressindikator, in der tiergestützten Gruppe signifikant, wobei ein

Zusammenhang bestand – je intensiver die Kinder das Meerschweinchen streichelten bzw. ansahen, desto stärker fiel dieser. Die Autor:innen diskutieren, dass diese Effekte durch die Freisetzung von Oxytocin vermittelt werden könnten. Obwohl die Kinder in ihren zwischenmenschlichen Beziehungen unsichere Erwartungen haben, werden diese negativen Erwartungen nicht auf das Tier übertragen. Stattdessen werden in der Interaktion mit dem Meerschweinchen sichere, stressregulierende Beziehungsstrategien aktiviert (Julius et al., 2013). Aber nicht nur bei einer länger andauernden Intervention machen sich derartige positive Effekte bemerkbar, auch einzelne Stunden mit Tieren können ähnliche Effekte erzielen. Immer wieder wird auf die Ausschüttung von Oxytocin beim Kontakt mit Tieren hingewiesen. Oxytocin, häufig als *„Bindungshormon"* bezeichnet, wird durch körperlichen Kontakt, Augenkontakt und andere positive zwischenmenschliche Interaktionen freigesetzt und fördert Vertrauen sowie soziale Bindungen. Zudem reduziert es Stress und Angst. Die Studie legt nahe, dass die durch Mensch-Tier-Interaktion ausgelöste Oxytocinfreisetzung einerseits einen wesentlichen Beitrag zur Stressreduktion leistet und andererseits zur Verbesserung sozialer Interaktionen und somit Stärkung des Zugehörigkeitsgefühls beiträgt (Wohlfart et al., 2022). Das Bedürfnis, sich als Teil der Gemeinschaft zu fühlen, ist ein grundlegendes Anliegen jeder Lernumgebung, da soziale Eingebundenheit als wesentlicher Faktor für den Erfolg und das Wohlbefinden der Schüler:innen gilt (Aronson et al., 2004).

Interessant ist in diesem Zusammenhang auch die Übersichtsarbeit eines Forscherteams, in der 69 Studien zusammengefasst werden, die die psychosozialen und psychophysiologischen Effekte von Mensch-Tier-Interaktionen untersuchen (Beetz et al., 2012). Die Ergebnisse zeigen, dass der Kontakt mit Tieren – sei es durch Haustiere oder gezielte tiergestützte Interventionen – positive Auswirkungen auf soziale Aufmerksamkeit, zwischenmenschliches Verhalten, Stimmung sowie die allgemeine mentale und körperliche Gesundheit hat. Insbesondere werden Stressparameter wie Cortisol, Herzfrequenz und Blutdruck gesenkt, und es kommt zu einer Reduktion von Angst und Furcht. Auch hier wird wieder die Aktivierung des Oxytocinsystems als zentraler Mechanismus vermutet.

Zusammenfassend lässt sich sagen, dass tiergestützte Interventionen ein breites Spektrum sozialer Wirkfelder abdecken. Sie ermöglichen es, das eigene Verhalten in sozialen Situationen zu regulieren, fördern die Anpassungsfähigkeit in der Gemeinschaft und unterstützen prosoziales Handeln. Diese positiven Effekte wirken sich nicht nur direkt auf das Klassenklima und das individuelle Selbstwirksamkeitsempfinden aus, sondern tragen auch zur langfristigen Entwicklung sozialer und kommunikativer Kompetenzen bei.

> **Check & Go: Mögliche positive Auswirkungen eines Einsatzes von Tieren im Unterricht auf soziale Faktoren**
> - Tiere als „Eisbrecher" – Erleichtern soziale Interaktionen in der Klasse
> - Verbesserung der Klassengemeinschaft
> - Förderung einer wertschätzenden und offenen Gesprächskultur
> - Stärkung nonverbaler Ausdrucks- und Wahrnehmungsfähigkeiten

- Erhöhung der Empathie gegenüber Mitmenschen
- Verbesserung der Beziehung zur Lehrperson
- Reduktion von Stress und innerer Anspannung
- Senkung von Herzfrequenz und Blutdruck
- Reduktion aggressiven Verhaltens

2.5.3 Wirkung auf emotionales Empfinden

Der Kontakt mit Tieren ist – ähnlich wie das Lernen – eng mit Emotionen verbunden. Kinder fühlen sich emotional durch Tiere angesprochen (Wohlfart et al., 2022, S. 192). Bereits allein das Wissen über eine bevorstehende Tierbegegnung kann eine Vielzahl von Gefühlen auslösen. Dabei können Tiere – unabhängig von ihrer Art – nicht nur positive Emotionen wie Freude, Vergnügen, Wohlbefinden und Spaß, sondern auch negative Reaktionen wie Ekel, Angst oder Abscheu auslösen (Virtbauer, 2018; Wilde et al., 2009; Wilde & Bätz, 2009). Entscheidend ist, dass sowohl der direkte Kontakt als auch die vorweggenommenen Emotionen, die einer Tierbegegnung vorausgehen, einen nachhaltigen Einfluss auf die Stimmung, die Motivation und das Interesse und den daraus resultierenden Lernerfolg der Kinder haben können (Scheersoi, 2021). Negative Emotionen wie Ekel, Angst und Abscheu, die beim Kontakt mit Tieren auftreten und sich negativ auf das Lernen auswirken können, werden im anschließenden Kapitel ausführlich behandelt. Im Fokus dieses Abschnitts stehen die positiven Emotionen.

Wohlbefinden und Vergnügen wird bei der Arbeit mit Tieren im Unterricht meist höher eingeschätzt als bei einem vergleichbaren Unterricht ohne Tiere. Schüler:innen zeigen bei einem tiergestützten Unterricht nicht nur eine verbesserte Stimmung, sondern auch mehr Ausgeglichenheit und erhöhte Kontaktfreude (Hummel & Randler, 2010; Waschulewski & Ignatowicz, 2022).

Diese positiven Emotionen und Stimmungen beeinflussen das Lernen bzw. unser Denken und Handeln. Denn in einer positiven Gemütslage sind wir eher fähig, flexibel und kreativ zu denken, was den Lernprozess fördert (Götz et al., 2007; Edlinger & Hascher, 2008). Unterstützt werden diese Effekte durch die hervorgerufene Reduktion stressbedingter Parameter wie Cortisol, Herzfrequenz und Blutdruck (Beetz et al., 2012).

Des Weiteren tragen Tiere entscheidend dazu bei, Ängste abzubauen, indem ihre beruhigende Wirkung Prüfungs- und soziale Ängste verringert. Auch die emotionale Unterstützung, die Tiere bieten, hat eine tröstende Wirkung und fördert das Selbstwertgefühl der Kinder und Jugendlichen. So zeigte beispielsweise ein neunmonatiges Tierprojekt, dass Schüler:innen, die anfangs ein schlechtes Selbstkonzept hatten, hier einen signifikanten Anstieg erfuhren – ein Faktor, der sich weiterführend positiv auf schulische Leistungen auswirken kann (Bergesen, 1989 in Vernooij & Schneider, 2018).

Zusammengefasst tragen Tiere in der Schule auf vielfältige Weise zur Förderung der emotionalen und sozialen Kompetenzen bei, indem sie durch die Auslösung von Emotionen wie Vergnügen oder Spaß beim Umgang mit den Tieren die Förderung sicherer Bindungen, Stressreduktion und die Verbesserung des Selbstwertgefühls, das Lernen sowie die persönliche Entwicklung unterstützen. Eine Förderung der sozial-emotionalen Kompetenzen beim Einsatz von Tieren in der Schule scheint evident zu sein (Vernooij & Schneider, 2018).

Es ist sinnvoll, dass die Lehrperson die Erlebnisse, Eindrücke und Emotionen, die die Schüler:innen in der tiergestützten Einheit gewonnen haben, gemeinsam **reflektiert** und abschließend bespricht. Dabei geht es nicht nur darum, mögliche negative Emotionen zu thematisieren oder Irritationen aufzulösen, sondern auch gezielt die positiven Erfahrungen in den Fokus zu rücken und bewusst zu verankern. Dies kann unter anderem eine Veränderung oder Weiterentwicklung der eigenen Einstellungen zu den Tieren hervorrufen, eine zusätzliche Verbindung in den Kleingruppen oder der Klassengemeinschaft schaffen und zu weiteren spannenden Gedanken und Fragen (an die Natur) führen (Fürchtnicht & Gebhard, 2021).

> **Check & Go: Mögliche positive Auswirkungen eines Einsatzes von Tieren im Unterricht auf emotionale Faktoren**
> - Vorhandensein von Freude, Spaß und Wohlbefinden
> - Reduktion von Ängsten
> - Entwicklung positiver Einstellungen
> - Förderung von innerer Ausgeglichenheit

2.6 Wenn Tiere Ekel auslösen – Lösungsansätze für den Unterricht

Eine zentrale Aussage dieses Kapitels lautet: Jedes Tier kann Ekel hervorrufen. Auch wenn es absurd erscheinen mag, gibt es Arten, die bei manchen Menschen Ekel auslösen, selbst wenn andere Personen diese mit positiven Emotionen verbinden. Dies sollte man in tiergestützten Einheiten stets im Hinterkopf behalten. Beim Einsatz von Tieren in pädagogischen Settings ist es von Bedeutung, auf dieses Thema sensibilisiert zu sein und tiergestützte Einheiten dementsprechend vorzubereiten. Bereits eine einzelne Arbeitseinheit kann, je nach den gesammelten Erfahrungen und je nachdem, ob am Ende positive oder negative Emotionen vorherrschen, die weitere Mensch-Tier-Beziehung beeinflussen (vgl. Dräger & Vogt, 2007).

In diesem Kapitel wird auf diese Aussagen genauer eingegangen. Erläutert wird das psychologische Phänomen des Ekels (und der Angst) gegenüber Tieren, welche als potenzielle Ekeltiere gelten und dargelegt, wie man in pädagogischen Kontexten mit ihnen umgehen kann. Dabei wird auch auf praktische Beispiele und

Strategien eingegangen, die helfen können, Ekel in solchen Situationen zu reduzieren und zu überwinden.

2.6.1 Was ist Ekel? Auslöser und Entwicklung

Ekel wird als eine emotionale Reaktion definiert, die mit starkem Widerwillen und Abneigung einhergeht. Typische Auslöser für Ekel sind etwa üble Gerüche, Fäkalien, verdorbenes Essen, Aufnahme oder Ausscheiden von Nahrung, Blut, eitrige und flüssige Wunden oder Schleim. Aber selbst Berührungen können Ekelauslöser darstellen. Also Dinge, die als unhygienisch oder gefährlich eingestuft werden oder für uns krankheitserregend sein könnten (Schienle et al., 2002; Yarwood, 2022). Charles Darwin war 1872 einer der Ersten, der Ekel als eine Reaktion (vorrangig des Geschmackssinnes) auf etwas Abstoßendes beschrieben hat und auf den unverkennbaren und auch universellen Gesichtsausdruck hinwies: die gerümpfte Nase, die gehobene Oberlippe und die zusammengekniffenen Augen (siehe Abb. 2.7; Anz, 2019; Schienle et al., 2002). Er beschreibt, dass dieser Ausdruck kulturunabhängig anhand der Mimik erkennbar ist und somit eine sogenannte *„Basic Emotion"* darstellt, ein grundlegendes und universelles Gefühl, dass weltweit vorkommt (Anz, 2019). Darwin betonte zudem, dass die Mimik des Ekels eine kommunikative Funktion erfüllt, indem sie ebenfalls andere Personen vor diesen Gefahren warnt. Auch etwa 100 Jahre später kommen Emotionspsychologen, wie etwa Paul Ekman (1992), auf dasselbe Ergebnis: Ekel gehört neben Angst, Wut, Trauer, Überraschung und Freude zu einer der Basisemotionen. Diese sind universell, angeboren und haben sich im Laufe der Evolution weiterentwickelt. Abhängig von der Intensität des empfundenen Ekels kann dieser, neben der mimischen Ausdrucksweise (siehe. Abb. 2.7), auch eine Vielzahl weiterer körperlicher Reaktionen hervorrufen: von Gänsehaut, Schwitzen und Zittern über das Gefühl der Lähmung bis hin zu fallendem Blutdruck, kalten Händen, und Ohnmacht (Otto et al., 2000). Die körperlichen Reaktionen treten automatisch und spontan auf, was darauf hindeutet, dass sie (vermutlich) zu schnell geschehen, als dass der Verstand eingreifen könnte (Anz, 2019).

Abb. 2.7 Mimischer Ausdruck verschiedener Intensitätsstufen von Ekel, (Virtbauer, 2018, verändert nach Fadrus & Spindler, 2016 bzw. Spindler & Fadrus, 2024)

2 Tiergestützte Didaktik

Manche Abneigungen gegenüber bestimmten Tierarten erscheinen einleuchtend: Zum Beispiel der Ekel vor Ratten (besonders in früheren Zeiten), da diese Krankheiten auf den Menschen übertragen können und häufig mit Schmutz oder unhygienischen Zuständen assoziiert werden. Ebenso sind die Angst und Abscheu vor Schlangen nachvollziehbar, da es in vielen Teilen der Welt giftige und sogar tödliche Arten gibt. Doch woher kommt diese Abneigung? Ist diese angeboren oder evolutionär bedingt (als Schutz vor Räubern und Gefahren), gibt es genetische Dispositionen, ist es ein Instinkt oder doch erlernt und konditioniert? Wissenschaftler:innen diskutieren noch immer die verschiedenen Erklärungsansätze, insbesondere im Kontext der Frage, warum wir uns auch vor ungefährlichen Tierarten ekeln können (Gebhard, 2020).

Zudem zeigen Beobachtungen an Säuglingen und Kleinkindern, dass diese kaum oder keine Angst- oder Ekelreaktionen, auch nicht gegenüber Tieren, aufweisen. Bis zum dritten Lebensjahr scheinen sie wenig negative Emotionen gegenüber Lebewesen zu empfinden (siehe auch Abb. 2.8). Im Gegenteil: Sie zeigen sich meist interessiert, neugierig und unbeschwert. Potenzielle Ekeltiere wie Spinnen, Frösche oder Schlangen greifen sie ohne nennenswerte Vorbehalte an (Gebhard, 2020; Hennig & Netter, 2000). Dies kann sich nach dem 3. Lebensjahr ändern. Eine spezifische Untersuchung mit Schlangen ergab, dass Kinder mit etwa 2,6 Jahren erste Hemmungen zeigen, diese zu berühren. Ab dem dritten Lebensjahr wurden bereits deutliche Abneigungen sichtbar (Gebhard, 2020). Im Alter von fünf bis sechs Jahren zeigte sich ein stark verändertes Bild: Bei etwa 50 % der Kinder traten deutliche Abneigungsreaktionen gegenüber potenziellen Ekeltieren wie Schlangen auf (Gebhard, 2020; Hennig & Netter, 2000; Otto et al., 2000). Etwa 27 % der fünf- bis sechsjährigen Kinder äußerten zudem, dass bestimmte Tierarten die Quelle ihrer Ängste sind. Hierbei wurden insbesondere Schlangen und große Hunde als besonders furchterregend eingestuft (vgl. Gebhard, 2020; Otto et al., 2000). Zwischen sechs und 10 Jahren sind es vor allem exotische Tiere, wie Löwen, die gefürchtet werden. In der Pubertät scheinen heimische Tiere (z. B.: Spinnen) die stärksten Abneigungsreaktionen hervorzurufen (Vgl. Gebhard, 2020).

Abb. 2.8 Kind (ca. 2,7 Jahre) streichelt Nacktschnecke. (© Lisa Virtbauer)

In den zuvor beschriebenen Zeilen wurde sowohl **Angst als auch Ekel** thematisiert. Besonders im Zusammenhang mit Tieren sind diese beiden Emotionen eng miteinander verknüpft und lassen sich kaum isoliert voneinander betrachten, je nach Tierart und der realen Gefahr, die von dieser ausgeht. Beispielsweise wird vor Bären oder Tigern eher Angst empfunden, selten wird zusätzlich ein Ekel ausgesprochen. Gegenüber (ungiftigen) Spinnen wird hingegen bei den meisten Personen das Ekelempfinden überwiegen (Davey et al., 1998; Nentwig et al., 2022).

Sind die körperlichen und psychischen Symptome gegenüber Tieren besonders stark ausgeprägt, so werden diese als **Tierphobie** (z. B.: Arachnophobie) bezeichnet. Diese stellen die häufigsten Phobien dar (Davey et al., 1998). Laut des internationalen Verzeichnisses von Krankheiten und Gesundheitsproblemen der Weltgesundheitsorganisation (WHO), auch bekannt als ICD-11, werden sie als „spezifische Phobie" (6B03) eingestuft. Gekennzeichnet ist diese durch eine ausgeprägte, übermäßige und unbegründete Furcht und/oder Angst, die immer dann auftritt, wenn man bestimmten Objekten (z. B.: Tieren) oder Situationen ausgesetzt ist oder diese erwartet. Das Vermeiden des angstauslösenden Reizes kann zu erheblichen Beeinträchtigungen im Alltag der Betroffenen führen (Nentwig et al., 2022). An Tierphobien leidende Personen haben zudem häufig auch eine hohe allgemeine Ekelsensitivität sowie weniger Interesse an Aktivitäten in der Natur oder mit lebenden Organismen (Bixler & Floyd, 1999; vgl. Schienle & Heric, 2014).

Die Symptome und das Krankheitsbild einer Tierphobie werden den (stabileren) Persönlichkeitseigenschaften einer Person zugeordnet und als ‚*Trait-Ekel*' bezeichnet. In tiergestützten Einheiten kann es jedoch auch zu einem situativ und spontan auftretenden Ekel kommen, dem sogenannten ‚*State-Ekel*', welcher meist nur von kurzer Dauer ist, jedoch ebenfalls intensiv erlebt werden kann (Rohrmann et al., 2004). Solche intensiv erlebten Emotionen – egal ob negativ oder positiv – können in tiergestützten, pädagogischen Einheiten dazu führen, dass die betroffene Person emotional „gefangen" ist. Dies bedeutet, dass ihre Aufmerksamkeit hauptsächlich auf diese Emotion gerichtet ist, wodurch weniger Ressourcen für andere Aufgaben, wie das Erledigen von Arbeitsaufträgen, zur Verfügung stehen. Unser Gedächtnis ist nicht in der Lage, zu viele Informationen gleichzeitig zu verarbeiten, sei es affektiver oder kognitiver Natur, da es sonst zu einem sogenannten „*Overload*" führen kann (Edlinger & Hascher, 2008; Hummel, 2011; Hummel & Randler, 2010). Das Ausmaß der Einschränkung bzw. der Gefangenheit in der Emotion ist unter anderem abhängig davon, wie gut Emotionsregulationsstrategien eingesetzt werden können (Schienle & Heric, 2014).

Darüber hinaus führen negative Emotionen oder eine Stimmung dazu, dass man weniger flexibel und kreativ denkt sowie handelt. Dies kann negative Auswirkungen auf unsere Wahrnehmung, Einstellung und Denkmuster haben, was wiederum unsere Lernleistungen negativ beeinflusst (Abele, 1996; Bless & Fiedler, 2006; Edlinger & Hascher, 2008). Einzelne Studien konnten zeigen, dass ein Ekelempfinden gegenüber eingesetzten Tieren in der Schule das Interesse und die Motivation der Schüler:innen senken kann (Holstermann, 2009). Dies ist dann der Fall, wenn nicht sensibel auf mögliche Ekelgefühle eingegangen wird bzw. keine Maßnahmen zur Reduktion gesetzt werden (Empfehlungen siehe Abschn. 1.7.1).

Ist das Ekelempfinden jedoch nicht besonders stark ausgeprägt, so lässt sich diese Anspannung positiv für den Unterricht nutzen. Durch positive Erfahrungen mit diesen Tieren besteht die Möglichkeit, dass sich Ekel und Angst zu Interesse verwandeln (Dräger & Vogt, 2007). Begründet wird dies unter anderem damit, dass das Ekelempfinden eng mit unseren Sinnen verknüpft ist. Diese wiederum haben ihren Ursprung im limbischen System. Ekel ist somit mit unserem Lustzentrum verknüpft und eine Ekelreaktion kann ambivalente Gefühle auslösen – die sogenannte „Angstlust" (Vgl. Gebhard, 2020).

Im Gegensatz dazu können positive Emotionen, wie Freude im Umgang mit den Tieren, die Motivation und das Interesse steigern sich mit neuen (Lern-)Inhalten auseinanderzusetzen (Efklides & Petkaki, 2005; Virtbauer, 2018).

2.6.2 Faktoren, die zur Entstehung von Emotionen wie Ekel und Angst gegenüber Tieren beitragen

Kultur und Religion Die kulturellen Wertvorstellungen, mit denen wir aufwachsen, können beeinflussen, welche Rolle bestimmte Tierarten für uns einnehmen. In vielen Gesellschaften wird der Wert von Tieren stark durch ihre wirtschaftliche und kulturelle Bedeutung bestimmt. Die Einstellungen gegenüber Heimtieren unterscheiden sich deutlich von denen gegenüber Nutztieren. Beispielsweise gelten Meerschweinchen in Peru seit über 6000 Jahren als wichtige Nahrungsquelle. Es gibt spezielle Zuchtfarmen und traditionelle Gerichte. In Europa jedoch sind sie beliebte Haustiere, besonders bei Kindern (Dell´Amore, 2020). Eine Mensch-Haustier-Beziehung ist häufig geprägt von Fürsorge, Vertrauen und Respekt sowie einer tiefen emotionalen Bindung (Bolinski, 2024).

Ein anderes Beispiel sind Rinder bzw. Kühe. Diese werden in Indien, speziell im Hinduismus verehrt, Gottheiten zugeordnet und sind oft freilaufend auf den Straßen anzutreffen. In unserer Gesellschaft werden Kühe vor allem als Nutztiere in ihrer Rolle als Lieferant von Fleisch und Milch wahrgenommen – ein wirtschaftlicher Nutzen, der tief in der Geschichte unserer Gesellschaft verankert ist. Trotz seiner hohen gesellschaftlichen Bedeutung bleibt das einzelne Tier jedoch oft unsichtbar. Seine individuellen Bedürfnisse rücken in den Hintergrund, während sein Nutzen allgegenwärtig bleibt. Gerade bei der Unterscheidung zwischen Haustieren, welche sich in Heim- und Nutztiere unterteilen lassen, und Wildtieren geht es sehr oft um das Machtverhältnis zwischen Menschen und Tieren. In den letzten Jahrzehnten werden diese Vorstellungen insbesondere in den ´Animal Studies´ kritisch hinterfragt und reflektiert (Bolinski, 2024).

Tiere dienen häufig als kulturelle oder religiöse Symbole. Sie reflektieren die jeweilige Beziehung einer Gesellschaft zu Tieren und zur Natur in einer bestimmten Epoche. In vielen Religionen stellen Tiere häufig Sinnbilder für das Gute oder das Böse dar (Bolinski, 2024). Schlangen werden beispielsweise im Hinduismus, Buddhismus und Christentum mit dem Bösen, dem Tod und der Versuchung in Verbindung gebracht, gelten aber im Hinduismus und Buddhismus gleichzeitig als Symbole des Schutzes (Nentwig et al., 2022; Remele, 2018). Gerade bei Schlangen können die Einstellungen und Emotionen besonders weit auseinandergehen oder gar ambivalent sein: Sie werden verehrt (in Indien, speziell die Kobra) oder verteufelt.

Eltern und Familie Haben die Eltern oder Großeltern eine Abneigung gegen Spinnen, so ist die Wahrscheinlichkeit recht hoch, dass dies auch auf die nächste Generation übertragen und weitergegeben wird, indem die Kinder direkt und indirekt immer wieder mitbekommen, welche Reaktionen diese Tiere bei engen Angehörigen auslösen. Die Einstellung und Emotionen, die bei Familienmitgliedern beobachtet werden, können unsere eigenen Gefühle beeinflussen, da Menschen durch Beobachtung und Nachahmung lernen, vor allem von Personen, die von uns respektiert und bewundert werden. Gerade engen Familienmitgliedern schreiben wir eine gewisse Glaubwürdigkeit zu, wodurch deren Emotionen ernst genommen werden. Dies wird auch dann übertragen, wenn selbst noch keine eigene negative Erfahrung erfolgt ist (Berk, 2005; Nentwig et al., 2022).

Selbstbild und Selbstkonzept Wie wir uns selbst wahrnehmen, egal ob bewusst oder unbewusst, beeinflusst unser Denken, Handeln und unsere Beziehungen – auch zu Tieren. Es bestimmt mit, wie wir reagieren, wenn wir beispielsweise auf eine uns unbekannte Tierart treffen. Hat man von sich selbst das Bild eines Tierliebhabers/einer Tierliebhaberin, so tritt man dieser Tierart eher offen und positiv entgegen, und positive Eigenschaften des Tieres werden eher wahrgenommen als negative. Dies hat unter anderem mit der Selbstwirksamkeitserwartung zu tun (Bandura, 1997). Das Selbstbild hängt eng mit der Wahrnehmung unserer Umwelt zusammen. Es ist geprägt von bisherigen Erfolgs- oder Misserfolgs-Erfahrungen (vgl. Schwarzer & Jerusalem, 2002).

Freunde und Peers Der Freundeskreis spielt insbesondere bei Kindern und Jugendlichen eine bedeutende Rolle in der Beeinflussung der Wahrnehmung und des Verhaltens gegenüber bestimmter Tierarten. Ähnlich wie bei Familienmitgliedern führt die Bewunderung und Identifikation mit einer Person oft dazu, deren Reaktionen, Einstellungen und Emotionen nachzuahmen. Diese Nachahmung beeinflusst wiederum die eigenen Empfindungen und Einstellungen gegenüber Tieren (Berk, 2005; Nentwig et al., 2022).

Ein entsprechendes Verhalten lässt sich häufig bei Workshops mit Achatschnecken beobachten: Zu Beginn des Workshops äußert beispielsweise ein Mädchen ihren Widerwillen, Schnecken anzufassen. Dies führt dazu, dass auch ihre zwei engen Freundinnen eine ablehnende Haltung zeigen. Im Verlauf des Workshops wird jedoch deutlich, dass keine ausgeprägten Ekelgefühle vorhanden sind und schließlich alle eine Schnecke in die Hand genommen haben. Es ist denkbar, dass einige Jugendliche beim (ersten) Tierkontakt so reagieren, wie sie glauben, dass es für Mädchen oder Jungen typisch wäre.

Medien Wenn sie die Aufforderung bekommen an einen Wolf in Märchen oder Filmen zu denken, was fällt ihnen als erstes ein? Film, Fernsehen, Zeitungen und soziale Medien beeinflussen maßgeblich unsere Wahrnehmung und unser Verhalten – auch gegenüber Tieren. So geht der schlechte Ruf des Wolfes unter anderem auf das Märchen „*Rotkäppchen*" zurück. Jeder kennt diese Geschichte – und bis heute haftet dem Wolf das Bild eines bösen, menschenfressenden Wesens an. Ein ähnliches Schicksal ereilte den Weißen Hai, dessen Image durch den Film „*Der Weiße Hai*" von 1975 nachhaltig geprägt wurde. Seitdem wird er oft als gnadenloser Menschenjäger dargestellt, obwohl Haie und Wölfe in der Realität nur selten Menschen angreifen. Derartige Vorurteile werden auch ausgenutzt, wenn man politische Ziele verfolgt, wie dies etwa immer wieder in der Debatte um den Schutz oder Abschuss von Wölfen geschieht.

Medien können aber auch Trends und positive Stereotype fördern, die unsere Perspektiven auf Tier-Mensch-Verhältnisse prägen. Der Film „*Ratatouille*" aus dem Jahr 2007 hat die Wahrnehmung von Ratten positiv verändert, indem er sie als intelligente und liebenswerte Wesen präsentierte (Waschulewski & Ignatowicz, 2022). Dadurch stiegen Nachfrage und Verkauf von Ratten als Haustiere, was wiederum eigene tierethische Probleme aufwerfen kann. Auch die positive Darstellung von Clownfischen in „*Findet Nemo*", führte zu einem erhöhten Interesse an dieser Tierart sowie an Doktorfischen (Dori), was durch Wildfänge auch negative ökologische Auswirkungen mit sich brachte.

Positive und heldenhafte Tier-Charaktere in Filmen und Büchern können darüber hinaus Einfluss auf unsere Handlungen nehmen und tatsächlich dazu beitragen, dass man sich moralisch vorbildlich(er) verhält. Dieses Phänomen machte man sich schon in der Antike zunutze: Tiere wurden zu Hauptfiguren erhoben und stark vermenschlicht. Ein herausragendes Beispiel dafür sind die Fabeln des Äsop, die zeitlose Weisheiten vermitteln. Dazu zählen etwa „*Der Wolf im Schafspelz*", in der Täuschung entlarvt wird, „*Der Hase und die Schildkröte*", die lehrt, dass Beständigkeit zum Erfolg führt, oder „*Der Löwe und die Maus*", die verdeutlicht, dass auch die Kleinen den Großen helfen können. Auch in späteren Klassikern wie etwa „*Das Dschungelbuch*" (das Original ist von, 1894), wird die Freundschaft zwischen Menschen (Mogli) und Tieren (z. B.: Balou, der Bär) in den Mittelpunkt des Geschehens gerückt (Bonacker, 2016). Solche Darstellungen prägen unser Bild vom Bären und lassen ihn als weisen, gemütlichen und humorvollen Beschützer erscheinen. Dieses Motiv findet sich in zahlreichen Geschichten wieder, in denen Menschen und Bären eine besondere Freundschaft verbindet (z. B.: *Winnie Puuh* oder *Paddington*). Auch wenn es sich bei diesen Beispielen um bedeutende ältere Werke der Belletristik handelt, bleibt die Rolle von Tieren in Märchen und Geschichten weiterhin relevant und aktuell. Dies zeigt sich in einer Studie aus den Jahren 2008 bis 2010: 45,5 % der Zweit- bis Viertklässler gaben an, besonders gerne Geschichten mit Tieren zu lesen. Allerdings nimmt dieses Interesse mit zunehmendem Alter und jedem Schuljahr ab (Richter, 2012).

Diese Beispiele verdeutlichen eines: Tiere in Büchern und Filmen sind eine Attraktion, stellen durch Vermenschlichung (Anthropomorphismen) oft uns selbst dar, verdeutlichen unsere Liebe zu und Verbundenheit mit Tieren und verankern sich in unseren Vorstellungen über reale Tiere (Nohr, 2012).

Geschlecht und Geschlechterstereotypien Mädchen und Frauen empfinden häufiger Angst und Ekel gegenüber Tieren als Jungen und Männer (Gebhard, 2020; Prokop & Tunnicliffe, 2008). Zudem sind Frauen nahezu doppelt so oft von allgemeinen Angststörungen betroffen und entwickeln häufiger Tierphobien als Männer (Nentwig et al., 2022). Sie berichten auch über eine größere Anzahl an Tierarten, die bei ihnen negative Emotionen auslösen (Gebhard, 2020). Jungen hingegen reagieren eher mit Ärger oder Wut, wenn sie negative Gefühle gegenüber Tieren empfinden. Diese Unterschiede könnten teilweise auf stereotype Erziehungsmuster zurückzuführen sein, in denen Mädchen als empfindsamer und Jungen als emotional zurückhaltender wahrgenommen werden.

Wohnort Gebhard (2020) fasst zusammen, dass Kinder aus städtischen Gebieten mehr Tierarten nennen, vor denen sie Angst oder Ekel empfinden, als Kinder vom Land. Zudem verfügen sie über ein deutlich geringeres Wissen über Tiere im Vergleich zu Land- oder Vorstadtkindern (Kellert, 1984). Dies wird unter anderem darauf zurückgeführt, dass Kinder in ländlichen oder vorstädtischen Regionen häufiger und auf natürlichem Wege mit Tieren in Berührung kommen.

Check & Go: Was beeinflusst die Entwicklung von Emotionen – wie Ekel und Angst – gegenüber Tieren?
- Kultur & Religion
- Eltern & Familie
- Selbstbild & Selbstkonzept
- Freunde & Peers
- Medien
- Geschlecht & Geschlechterstereotypien
- Wohnort

2.6.3 Welche Tiere werden besonders häufig als Ekeltiere wahrgenommen?

Bei der Vorbereitung einer tiergestützten Einheit kann es hilfreich sein zu recherchieren, ob das eingesetzte Tier besonders häufig ein potenzielles Ekel- oder Angsttier darstellt. Durchstöbert man dabei verschiedene Ranglisten der beliebtesten und unbeliebtesten Tierarten, zeigt sich, dass zahlreiche Studien mit unterschiedlichen Personengruppen und Altersklassen existieren, die teils voneinander abweichende Ergebnisse liefern. Bevor einige ausgewählte Listen präsentiert und zusammengefasst werden, kann bereits eine zentrale Erkenntnis festgehalten werden: Schlangen und Spinnen scheinen weltweit und kulturübergreifend verstärkt Ekel auszulösen. Obwohl – zumindest in unseren Breitengraden – Spinnen (objektiv gesehen) klein, harmlos und nützlich sind, ist dennoch besonders häufig eine Abneigung gegenüber den Achtbeinern festzustellen (Nentwig et al., 2022).

Abb. 2.9 Madagaskar Fauchschaben stellen potenzielle Ekeltiere, aber auch geeignete Schultiere dar. (© Virtbauer Lisa)

Teilweise wird diese Liste zusätzlich um Schaben, Würmer und Ratten erweitert (Gebhard, 2020; Abb. 2.9).

Eine länderübergreifende Studie in Amerika, England, Korea, Japan, Hongkong, den Niederlanden und Indien fand gar sieben Tierarten, die überall Ekel verursachen: Spinnen, Schaben, Würmer, Blutegel, Fledermäuse, Echsen und Ratten (Davey et al., 1998). Bei einer (älteren, aber bemerkenswerten) Befragung an 236 Kindern aus Deutschland kristallisierten sich sieben Arten heraus, die als besonders abstoßend empfunden wurden: Schlangen, Spinnen, Ratten, Stinktiere, Krokodile, Kröten und Würmer (Schanz, 1972). Eine spätere Untersuchung von 11- bis 18-jährigen Schüler:innen bestätigte ähnliche Ergebnisse und führt zu einer Erweiterung der Liste um folgende Tierarten: Käfer, Tausendfüßer, Asseln, Zecken, Ameisen, Nacktschnecken, Mäuse und Quallen (Bögeholz & Rüter, 2004). 2019 wurden 1000 Jugendliche und Erwachsene in Österreich gefragt, welche Tierarten ihnen Unbehagen vermitteln und vor welchen Tieren sie Angst haben. Platz eins belegt der Hai, Platz zwei Schlangen und drei Spinnen. Besonders häufig wurden auch Bär, Löwe und Wolf genannt (von jeweils mehr als 50 % der Befragten genannt). Interessant sind auch die weiteren Nennungen, da sie neue Tierarten in die Rangliste bringen: Biene, Elefant, Wal, Affe, Adler, Pferd, Ameise, Hund, Hauskatze sowie Schmetterling. Letzterer wird immerhin von 12,5 % der Befragten genannt. Es ist leider nicht ersichtlich, wie genau diese Nennungen zustande kamen – ob sie vorgegeben waren oder ob es sich um ein offenes Antwortformat handelte (Statista Research Department, 2019).

Eine andere Befragung an 1000 Erwachsenen in Deutschland ergab, dass 28,08 % der Befragten Angst vor Spinnen und Käfern haben, gefolgt von Schlangen (20,4 %) und Haien (19,26 %). Mäuse und Ratten lösen bei 10,34 % der Teilnehmer:innen Angst aus (Statista Research Department, 2019). In anderen Listen wiederum finden sich häufig „Insekten allgemein", Maden und Mehlwürmer (Virtbauer, 2018). Betrachtet man nicht nur die am häufigsten genannten Tiere in den Ranglisten, sondern auch einzelne Nennungen, zeigt sich, dass nahezu alle Tierarten in irgendeiner Form als Ekeltiere bezeichnet werden (Virtbauer, 2018). Auf eine weitere Aufzählung von Listen wird daher verzichtet, da sich daraus schließen lässt, dass theoretisch jedes Tier als Ekeltier empfunden werden kann (Gebhard, 2020; Schanz, 1972; Virtbauer, 2018). Bei der Planung tiergestützter Einheiten für größere Gruppen muss daher berücksichtigt werden, dass nahezu jede Tierart bei mindestens einer Person auf Ablehnung stoßen kann.

Da es unter den verschiedenen Ranglisten an Ekeltieren regelmäßige Überschneidungen in Form von immer wieder genannten Tierarten gibt, existieren Überlegungen zu den Ursachen für die Ablehnung dieser und wie potenzielle Ekeltiere kategorisiert werden können. Im Folgenden werden diese Überlegungen kurz vorgestellt:

- Ein häufiger Abneigungsgrund ist ein stark vom Menschen abweichendes Aussehen, Verhalten oder eine abweichende Fortbewegungs- und Lebensweise. Besonders das Fehlen des sogenannten *„Kindchenschemas"* spielt hierbei eine Rolle. Bei Spinnen wird beispielsweise ihr ungewöhnlicher Körperbau als beunruhigend empfunden, insbesondere ihre langen, gekrümmten Beine. Auch ihre Art der Nahrungsaufnahme *(„Weil sie mich anekelt mit ihren Fäden und wie sie den Fliegen das Blut aussaugt."*), ihr Netzbau *(„sie ... spannt ihre Netze und Fäden überall auf, und man sieht sie gar nicht")* und ihre Bewegungen werden als unangenehm beschrieben (Nentwig et al., 2022; Schanz, 1972, S. 65). Weitere häufig genannte Merkmale, die Ekel oder Unbehagen auslösen und sich stark von der menschlichen Erscheinung und Bewegung unterscheiden, sind laut Gebhard (2020): viele, lange Beine (90 %), Nasse, glitschige Haut (84 %), Glatte, kalte Haut (79 %), Stacheln (74 %), Chitinkörper oder Panzer (53 %).
- Ein weiterer häufiger Grund für Angst oder Ekel gegenüber bestimmter Tierarten ist die als unvorhersehbar oder unkontrollierbar empfundene Situation mit ihnen. Besonders schnelle, plötzliche oder hektische Bewegungen der Lebewesen sowie deren rasche Annäherung werden oft als beunruhigend wahrgenommen. Auch unerwartete, plötzliche Geräusche von Tieren werden als störend oder beängstigend empfunden (Gebhard, 2020). Diese Reaktionen lassen sich möglicherweise als eine Schutzfunktion des Körpers interpretieren, die darauf abzielt, eine potenzielle Flucht oder Abwehrreaktion vorzubereiten. Unkontrollierbar kann auch das Auftreten von vielen „wimmelnden, ruhelosen" Tieren sein. Besonders kleine Tiere wie Asseln, Maden oder Würmer, die in größerer Anzahl vorkommen können, werden als unangenehm empfunden. Generell stoßen wirbellose Tiere oft auf Ablehnung und werden eher negativ wahrgenommen (Gebhard, 2020; Kellert, 1993; Retzlaff-Fürst, 2008; Schanz, 1972).
- Eine weitere mögliche Kategorisierung potenziell ekelerregender Tierarten ist (Prokop & Tunnicliffe, 2008):
  - Tiere, die mit Krankheiten in Verbindung gebracht werden.
  - Tiere, die Sekrete wie Schleim, Kot oder Duftstoffe absondern.
  - Tiere, die als schmutzig wahrgenommen werden.

Im Allgemeinen lässt sich sagen, dass Säugetiere – insbesondere solche mit runden Knopfaugen, die dem Kindchenschema entsprechen – eher positive Emotionen hervorrufen. Die Fähigkeit zur Mimik sowie das Vorhandenseins von Fell scheint auch eine Rolle zu spielen. Zudem werden Tiere, die sich besonders leicht vermenschlichen lassen, tendenziell positiv(er) bewertet. Auch die Möglichkeit zum direkten Kontakt, also das Streichen über das Fell, führt vermutlich zu einem schnelleren Aufbau positiver Beziehungen (Vgl. Meyer et al., 2016; Hummel, 2011; Gebhard, 2020; Schanz, 1972). Allerdings gilt auch dies nicht uneingeschränkt: Beispielsweise lösen Mäuse sowohl positive als auch negative Reaktionen aus, abhängig von der individuellen Wahrnehmung (Hummel, 2011; Schanz, 1972).

> **Check & Go: Typische Merkmale potenziell häufig genannter Ekeltiere**
> - Dem Menschen sehr unähnlich (in Fortbewegung, Verhalten, Aussehen)
>   – Viele lange Beine
>   – Kalte Haut/Panzer
>   – Glitschig, schleimig
>   – Stachelig
> - Kein „Kindchenschema"
> - Unkontrollierbar & unvorhersehbar (Situation an sich, Verhalten, Lautäußerungen, Annäherungen)
> - Viele Tiere an einer Stelle & wimmelnde Tiere
> - Tiere, die mit Schmutz oder Krankheiten assoziiert werden
> - Tiere, die etwas absondern (Kot, Duftsekret, Schleim,..)

2.7 Lebendiges Lernen mit Tieren – Methoden für einen erfolgreichen Unterricht

Da jedes Tier bei einzelnen Schüler:innen negative Emotionen hervorrufen kann, sollte der tiergestützte Unterricht mit besonderer Sensibilität gestaltet werden. Im Folgenden werden daher allgemeine Empfehlungen, Herangehensweisen und Methoden vorgestellt, die dazu beitragen können, mögliche Ängste oder Unsicherheiten zu reduzieren.

Je nachdem, welche Erfahrungen in einer tiergestützten Einheit gemacht werden – sei es durch behutsames Heranführen oder das Fehlen geeigneter Methoden – kann aus anfänglichem Ekel und Angst entweder Interesse oder eine verstärkte Ablehnung entstehen. Positive Effekte lassen sich beispielsweise durch eine schrittweise Annäherung erzielen, die nicht nur Ängste abbaut, sondern auch das Gefühl von Autonomie, sozialer Eingebundenheit und Kompetenz stärkt. Auf diese Weise können negative Emotionen reduziert und sogar Sympathien für das betreffende Tier geweckt werden (vgl. Dräger & Vogt, 2007; Gebhard, 2020).

2.7.1 Praktische Empfehlungen für den Umgang mit (potenziell ekelerregenden) Tieren

Um positive Emotionen zu fördern und Ekelgefühle von vornherein zu vermeiden oder zumindest zu reduzieren, ist es hilfreich, bestimmte einfache Methoden und gezielte Maßnahmen anzuwenden. Ein erster wichtiger Schritt besteht darin, vorab zu klären, ob und wie stark bei den Schüler:innen Abneigungen gegenüber der eingesetzten Tierart bestehen. Hier muss jedoch bedacht werden, dass einerseits in größeren Gruppen oder Klassenverbänden nicht jede/jeder den Mut hat, seine Ängste oder Abneigungen offen zu äußern. Und andererseits kann es vorkommen, dass beispielsweise eine (Peer-)Gruppe laut ihre Abneigungsgefühle und Hemmungen, wirbellose Tiere wie Schnecken anzugreifen, äußert, obwohl möglicherweise keine so große Abneigung besteht und sich diese rasch, meist innerhalb einer tiergestützten Einheit, abbauen lassen.

Eine solche **Abfrage nach positiven oder negativen Emotionen** kann spielerisch oder gar anonym erfolgen. Etwa mittels online (und live übertragbaren) Abstimmungstools können Emotionen sowie Vorwissen oder Vorerfahrungen abgefragt und so (sofort) ein Stimmungsbild der Gruppe erlangt werden. Man könnte zudem abfragen, wer sich traut, das Tier anzugreifen, wer nicht, und wer es noch nicht sicher weiß. Gerade dieses *„Ich weiß es noch nicht"* bietet eine gute Möglichkeit, die eigenen negativen Gefühle nicht direkt offenzulegen, weshalb auf diese Personengruppe besonders geachtet werden sollte.

In der Phase vor dem Tierkontakt sollte es der Lehrperson oder der Gruppenleitung ein persönliches Anliegen sein, zu verdeutlichen, dass immer ohne Zwang gearbeitet wird und niemand dazu verpflichtet wird, ein Tier anzugreifen. Jeder sollte selbst wählen dürfen, wie viel Abstand zum Tier gehalten wird. Zudem sollten keine Hänseleien wegen möglicher Abneigungen geduldet werden (und das ist bei Kindern besonders wichtig zu betonen).

Wenn das Tier vorgestellt wird, sollte die Lehrperson eine positive Vorbildfunktion übernehmen, indem diese selbst keine Scheu zeigt, das Tier zu berühren. Vorher geübter Umgang und ruhiges Verhalten trägt zur Schaffung einer entspannten Grundatmosphäre bei. Bei der ersten Einführung eines Tieres ist ein sensibler Umgang mit Mensch und Tier von großer Bedeutung (siehe auch Abschn. 1.2: Vorbereitung des tiergestützten Unterrichts).

Im Folgenden werden einige einfache Herangehensweisen vorgestellt, die beim Einsatz von potenziell ekelerregenden Tieren hilfreich sein und mögliche Ekelgefühle reduzieren können (Überblick siehe Abb. 2.11):

1) **Schrittweise Annäherung bzw. stufenweise Gewöhnung an das Tier**: Den Kindern (oder auch Erwachsenen) werden die Tiere schrittweise nähergebracht. In einem ersten Schritt kann dies mittels Fotos, Videos oder Modellen geschehen. Aber auch Gespräche oder Geschichten über das Tier, sowie Phantasiereisen eignen sich. Erst danach werden die lebenden Tiere vorgestellt. Mehrere Untersuchungen zeigen, dass es durch die langsame Gewöhnung

Abb. 2.10 Beobachtung einer Stabschrecke in einem geschlossenen Behälter. (© PLUS/Michael Namberger)

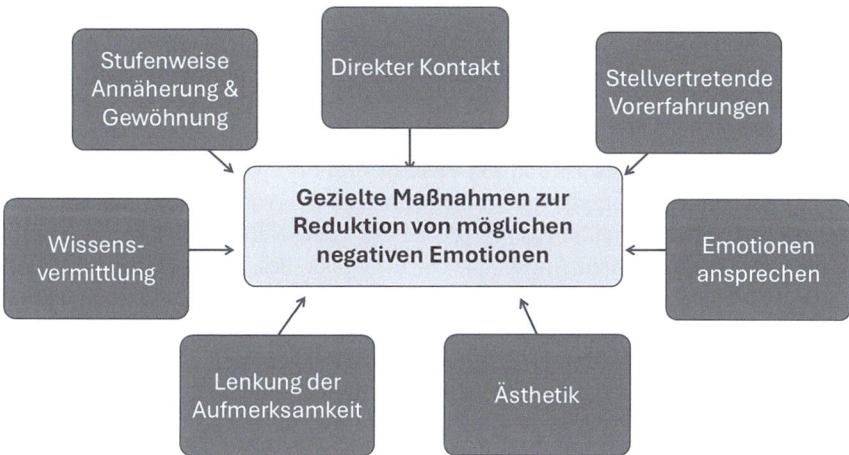

Abb. 2.11 Maßnahmen, die negative Emotionen wie Ekel im Umgang mit Tieren im Unterricht reduzieren können (vgl. Gebhard, 2020)

an das Tier zu einer Verringerung von Ekelgefühlen kommen kann (Dräger & Vogt, 2007; Gebhard, 2020; Schanz, 1972). Werden Erfahrungen nicht direkt mit dem lebenden Tier gemacht, sondern nur indirekt – etwa durch Fotos, Videos, Modelle, Geschichten oder theoretische Wissensvermittlung – spricht man von sogenannten *„stellvertretenden Vorerfahrungen"*. Diese können auch entstehen, wenn jemand von einer persönlichen Begegnung mit einem Tier erzählt und die Zuhörenden emotional mitfühlen. Ebenso zählt die Beobachtung anderer Menschen im Umgang mit Tieren dazu – etwa, wenn Schüler:innen beobachten, wie eine Lehrperson sich einem Tier gegenüber verhält (Gebhard, 2020; Wohlfahrt et al., 2022).

Diese indirekten Erfahrungen können zur Reduktion von Ekelgefühlen beitragen und helfen den Schüler:innen sich auf die Situation mit dem Tier einzustellen (Gebhard, 2020).

Um den Kindern die Möglichkeit zu geben, selbst über ihren Abstand zum Tier zu entscheiden, empfiehlt es sich, kleinere Tiere wie Insekten und andere Wirbellose zunächst in durchsichtigen, geschlossenen Behältern zu präsentieren. Gebhard (2020, S. 239) beschreibt treffend, dass eine äußerlich geschaffene Distanz dazu beitragen kann, eine innere Abwehrhaltung bzw. die Angst besser auszuhalten. Die Kinder sollten selbst entscheiden können, ob sie den Behälter öffnen, die Tiere mit ihren Händen oder etwa mit Gegenständen (beispielsweise mit einem Pinsel) berühren wollen. Durchsichtige Behälter schaffen zudem die Möglichkeit, die Tiere von allen Seiten, auch von unten, zu betrachten (Siehe Abb. 2.10).

2) **Direkter Kontakt und Gewöhnung des Umgangs:** Viele Kinder und ebenso Erwachsene sind den Umgang mit lebenden Tieren nicht gewöhnt. Besitzt man selbst keine Haustiere und hat nie welche besessen, kann es sein, dass sich wenig Möglichkeiten geboten haben, Vorerfahrungen im Umgang mit Tieren zu sammeln. Ein Kontakt mit gewissen Tiergruppen wie Wirbellosen, Reptilien oder Amphibien geschieht situationsbedingt selten, weshalb der Umgang nicht geübt ist und mit einem Gefühl der Unsicherheit einhergehen kann. Um dem Vorzubeugen, könnte man in der Vorbereitung mit den Kindern erarbeiten, wie die Körpersprache des Tieres verstanden und eingeordnet werden kann: Werden Angst- oder Stresssignale des Tieres erkannt und richtig gedeutet, so kann in Folge angemessen reagiert, sowie Missverständnisse oder Unfälle vermieden werden. Im Umgang mit Tieren sollte immer ein ruhiges und respektvolles Verhalten gefördert und gefordert werden (Mombeck, 2022).

Bereits ein einzelner direkter Kontakt mit einem lebenden Tier kann sich als wirksam erweisen, um negative Gefühle zu reduzieren (z. B.: Tomažič, 2008, 2011a, b). Persönliche Erfahrungen (mit potenziell ekelerregenden Tierarten) können negative Einstellungen und Emotionen reduzieren und positive Emotionen wecken. Dies zeigen viele persönliche Erfahrungen, aber auch einzelne (wissenschaftlich begleitete) Interventionen. Beispielsweise wurden Schüler:innen in einer Untersuchung in eine Gruppe mit lebenden Tieren und eine Gruppe ohne Tiere eingeteilt bzw. innerhalb dieser Gruppe unterrichtet. Nur in der Gruppe, die direkten Kontakt zu den Tieren hatte, änderten sich die affektiven Faktoren hin zum Positiven. Besonders begünstigt waren dabei Tierarten, zu denen ein direkter Körper- oder Hautkontakt möglich war (Randler et al., 2012).

Schwach ausgeprägte negative Emotionen können teilweise mit einem einzelnen (auch kurzen) Kontakt verschwinden (Virtbauer, 2018). Bei intensiv erlebten Emotionen kann ein mehrmaliges Zusammentreffen mit einer Tierart (mittels mehrerer Unterrichtseinheiten) zu einer positiveren Einstellung und Wahrnehmung der Tierart führen (Tomažič, 2008, 2011a, b). Je häufiger eine Konfrontation erfolgt, desto gewohnter wird der Kontakt und desto positiver wird das Tier bewertet. Es können sich sogar Vorlieben ausbilden. Dies kann auch unbewusst geschehen und wird in der Psychologie als „*Mere exposure Effekt*" beschrieben. Dieser besagt, dass die Bedeutung eines Inhaltes, sei es ein Gegenstand, ein Tier oder eine Person, durch eine häufige Präsentation, eine häufige Begegnung oder Wahrnehmung zur positiven Bewertung beiträgt, selbst wenn diese nur sehr kurz andauern (Winkel et al., 2006). Dieser Effekt zeigt sich beispielsweise in der Werbung, ist aber auch bei Haustierhalter:innen nachweisbar: Diese haben nicht nur eine besonders positive Einstellung zur eigenen Tierart, sondern übertragen dies auch auf andere, potenziell unbeliebtere Arten (Prokop & Tunnicliffe, 2010).

Auch im Rahmen von Konfrontationstherapien werden derartige Ergebnisse bestätigt: Phobien können geheilt werden, indem Betroffene schrittweise und in einer kontrollierten Umgebung mit der auslösenden Tierart konfrontiert werden. Die Betroffenen sollen dabei selbst wählen, wie schnell und umfassend die Annäherungsschritte geschehen. Wichtig ist, dass die Erfahrung positiv bleibt, indem die Angst ausgehalten wird (Nentwig et al., 2022).

3) **Ästhetik:** Wird beim Einsatz lebender Tiere mit Bildmaterial (Bildern, Fotos, Videos) gearbeitet, beispielsweise in einer Präsentation, sollte bei der Wahl von Materialien darauf geachtet werden, dass diese ästhetisch ansprechend gestaltet bzw. gewählt werden. Selbst bei potenziell ekelerregenden Tieren kann dies positive Effekte erzielen: Werden ästhetisch ansprechend gestaltete Fotos von (möglicherweise) nicht so ansprechenden Bodenlebewesen wie Asseln, Würmer, Schnecken und Hundertfüßer präsentiert, so kann dies zu einer besseren Wahrnehmung dieser Tiere führen. Eine Studie zeigte, dass Ausschnitte von Tieren auf Fotos deutlich besser bewertet werden als die Ansicht des gesamten Körpers (Ausschnitts- vs. Alltagsperspektive (Retzlaff-Fürst, 2008). Ähnlich Befunde gibt es für Geschichten oder Videos: Werden Kindern Geschichten zu einer ihnen unbekannten Tierart vorgelesen oder gezeigt, welche die Tiere mit „sauberen" und schönen Inhalten in Beziehung setzt, so wird das Tier anschließend positiver wahrgenommen. Werden die unbekannten Tiere jedoch mit potenziell ekel-induzierenden Inhalten in Verbindung gebracht, so äußern die Kinder danach noch mehr negative Emotionen gegenüber diesen als zuvor. Studien konnten zudem aufzeigen, dass negative ästhetische Bewertungen („hässlich") einer Tierart nicht nur die Bereitschaft hemmen, diese Tiere anzugreifen, sondern auch darüber hinaus die Bereitschaft vermindern, Schutzmaßnahmen für diese Tierart zu ergreifen (Knight, 2008; Muris et al., 2008).

Auch die Auswahl und Gestaltung der Behälter, in denen kleinere Tiere im Unterricht mitgebracht werden, kann ästhetisch ansprechend wirken. Dies sind meist Transportboxen und nicht die originale Behausung der Tiere. Es stellt sich die Frage, ob die Behälter ausschließlich die Tiere enthalten oder ob zusätzlich sorgfältig platzierte Naturmaterialien integriert werden, die nicht nur optisch ansprechend sind, sondern auch Schutz und Versteckmöglichkeiten für die Lebewesen bieten.

Dies begründet sich laut Neuroästhetik darin, dass ästhetisch gestaltete Darstellungen Hirnareale aktivieren, die mit Belohnung und positiven Emotionen verbunden sind. Zudem neigt der Mensch dazu, Dinge zu gruppieren und einzuordnen. Ästhetisch ansprechende Inhalte sind meist klar und gut strukturiert, weshalb wir diese leichter verarbeiten und dadurch positiver bewerten (Grassi & Aguggia, 2023).

Wenn man das Thema weiter fasst, lassen sich Zusammenhänge zwischen Ästhetik sowie Tier- und Umweltschutz herstellen. Denn die ästhetische Wahrnehmung von Lebewesen oder der Natur kann deren moralische Wertschätzung beeinflussen. „Schöne" Lebewesen oder eine ästhetische Wahrnehmung der Natur werden als besonders wertvoll und bedeutungsvoll erachtet und dadurch als schützenswerter angesehen. Häufig wird auf den Zusammenhang zwischen positiv erlebten Erfahrungen mit Lebewesen und der Natur sowie der daraus resultierenden höheren Bereitschaft, sich für deren Erhalt einzusetzen, hingewiesen (Dittmer & Gebhard, 2021).

Aufenthalte in der Natur oder Erfahrungen mit Lebewesen werden immer auch ästhetisch beurteilt sowie die Atmosphäre, die dabei erlebt wurde, bewertet. Dies geschieht unmittelbar und spricht mehrere Sinne an, wobei die Wahrnehmung individuell stark variieren kann. Solche Erlebnisse können mit Glücksgefühlen, Freude und einem hohen Wohlbefinden verbunden sein. Ebenso haben diese Begegnungen oft eine besänftigende und beruhigende Wirkung. Die Natur wird von Kindern gerne idealisiert, romantisiert, emporgehoben und es wird regelmäßig auf deren Unberührtheit hingewiesen. Aber auch das Gegenteil kann der Fall sein: die Wahrnehmung der Natur kann auch mit Beklemmungen und (Zukunfts-)Ängsten einhergehen.

Ohne weiter in die Tiefe zu gehen oder ausführlicher auf Naturphilosophie, die Ästhetik der Natur und Lebewesen oder deren Symbolik einzugehen, endet dieser Abschnitt mit der Aussage von Dittmer und Gebhard: *„Die Ästhetisierung von Natur kann ... auch als eine Moralisierung von Natur fungieren."* (2021, S. 24).

4) **Wissensvermittlung und Aufklärung:** Tierarten können mit Vorstellungen verknüpft sein, die nicht immer zutreffend sind bzw. nicht der Realität entsprechen. Eine umfassende Wissensvermittlung kann mit den falschen Vorstellungen aufräumen und antizipierte Emotionen abbauen (Prokop & Tunnicliffe, 2008, 2010; Gebhard, 2020). Je mehr Wissen jemand über eine Tierart besitzt, desto positiver sind die Einstellungen und Emotionen gegenüber dieser. Mehrere Studien haben diesen positiven Zusammenhang zwischen Wissensumfang und Einstellung nachgewiesen (Bjerke & Ostdahl, 2004; Prokop & Tunnicliffe, 2008, 2010). Haben Schüler:innen jedoch viele falsche Vorstellungen und wenig (fachlich adäquates) Wissen zu einer Tierart, so fallen Bewertungen und Emotionen zu diesen Tieren deutlich negativer aus (Münstedt & Mühlhans, 2013; Prokop & Tunnicliffe, 2008). Auch (Spinnen-)Phobikern gibt man in Therapien den Rat: „Gegen Spinnenangst hilft nur Spinnenwissen" (vgl. Nentwig et al., 2022, S. 229). Vor allem bei unter 10-jährigen herrschen viele Fehlvorstellungen (Prokop et al., 2008). Diese sogenannten „*alternativen Vorstellungen*" können sehr stabil und nur schwer veränderbar sein (Dreyfus, 1990). Sie beeinflussen darüber hinaus nicht nur die Einstellungen, sondern

auch Verhaltensweisen, wie etwa die Handlungsbereitschaft, diese Tiere zu berühren oder zu schützen (Prokop & Tunnicliffe, 2008, 2010).

5) **Lenkung der Aufmerksamkeit auf eine sachliche und professionelle Haltung:** Eine weitere Methode intensiv erlebte Emotionen gegenüber Tieren nicht so stark im Fokus der Aufmerksamkeit zu stellen, ist das Einnehmen einer bewusst sachlichen oder auch professionellen Haltung. Dies bedeutet, dass sich die teilnehmenden Personen auf Arbeitsaufträge fokussieren – sei es in der Schule oder einer (anderen) tiergestützten Intervention. Dies kann mittels Arbeitsaufträgen wie beobachten, rechnen, zeichnen, protokollieren oder Ähnlichem geschehen, oder auch durch Rollenspiele, Anleitung von Diskussionen bzw. dem Einnehmen und Verteidigen bestimmter Standpunkte (Gebhard, 2020).

6) **Über mögliche negative Emotionen und deren Regulation reden**: Das Reden über Emotionen kann deren Intensität bereits verringern. Das Thematisieren trägt dazu bei, dass sich die betroffenen Personen ihrer Emotionen bewusstwerden, was bereits eine Vorstufe der Emotionsregulation darstellt. Dies kann die Emotion bereits abschwächen und zur Aufrechterhaltung des Wohlbefindens beitragen (Scheibe, 2011; Schienle & Heric, 2014). Ein Ansprechen möglicher negativer Emotionen sollte einerseits vor der Tierbegegnung stattfinden als auch nach dem Unterricht – indem über die Erlebnisse reflektiert wird. Die Gespräche helfen, Gedanken und Emotionen zu strukturieren und ordnen und sich derer bewusst zu machen. Es ist eine bewusste Hinwendung und Auseinandersetzung mit möglicherweise irritierenden Gefühlen und Erlebnissen, welche eine positive Veränderung derer schaffen können (Früchtnicht & Gebhard, 2021).

Weitere Emotions-Regulationsstrategien, die vor allem bei intensiv erlebten Emotionen angewendet werden können, sind unter anderem Entspannungstechniken, Atemübungen, positive Selbstinstruktionen („Ich kann…", „Ich bin…", „Ich schaffe."), Situationskontrolle oder auch gedankliche Weiterbeschäftigung (Holodynski et al., 2013).

Tiergestützte Pädagogik kann mithilfe dieser einfachen, aber gezielten Maßnahmen (siehe Abb. 2.11) negative Emotionen verringern, positive fördern und somit einen Beitrag zur positiven Einstellungsentwicklung gegenüber Tieren (und der Natur allgemein) und der Bereitschaft Tierschutz zu betreiben leisten.

> **Check & Go: (Ekelreduzierende) Maßnahmen beim Einsatz von (potenziellen Ekel-)Tieren**
> - Abfrage der Emotionen oder auch Vorerfahrungen zum Tier
> - Schaffen einer entspannten Atmosphäre
> - Immer ohne Zwang arbeiten
> - Positive Vorbildwirkung im Umgang mit dem Tier (geübtes Handling)
> - Keine Hänseleien zulassen
> - Maßnahmen:

- Stufenweise Annäherung
- Abstand ermöglichen
- Stellvertretende Erfahrungen schaffen
- Ästhetik bewusst einsetzen
- Wissen vermitteln & aufklären
- (regelmäßige) direkte Kontakte ermöglichen
- Verschieben der Aufmerksamkeit auf Aufgabenstellung
- Emotionen ansprechen

2.7.2 Kriteriengeleitete Tierbeobachtung im Unterricht – Herangehensweise und Umsetzung

Wenn Tiere in pädagogischen Kontexten eingesetzt werden, können verschiedene Methoden zur Anwendung kommen. Ein unverzichtbarer Bestandteil der Einheit wird jedoch stets die Beobachtung des Tieres oder der Tiere sein. Es mag einfach erscheinen, Lernenden eine Beobachtung von Tieren durchführen zu lassen. Allerdings sind viele Menschen, sowohl Schüler:innen als auch Erwachsene, in der konzentrierten Beobachtung nicht geübt. Als Beispiel: *Haben sie schon einmal einen Schmetterling aus dem Gedächtnis gemalt?* (Sie können es gerne probieren). Es geht nicht darum, eine bunt schillernde Zeichnung zu erstellen, wie sie oft von Kindergartenkindern angefertigt wird (und an denen wir uns auch erfreuen). Stattdessen soll überlegt werden, wie der Kopf eines Schmetterlings aussieht, wie viele Flügel gemalt werden sollen, wie viele Körperteile ein Schmetterling hat und an welchem Teil die Flügel und Beine ansetzen. Dabei wird schnell klar, dass dies gar nicht so einfach ist und wie wenig genau man manchmal Dinge betrachtet. Durch die zusätzlichen Fragen (zu den Flügeln oder Körperabschnitten) wird die Aufgabe anspruchsvoller und zielgerichteter. Der Fokus der Aufmerksamkeit wird dabei auf Aspekte gelenkt, die vorher als (Lern-)Ziel definiert wurden (Nerdel, 2017). Beim Beispiel des Schmetterlings steht die Anatomie dieses Insekts (oder von Insekten im Allgemeinen) im Mittelpunkt. Man könnte jedoch auch die Farbgebung der Tiere betrachten oder einen noch spezifischeren Fokus setzen, wie etwa auf die Form der Flügel oder die Behaarung des Körpers. Ebenso kann das Verhalten des Schmetterlings oder eines anderen Tieres beobachtet werden. Häufig liest man dabei Aufträge wie jene: „Beobachte, was das Tier (z. B. der Schmetterling) macht!". Dies ruft vermutlich eine Vielzahl von Antworten hervor, die jedoch möglicherweise nicht in die gewünschte Richtung der pädagogischen Leitung oder Lehrperson gehen – nichtsdestotrotz aber als Grundlage für weitere interessante Gespräche dienen können. Wurde vorher allerdings ein inhaltliches Lernziel gesetzt und ist die Zeit begrenzt, sind alternative und striktere Ansätze empfehlenswert. Eine Möglichkeit wäre, die Frage umzuformulieren oder **Hilfsfragen** anzubieten. Dabei ist es wichtig, die Aufmerksamkeit auf einen oder zwei Aspekte zu

Abb. 2.12 Ein Schwalbenschwanz saugt Nektar. (© Virtbauer Lisa)

fokussieren. Ein Beispiel für eine Umformulierung wäre: „Wie nimmt der Schmetterling seine Nahrung (Nektar) auf?" (siehe auch Abb. 2.12). Als weiterführende Fragen und Tipps könnte auf den Bau der Mundwerkzeuge, die Stellung der Flügel, bevorzugte Landeplätze, die Verweildauer auf einer Blume und vieles mehr hingewiesen werden. Die Möglichkeiten sind vielfältig, weshalb es wesentlich ist, sich im Vorfeld bestimmte (Lehr- und Lern-)Ziele zu setzen (siehe Abschn. 1.3), um die Aufgabe einzugrenzen und die Aufmerksamkeit der Beobachter:innen zu lenken.

Durch die Fokussierung auf spezifische Details wird eine (subjektive und oft spontane) Alltagsbeobachtung zu einer naturwissenschaftlichen Beobachtung, einer sogenannten *„kriteriengeleiteten Beobachtung"* (Bruckermann et al., 2017; Kohlhauf et al., 2011; Nerdl, 2017).

Wesentlich ist, dass mittels der Frage die Neugierde und der Forscherdrang der Beteiligten geweckt wird und somit auch Motivation besteht, mehr über die Tiere oder biologische Zusammenhänge herauszufinden. Die Motivation und das Interesse sollen – nach der anfänglichen Neugierde am Tier – auch beim weiteren Bearbeiten der Aufgaben aufrecht erhalten bleiben, diese wird auch *„catch"- und „hold"-* Komponente genannt (Kohlhauf et al., 2011; Mitchell, 1993; Vogt, 2007).

Um diese Motivation und das entstehende Interesse langfristig zu sichern, ist es hilfreich, auch die grundlegenden psychologischen Bedürfnisse der Lernenden zu berücksichtigen. Sind die sogenannten **Basic Needs** – erfüllt, so wird ein Erlebnis besonders positiv wahrgenommen. Das gilt auch für den Unterricht und damit verbundene Lernerfahrungen: So kann beispielsweise das Gefühl von Autonomie gefördert werden, indem Schüler:innen an Entscheidungen im Unterricht beteiligt werden. Ein Gefühl der sozialen Eingebundenheit entsteht etwa durch gut abgestimmte Kleingruppenarbeiten, während das Bedürfnis nach Kompetenz dann gestärkt wird, wenn Aufgabenstellungen angemessen herausfordernd sind – also weder über- noch unterfordern. Sind diese Faktoren gegeben, kann sich Interesse auf natürliche Weise entwickeln und vertiefen (Kokott & Scheersoi, 2021; Wilde, 2021).

Bevor der Beobachtungsprozess mit den Tieren startet, sollte überlegt werden, was mögliche Antworten auf die Frage sein könnten. Durch das Formulieren von Vermutungen, sogenannten Hypothesen, können die Schüler:innen ihr Vorwissen aktivieren. Dies kann eigenständig, gemeinsam in Kleingruppen oder im Klassenverband überlegt werden. Die Lernenden sollen zudem darüber beraten, ob die

Abb. 2.13 Geduldiges Beobachten der Schnecken. (© PLUS/ Michael Namberger)

Hypothesen tatsächlich mittels einer Beobachtung überprüfbar bzw. beobachtbar sind, ob Hilfsmittel benötigt werden und nach welchen Regeln die Beobachtung erfolgt (vgl. Kohlhauf et al., 2011; siehe Abb. 2.13). Die Planung umfasst darüber hinaus Fragen wie: Bedarf es einer Aufgabenverteilung innerhalb der (Klein-)Gruppe, welche zeitlichen Begrenzungen gibt es oder muss die Dokumentation des Gesehenen in irgendeiner Weise vorbereitet werden?

Für die Durchführung der Beobachtung ist ausreichend Zeit einzuplanen, da dabei nicht nur mehrere Sinne angesprochen, sondern auch emotionale Reaktionen ausgelöst werden. Einige Schüler:innen erfreuen sich vermutlich zunächst an der Schönheit der Schmetterlinge, bevor sie ihre Aufmerksamkeit wieder auf die eigentliche Beobachtungsaufgabe richten (vgl. Kohlhauf et al., 2011). Positive Emotionen und Neugierde können das Lernen über den Schmetterling fördern und die Motivation steigern, auch wenn sich diese erst einmal auf Verhaltensweisen des Schmetterlings beziehen, die nicht Teil der ursprünglichen Frage waren.

Durch die Festlegung spezifischer Beobachtungskriterien wird sowohl die Kommunikation als auch die schriftliche Dokumentation der Inhalte erleichtert. Es gibt verschiedene Möglichkeiten, die Beobachtungsergebnisse zu sammeln: Die Schüler:innen können ihre Beobachtungen eigenständig und auf individuelle Weise festhalten oder durch gezielte Hilfestellungen unterstützt werden.

Zur Unterstützung können verschiedene Methoden genutzt werden, darunter Tabellen, Raster, Zeichnungen (z. B. mit fehlenden Körperteilen zum Ergänzen), Satzanfänge, Lückentexte oder bereits komplexere Ethogramme. Zudem können gezielte Hilfsfragen und Tipps die Genauigkeit der Beobachtungen und deren Dokumentation verbessern (Bruckermann et al., 2017). Beispielsweise lässt sich anregen, zu dokumentieren, wie oft ein Tier ein bestimmtes Verhalten zeigt bzw. eine bestimmte Körperhaltung einnimmt. Zudem lässt sich gemeinsam erörtern, welche Faktoren dieses Verhalten beeinflussen könnten.

Eine präzise und strukturierte Dokumentation ermöglicht eine gezielte Auswertung sowie eine fundierte Interpretation der Ergebnisse (Bruckermann et al., 2017; Nerdel, 2017). Gemeinsam mit den Schüler:innen kann reflektiert werden, wie die Forschungsfrage beantwortet wird, ob die aufgestellten Hypothesen bestätigt wurden und welche äußeren Einflussfaktoren auf das Tier oder den Beobachtungsprozess eingewirkt haben.

Wichtig ist, dass die Beobachtung und Interpretation der Ergebnisse klar voneinander getrennt werden. Die Dokumentation der Ergebnisse sollte möglichst objektiv erfolgen (z. B.: „Nach der Landung des Schmetterlings auf der Blüte und einem guten Halt mit seinen Beinen, wird der lange Saugrüssel ausgerollt. Der Saugrüssel ist gut beweglich und befindet sich am unteren Teil des Kopfes."; „Mit dem Saugrüssel saugt der Schmetterling auch Saft von fauligem Obst auf."), während die Interpretation immer subjektiv geprägt ist (z. B.: „Schmetterlinge brauchen blühende Pflanzen."; Vgl. Kohlhauf et al., 2011).

Die Abfolge der einzelnen Schritte einer kriteriengeleiteten, naturwissenschaftlichen Beobachtung werden häufig in einem **Forscherzyklus** dargestellt, wie in Abb. 2.14. zu sehen ist. Diese strukturierte Abfolge dient als wertvoller Leitfaden für die Unterrichtsplanung, insbesondere wenn Beobachtungen oder andere naturwissenschaftliche Arbeitsmethoden mit Tieren durchgeführt werden. Diese Strukturierung erleichtert den Prozess des Heranführens der Schüler:innen an wissenschaftliches Arbeiten.

Es kann sowohl den Schüler:innen als auch den Lehrpersonen anfangs schwerfallen, die Ergebnisse korrekt zu bewerten, Schlussfolgerungen zu ziehen, naturwissenschaftlich zu argumentieren bzw. die Daten im Hinblick auf die Frage und die Hypothesen zu bewerten. Dies muss erst geübt werden (Kohlhauf et al., 2011). Jedoch wird gerade dadurch das Verständnis biologischer Zusammenhänge und Phänomene gefördert (Deibl & Virtbauer, 2020). Zum Beispiel kann durch die Beobachtung der Nahrungsaufnahme eines Schmetterlings, nicht nur etwas über die

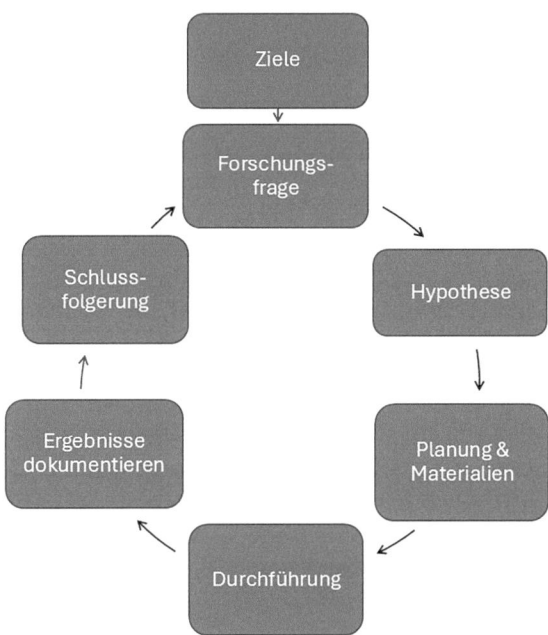

Abb. 2.14 Schritte bei der Anwendung naturwissenschaftlicher Arbeitsweisen in der Schule bzw. beim Forschenden Lernen (verändert nach Kremer et al., 2019; S. 117)

Biologie des Schmetterlings, sondern auch über die Bedeutung von Biodiversität und den Zustand der Umwelt gelernt werden.

Bei der Durchführung der einzelnen Schritte liegt es in der Verantwortung der Lehrperson, die Inhalte der tiergestützten Einheit an das Alter, die Erfahrungen und die Fähigkeiten der Kinder anzupassen. Beobachtungen an Tieren können von einfachen, wenig komplexen Aufgaben bis hin zu detaillierten, wissenschaftlich fundierten Analysen reichen. Grundsätzlich wird jedoch davon ausgegangen, dass Kinder bereits ab einem Alter von vier Jahren in der Lage sind, komplexere Beobachtungen durchzuführen und erste systematische Zusammenhänge zu erkennen. In der Elementarpädagogik werden Naturbeobachtungen und Erfahrungen bereits ab dem Kindergartenalter gewünscht und gefordert – auch weil sie im Einklang mit der sogenannten Theorie des Geistes („*Theory of mind*": kurz ToM; Wimmer & Perner, 1983) stehen. Diese besagt, dass sich Kinder ab etwa 4 Jahren in die Perspektiven und Absichten von anderen bzw. Lebewesen hineinversetzen und diese verstehen können. Somit sind sie auch in der Lage bereits komplexere Zusammenhänge zu erkennen oder gar Vorhersagen (zu einem Verhalten) auszusprechen (Haug-Schnabel & Bensel, 2017).

Nicht nur zwischen verschiedenen Altersstufen, sondern auch innerhalb einer einzelnen Klasse gibt es unterschiedliche Kompetenzniveaus, die bei der Planung berücksichtigt werden sollten. Werden die Kinder beim Arbeiten mit den lebenden Tieren in (Klein-)Gruppen eingeteilt, kann dies mehrere Vorteile mit sich bringen: So können die Schüler:innen von den vielfältigen Fähigkeiten innerhalb der Gruppe profitieren und sich gegenseitig unterstützen. Einige Kinder bringen möglicherweise mehr Vorwissen zum Thema mit – etwa über Schmetterlinge oder Tierbeobachtung. Die Lehrperson kann zudem (verdeckte) **Hilfskärtchen** anbieten, die von den einzelnen Gruppen nur dann eingesehen werden, wenn sie nicht mehr weiterwissen. Diese Karten unterstützen eigenständiges Lernen, indem sie den Schüler:innen gezielte Hinweise geben, ohne die Lösung vorwegzunehmen. So erhalten auch Gruppen, die sich mit den Phasen oder Lösungen schwertun, hilfreiche Impulse – und können durch eigenständiges Weiterarbeiten ein Erfolgserlebnis erzielen (Vgl. Deibl & Virtbauer, 2020).

Auch ein gewisses Maß an Sprachkompetenz erleichtert es, Beobachtungen präzise zu formulieren und logische Schlussfolgerungen zu ziehen. Zudem sind Flexibilität und Kreativität bei der Planung und Interpretation der Beobachtungen hilfreich, um den individuellen Stärken und Bedürfnissen der Schüler:innen gerecht zu werden (Kohlhauf et al., 2011).

Für eine *kriteriengeleitete Beobachtung* muss also nicht nur eine bewusste Fokussierung erfolgen und nach einem strukturierten Plan vorgegangen werden, die richtige Interpretation der Beobachtungen hinsichtlich einer Frage oder Hypothese ist ebenso entscheidend. Durch das Festlegen verschiedener Kriterien wird verhindert, dass zu viele subjektive Eindrücke in die Beobachtung einfließen. Die Beobachtung muss zudem vergleichbar und wiederholbar sein, damit sie einer naturwissenschaftlichen Arbeitsweise nahekommt (Kohlhauf et al., 2011).

Von anderen naturwissenschaftlichen Arbeitsweisen – wie etwa dem Experiment – grenzt sich die Beobachtung dadurch ab, dass nicht in das Geschehen eingegriffen wird und die Objekte bzw. Lebewesen nicht verändert oder manipuliert werden (Bruckermann et al., 2017; Nerdel, 2017; Deibl & Virtbauer, 2020).

> **Check & Go: Leitfaden zur Durchführung einer kriteriengeleiteten Beobachtung**
> **Für die Lehrkraft:**
> - (Lern-)Ziele für die Beobachtung festlegen
> - Die Lehrperson nimmt nur eine unterstützende, zurückhaltende Rolle ein
> - Selbstständiges Ausführen der (Forschungs-)Schritte üben: vom stark angeleiteten zum selbstständigen Arbeiten
> - Bei Bedarf Hilfsfragen oder Hilfskärtchen bei jedem einzelnen Schritt anbieten
>
> **Für den Ablauf:**
> - (Forschungs-)Frage mit speziellem Fokus bzw. Kriterien
> - Vermutete Antworten (Hypothesen); Vorwissen aktivieren
> - Planung der Beobachtung gemäß den Kriterien (Aufgabenverteilung, Material, Hilfsmittel, Art der Dokumentation des Gesehenen, zeitlichen Rahmen festlegen; vergleichbar?, wiederholbar?)
> - Beobachtung durchführen
> - Ergebnisse (objektiv) dokumentieren
> - Ergebnisse interpretieren ➜ Frage beantworten, Vermutungen (Hypothesen) revidieren oder bestätigen
> - Weiterführende Fragen überlegen und weiteres Interesse und Neugierde wecken; Beziehungen zum „großen Ganzen" bzw. biologische Zusammenhänge herstellen

2.7.3 Experimente mit lebenden Tieren im Unterricht planen und durchführen

Beobachtungen an Tieren können auch Teil eines komplexeren Geschehens sein – wie etwa, wenn folgender Frage nachgegangen wird: „Bevorzugen Asseln eine helle oder dunkle Umgebung?". Dadurch wird die Beobachtung Teil eines Experiments.

Bei der Beobachtung, dem Versuch oder dem Experiment werden bewegte Prozesse, Objekte (z. B.: Lebewesen) oder auch Zusammenhänge (z. B.: Anatomie und Lebensraumanpassungen) analysiert. Bei einer Beobachtung erfolgt keine äußere Beeinflussung – die natürlichen Abläufe und Verhaltensweisen werden unverändert erfasst. Im Gegensatz dazu wird bei einem Versuch und einem Experiment in das Geschehen eingegriffen. Vom Versuch unterscheidet sich das Experiment dadurch, dass eine bestimmte Größe manipuliert, aber auch kontrolliert wird, um bestimmte Effekte oder Zusammenhänge zu untersuchen. Dabei wird eine (unabhängige) Variable gezielt verändert, während die Auswirkungen auf die zweite (abhängige) Variable gemessen werden. Zentrale Frage ist dabei immer: Welche Ursache hat welche Wirkung?

Ein weiteres zentrales Merkmal eines Experiments ist das Vorhandensein einer Kontrollgruppe oder eines Kontrollzustands, um die Ergebnisse zuverlässig interpretieren zu können. Beim Experimentieren müssen zudem die drei Gütekriterien wissenschaftlicher Forschung beachtet werden: 1. Objektivität (Intersubjektive Nachvollziehbarkeit: Kann eine außenstehende Person das Experiment ebenfalls verstehen und reproduzieren?); 2. Validität (= Gültigkeit und Aussagekraft der Daten: Wird tatsächlich das gemessen, was ich messen möchte?) und 3. Reliabilität (= Messgenauigkeit: Ist es beliebig und verlässlich wiederholbar, sodass es ähnliche Ergebnisse liefert?). Die Einhaltung dieser Kriterien gewährleistet, dass die gewonnenen Erkenntnisse aussagekräftig und wissenschaftlich fundiert sind (vgl. Virtbauer, 2019a). Übersichtlich dargestellt sind die Unterschiede der naturwissenschaftlichen Arbeitsweisen in Abb. 2.15.

Eines haben aber die drei vorgestellten Arbeitsweisen in den Naturwissenschaften gemeinsam: Sie sollen einander in der Abfolge der einzelnen Schritte, die die Forscher:innen bzw. Schüler:innen durchlaufen, gleichen. Beginnend mit der (Forschungs-)Frage bis hin zur Interpretation der Ergebnisse (siehe Abb. 2.14) sollen alle Phasen berücksichtigt werden. Der Zyklus kann – je nach Quelle – mit unterschiedlich vielen Phasen beschrieben werden. Zum Beispiel kann der Aufbau eines Experiments oder die Beschaffung der Materialien je eine eigene Phase dar-

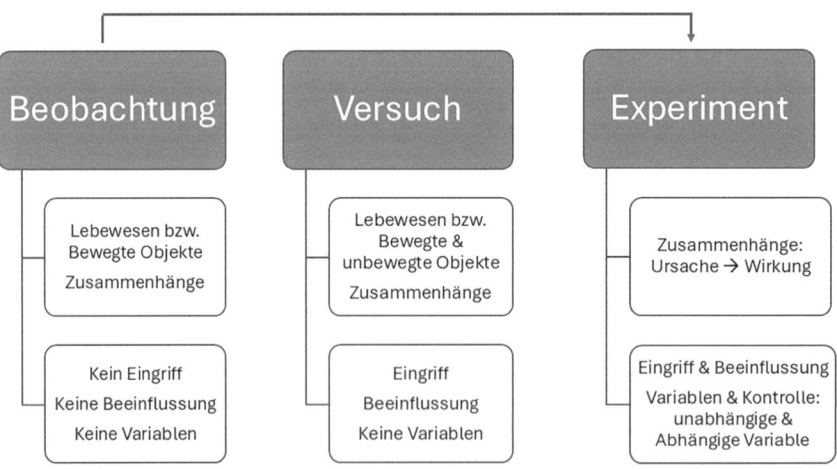

Abb. 2.15 Drei Naturwissenschaftliche Arbeitsweisen beim Einsatz von lebenden Tieren innerhalb des Unterrichts im Vergleich; Die Beobachtung kann auch Teil des Experimentes darstellen (vereinfacht nach Nerdel, 2017; S. 116)

stellen oder in die Planung integriert werden. Unabhängig davon bleibt der grundsätzliche Gedanke dahinter jedoch derselbe: Die Schüler:innen sollen die Phasen wissenschaftlicher Denk- und Arbeitsweisen kennen lernen und bestenfalls selbstständig durchlaufen. Die Schüler:innen werden zu Forscher:innen, weshalb man bei dieser Lernform auch vom **„Forschenden Lernen"** spricht (vgl. Deibl & Virtbauer, 2020).

Die Lehrperson hat bei dieser Lernform eine unterstützende, zurückhaltende Rolle. Die Selbstständigkeit der Schüler:innen kann bereits bei der Suche nach einer geeigneten Fragestellung beginnen. Die Lernenden werden dabei aufgefordert, zu einem bestimmten Sachverhalt, einem kurzen Text, einem Video oder einer Geschichte geeignete Forschungsfragen zu überlegen. Beispiel: *„Wir beobachten heute unsere beiden Rennmäuse Frida und Berta. Wir verwenden dazu unsere Beobachtungsarena, in der wir eine leere Klopapierrolle platzieren. Dann setzen wir die Mäuse nacheinander in die Arena. Überlege dir Forschungsfragen zum Verhalten der Mäuse, die wir dann beobachten können."*

Natürlich ist das Ausmaß an Eigenständigkeit stark davon anhängig, wie geübt alle Beteiligten sind: sowohl die Lehrperson als auch die Schüler:innen. Je weniger Erfahrung die Beteiligten im Formulieren von Fragen oder auch Hypothesen mitbringen, desto mehr sollte vorgegeben sein. Ebenso können in diesem Fall mehr Hilfsfragen bzw. Hilfskärtchen angeboten werden. Kennen die Schüler:innen bereits die Abfolge der einzelnen Schritte und sind mit naturwissenschaftlichen Arbeitsweisen vertraut, kann der Forschungszyklus immer mehr geöffnet und die Arbeit der Schüler:innen selbstständiger werden (vgl. Deibl & Virtbauer, 2020).

Der Einsatz von Tieren im Unterricht unter Berücksichtigung des Forschenden Lernens – und somit der Förderung der Beobachtungs- und Experimentierkompetenz -bietet nicht nur zahlreiche Vorteile, insbesondere in Bezug auf Motivation und anschauliches Lernen, sondern ist auch explizit in den aktuellen Lehrplänen verschiedener Schulformen verankert (vgl. auch Hummel, 2011). Die selbstständige Anwendung naturwissenschaftlicher Methoden ist ein zentraler Aspekt der Lehrpläne Allgemeinbildender Höherer Schulen (AHS), Mittelschulen (MS) aber auch Volksschulen (VS).

Lehrplanverankerung des Forschenden Lernens in AHS und MS: (RIS, 2025a, 2025h)

- Allgemeiner Teil: In den allgemeinen Abschnitten des AHS- und MS-Lehrplans wird betont, dass Schüler:innen zur eigenständigen Wissensaneignung sowie zur kritischen Auseinandersetzung mit Wissen befähigt werden sollen.
- Fachlehrpläne: Besonders in den naturwissenschaftlichen Fächern wird die Förderung von Selbstständigkeit hervorgehoben, etwa durch die eigenständige Planung und Durchführung von Experimenten.
- Didaktische Grundsätze: Die didaktischen Prinzipien der Lehrpläne unterstreichen die Bedeutung von Selbsttätigkeit und Eigenverantwortung der Schüler:innen als zentrale Lernziele.

Diese Vorgaben verdeutlichen, dass selbstständiges Arbeiten und naturwissenschaftliche Arbeitsweisen ein essenzieller Bestandteil des Unterrichts sind.

Die Anwendung von naturwissenschaftlichen Arbeitsweisen werden aber gemäß dem Lehrplan bereits in der Volksschule gefordert (RIS, 2025g). Besonders im Fach Sachunterricht sollen Schüler:innen grundlegende Arbeitsweisen und Fertigkeiten im Umgang mit der Natur erlernen. Dies umfasst z. B. das Beobachten, Beschreiben und Durchführen einfacher Experimente.

Somit zeigt sich, dass der Einsatz von Tieren im Unterricht nicht nur pädagogisch wertvoll, sondern auch ein fester Bestandteil der schulischen Bildungsziele ist.

Check & Go: Experimente mit Tieren durchführen
- Aufgestellte Regeln mit den Tieren beachten: Immer auf das Wohl der Tiere achten; Stress für Tiere vermeiden (Abschn. 1.4)
- Immer wieder die Frage verdeutlichen: Welche Ursache hat welche Wirkung?
- Nur eine Variable wird verändert; es muss auch eine Kontrollgruppe geben
- Selbstständiges Durchführen der einzelnen Phasen; Lehrperson übernimmt die Rolle einer Tutorin oder eines Tutors
- Alle Phasen berücksichtigen: Frage, Hypothese, Planung, Durchführung, Ergebnissicherung, Interpretation der Daten, Beantworten der Fragen & Bestätigen oder Verwerfen der Hypothesen (siehe Abb. 2.14)
- Vor allem bei ungeübten und heterogenen Klassen: Hilfsfragen oder Kärtchen bei jedem Schritt anbieten
- Idealerweise in (heterogenen) Kleingruppen
- Ausreichend Zeit für gemeinsame Reflexion und Nachbesprechung einplanen
- Rückführung der Tiere sowie sorgfältiges Reinigen und Verstauen der verwendeten Materialien organisieren

2.8 Gesetzliche Rahmenbedingungen beim Einsatz von Tieren im Unterricht

In diesem Kapitel werden die rechtlichen Rahmenbedingungen thematisiert, welche beim Einsatz von Tieren in der Schule oder anderen pädagogischen Settings zum Tragen kommen. Es wird die Frage beantwortet, welche verschiedenen Gesetze beachtet werden müssen, wenn man tiergestützt arbeiten möchte.

Zuerst wird auf den Lernort Schule eingegangen. Das für Österreichs Schulen gültige Gesetz ist das **Schulunterrichtsgesetz** (**SchUG**; Langtitel: *Bundesgesetz über die Ordnung von Unterricht und Erziehung in den im Schulorganisationsgesetz geregelten Schulen*: RIS, 2025c, BGBl. Nr. 472/1986). Alle einer Schule zugeordneten Personen (Lehrkräfte, Schüler:innen, Schulleitung und Verwaltung aber auch Erziehungsberechtigte) müssen gemäß dieser Rechtsvorschrift handeln. Diese ist in ganz Österreich für alle öffentlichen (und einen Teil der privaten) Schulen einheitlich geregelt und beschreibt die Rahmenbedingungen für den Schulbetrieb. Die verschiedenen Paragrafen befassen sich etwa mit der Erfüllung der Aufgabe der österreichischen Schule (§ 2), den Pflichten der Lehrkräfte hinsichtlich der Planung und Durchführung des Unterrichts (§ 17), den Grundsätzen für das Verhalten der Schüler:innen und die Aufrechterhaltung der Ordnung in der Schule (§ 43) und vielem Weiteren. In Deutschland gibt es hingegen kein einheitliches Schulgesetz, stattdessen ist das Schulwesen Ländersache, und jedes Bundesland hat sein eigenes Schulgesetz (z. B.: Schulgesetz für das Land Nordrhein-Westfalen (SchulG NRW); Bayerisches Gesetz über das Erziehungs- und Unterrichtswesen (BayEUG); Übersicht Schulgesetze: Kultusministerkonferenz [KMK], 2024). Für allgemeine bundesweite Vorgaben gibt es das Grundgesetz (GG), das in Artikel 7 GG die Grundsätze der Schulorganisation festlegt (z. B. die Schulaufsicht durch den Staat; Grundgesetz für die Bundesrepublik Deutschland; Bundesamt für Justiz (o. J.), Art 7). Weitere einheitliche Regelungen werden durch die Kultusministerkonferenz (KMK) getroffen.

Die Frage ist aber, ob ein spezifischer Paragraf im österreichischen Schulunterrichtsgesetz (SchUG) den Einsatz von Tieren im Unterricht regelt. Die Antwort ist nein. Es gibt für das Mitbringen von Tieren in die Schule keine gesetzlichen Vorschriften. Mit einer Ausnahme: Hinsichtlich des Einsatzes von Hunden hat das Bundesministerium für Bildung, Wissenschaft und Forschung (BMBWF) Richtlinien herausgegeben. Diese sind im Rundschreiben Nr. 13/2020 festgehalten und behandeln den Einsatz von Präsenz- und Schulbesuchshunden im Unterricht im Rahmen der hundegestützten Pädagogik. Die Richtlinien legen fest, dass nur gesunde, wesensfeste und gut trainierte Hunde zum Einsatz kommen dürfen und dass regelmäßige tierärztliche Untersuchungen sowie Nachkontrollen erforderlich sind. Zudem wird betont, dass der Einsatz des Hundes pädagogischen Zielsetzungen dienen und das Einverständnis aller Beteiligten, einschließlich der Erziehungsberechtigten, eingeholt werden muss. Weitere Details zu den allgemeinen Rahmenbedingungen finden Sie im Rundschreiben Nr. 13/2020 des BMBWF (Bundesministerium für Bildung, Wissenschaft und Forschung [BMBWF], 2020). Hier wiederum kann es detailliertere Regelungen in den einzelnen Bundesländern geben: Beispielsweise dürfen in Niederösterreich und Oberösterreich Lehrkräfte ihren Hund nur dann im Unterricht einsetzen, wenn sie gemeinsam mit dem Tier eine entsprechende Ausbildung absolviert haben, die mit einem Prüfungszertifikat des Messerli-Instituts abgeschlossen wurde. Zudem ist das Einverständnis der Schulaufsicht, des Schulerhalters, der Schulleitung, der Kolleginnen und Kollegen sowie der betroffenen Eltern erforderlich (Bildungsdirektion Niederösterreich, 2021).

Unabhängig vom Schulunterrichtsgesetz (SchUG) können aber auch schulinterne Lösungen den Einsatz von Tieren im Unterricht regeln und individuelle Rahmenbedingungen dafür festlegen.

Für Kindergärten bzw. Kinderbetreuungseinrichtungen gibt es – zumindest in Wien – einen Leitfaden für tiergestützte Pädagogik. Dieser besagt, dass beim Einsatz von Tieren in Kinderbetreuungseinrichtungen ein detailliertes Konzept erforderlich ist, das unter anderem die pädagogische Relevanz, Hygienepläne, Sicherheitsaspekte und präventive Maßnahmen berücksichtigt. Bei Hunden ist eine Therapiehundeprüfung Voraussetzung, ebenso wie der Nachweis über Versicherung und regelmäßige Gesundheitschecks (Stadt Wien, 2024).

Neben dem SchUG gibt es jedoch weitere Gesetze, die Pädagog:innen einhalten müssen, wenn sie Tiere in Pädagogischen Einrichtungen halten sowie einsetzen. Bei der Recherche nach relevanten Erlassen ist es entscheidend, die systematische Einordnung und die wissenschaftliche (lateinische) Bezeichnung eines Tieres zu kennen. So ist der wissenschaftliche Artname der Mongolischen Rennmaus *Meriones unguiculatus*, innerhalb der Gattung der *Rennmäuse* gehört sie zur Ordnung der *Nagetiere* und zur Klasse der *Säugetiere*.

Die **wissenschaftliche Bezeichnung** ist relevant, da deutsche Namen oft ungenau sind oder es mehrere Bezeichnungen für dasselbe Tier gibt, was zu Verwirrung führen kann. Die Mongolische Rennmaus wird teilweise auch „Rennratte", „*Gerbil*" oder „*Wüstenmaus*" genannt. Vor allem bei Insekten und anderen wirbellosen Tieren ist eine präzise Recherche unerlässlich, da es hier besonders häufig an einheitlichen und anerkannten deutschen Bezeichnungen fehlt. Die wissenschaftliche Nomenklatur ist in diesen Fällen oft die einzige verlässliche Grundlage, um die richtigen gesetzlichen Regelungen und Bestimmungen zu finden. Bei der Online-Recherche sollte die international gültige wissenschaftliche Bezeichnung verwendet werden, da Gesetze und Richtlinien häufig spezifische Tierarten ansprechen.

Um herauszufinden, welche gesetzlichen Bestimmungen für eine bestimmte Tierart gelten, muss zudem weiter differenziert werden: Handelt es sich um einheimische Wildtiere, die selbst aus der Natur entnommen wurden? Um heimische Tiere aus offiziellen Züchtungen? Oder um exotische Tiere aus fachgerechter Nachzucht?

Grundsätzlich gilt für alle (in die Schule gebrachten) Tierarten, dass sie artgerecht untergebracht werden müssen – sei es in Gehegen, Terrarien oder Aquarien. Doch die Definition von „artgerecht" kann individuell unterschiedlich interpretiert werden. Daher ist dies klar durch das **Tierschutzgesetz (TSchG)** und die **2. Tierhaltungsverordnung (2. THVO)** geregelt, um einheitliche Standards für das Tierwohl sicherzustellen (RIS, 2025d, 2025 f.). Das österreichische Tierschutzgesetz ist bundesweit einheitlich und gilt für alle Tiere. Allerdings variieren die spezifischen Vorschriften und Regelungen je nach Tierart. Hier eine Übersicht:

1. *Haustiere und Heimtiere*: Dazu zählen domestizierte Tiere wie Hunde, Katzen, Kaninchen sowie verschiedene Vogelarten und Fische. Für ihre Haltung gelten allgemeine Tierschutzbestimmungen, die artgerechte Unterbringung, Pflege und Ernährung vorschreiben.
2. *Landwirtschaftliche Nutztiere*: Hierzu gehören Tiere wie Rinder, Schweine, Schafe, Ziegen und Geflügel, die zur Gewinnung tierischer Produkte gehalten werden. Für diese Tiere existieren detaillierte Vorschriften bezüglich Haltung, Transport und Schlachtung, um ihr Wohlbefinden sicherzustellen.

3. *Wildtiere*: Alle nicht domestizierten Tiere fallen in diese Kategorie. Die Haltung bestimmter Wildtierarten, insbesondere solcher mit speziellen Ansprüchen, ist entweder melde- oder bewilligungspflichtig. Zudem ist die Haltung einiger Wildtiere aus Tierschutzgründen gänzlich verboten.

Die 2. Tierhaltungsverordnung (THVO) konkretisiert die Anforderungen des Tierschutzgesetzes und enthält spezifische Regelungen für die Haltung von Wirbeltieren, einschließlich exotischer Arten. Sie legt fest, welche Tierarten gehalten werden dürfen und welche besonderen Haltungsbedingungen erfüllt sein müssen. Die Verordnung enthält detaillierte Vorgaben für die Haltung von: Säugetieren, Vögeln, Reptilien, Amphibien und Fischen (RIS, 2025f).

Das vollständige Tierschutzgesetz sowie die Tierhalteverordnung sind online einsehbar. Um gezielt Informationen zur Haltung einer bestimmten Tierart zu finden, kann deren deutsche oder wissenschaftliche Bezeichnung in die Suchfunktion eingegeben werden. So lassen sich spezifische Vorschriften zur artgerechten Haltung abrufen – darunter Anforderungen an die Gehegegröße, geeignete Einrichtungsmaterialien, Nacht- und Tagrythmus, Klimabedingungen, Sozialstrukturen und viele weitere.

Das Tierschutzgesetz enthält neben diesen spezifischen Vorschriften für die Haltung einzelner Tierarten auch allgemeine Bestimmungen, die den Schutz und das Wohlbefinden aller Tiere sicherstellen sollen. Gemäß § 5 wird verboten, Tieren ungerechtfertigt Schmerzen, Leiden, Schäden oder schwere Angst zuzufügen. Jegliche Maßnahmen, die zu unnötigem Leid oder erheblichen Belastungen für das Tier führen, sind untersagt. Dabei ist es nicht nur verboten, Tiere aktiv zu quälen, sondern auch, sie durch Vernachlässigung oder unangemessene Haltungsbedingungen zu gefährden. Das Gesetz schreibt vor, dass Tiere artgerecht gehalten und behandelt werden müssen, sodass ihr Wohlbefinden nicht beeinträchtigt wird. Verstöße gegen diese Bestimmungen können rechtliche Konsequenzen nach sich ziehen, einschließlich Geldstrafen oder in schweren Fällen sogar eines Tierhalteverbots.

Zu den allgemeinen Bestimmungen gehören weitere relevante Inhalte, die insbesondere für Pädagog:innen im tiergestützten Arbeiten von Bedeutung sind. Da der Kontakt mit Tieren bei Kindern oft den Wunsch weckt, selbst ein Haustier zu halten, kann es schnell dazu kommen, dass sie den Wunsch äußern, ein Tier mit nach Hause zu nehmen. Gemäß § 7 Abs. 4 des Tierschutzgesetzes (TSchG) ist es jedoch untersagt, Tiere an Kinder und Jugendliche unter 16 Jahren oder an Personen abzugeben, die offensichtlich nicht in der Lage sind, die Pflichten eines Tierhalters zu erfüllen (RIS, 2025d). Diese Regelung dient dem Schutz der Tiere, indem sichergestellt wird, dass nur verantwortungsbewusste und geeignete Personen die Betreuung von Tieren übernehmen. Daher muss im Vorfeld die schriftliche Bewilligung der Erziehungsberechtigten eingeholt werden, bevor Tiere an Schüler:innen abgegeben werden.

Bei der Haltung und dem Einsatz exotischer und heimischer Wildtiere (in der Schule) sind in Österreich neben dem Tierschutzgesetz (TSchG) und der 2. Tierhaltungsverordnung (2. THVO) weitere gesetzliche Bestimmungen zu beachten:

- Die Haltung bestimmter exotischer sowie heimischer Wildtiere ist **meldepflichtig**. Ab. 1. Juli 2026 benötigt man einen Sachkundenachweis für die Haltung gewisser Arten: und zwar für (neu übernommene) Hunde, Reptilien, Amphibien und Papageien. In Wien gibt es bereits seit dem 1. Jänner 2023 für die Haltung exotischer Wildtiere, konkret für Reptilien, Amphibien oder Papageien einen verpflichtender Sachkundenachweis. Dieser Nachweis soll sicherstellen, dass Halter:innen über ausreichende Kenntnisse zur artgerechten Pflege und Haltung der Tiere verfügen und unüberlegte Anschaffungen minimieren. Der Nachweis kann durch die Teilnahme an einem etwa vierstündigen theoretischen und zweistündigem Praktischen Kurs erworben werden (Kommunikationsplattform VerbraucherInnengesundheit [KVG], 2024).
- Viele exotische Tiere unterliegen der **EU-Artenschutzverordnung** (Verordnung (EG) Nr. 338/97). Diese Verordnung setzt das Washingtoner Artenschutzübereinkommen (**CITES** = *Convention on International Trade in Endangered Species of Wild Fauna and Flora*) in EU-Recht um und regelt den Handel mit gefährdeten wildlebenden Tier- und Pflanzenarten. Sie legt fest, welche Arten importiert, exportiert oder gehandelt werden dürfen und unter welchen Bedingungen. In Österreich übernimmt das Bundesministerium für Klimaschutz, Umwelt, Energie, Mobilität, Innovation und Technologie diese Funktion (Bundesministerium für Klimaschutz, Umwelt, Energie, Mobilität, Innovation und Technologie [BMK], o.J.). Es ist die zentrale Vollzugsbehörde für CITES und koordiniert die Umsetzung des Übereinkommens auf nationaler Ebene. Anträge auf CITES-Genehmigungen sind direkt beim BMK einzureichen (BMK, o. J.). In Deutschland ist das Bundesamt für Naturschutz (Bundesamt für Naturschutz [BfN], o. J.) als Management-Behörde benannt. Es ist zuständig für die Ausstellung von CITES-Genehmigungen und arbeitet eng mit anderen nationalen und internationalen Stellen zusammen, um den Schutz gefährdeter Arten sicherzustellen (Convention on International Trade in Endangered Species of Wild Fauna and Flora [CITES], o. J.). Je nach Gefährdungsgrad werden die Tiere dabei in zwei verschiedene Anhänge eingeteilt:
  - *Anhang A*: Hier sind besonders stark gefährdete Arten gelistet, deren Handel grundsätzlich verboten ist. Für Ausnahmen sind CITES-Papiere erforderlich. Dabei gibt es beispielsweise Papiere für Ein- oder Ausfuhrgenehmigungen bestimmter Arten oder Bescheinigungen für in Gefangenschaft gezüchtete oder künstlich vermehrte Tiere.
  - *Anhang B*: Enthält Arten, die nicht akut vom Aussterben bedroht sind, deren Handel jedoch unter bestimmten Bedingungen erlaubt ist.
- Für viele heimische Wildtiere wiederum gelten zusätzlich zum Bundesrecht auch spezifische Vorschriften wie die EU-weite Fauna-Flora-Habitat-Richtlinie (FFH-Richtlinie) oder Gesetze in den einzelnen Bundesländern. Zum Tragen kommt etwa das Naturschutzgesetz, welches den Schutz und die Pflege der Natur sowie der Landschaft regelt. Welche Vorschriften für die gewünschte Tierart gelten, hängt davon ab, ob sie im jeweiligen Bundesland als „vom Aussterben bedroht" eingestuft ist. Dies kann in den sogenannten *„Roten Listen"* (mithilfe des deutschen und wissenschaftlichen Namens der Tierart) nachge-

lesen werden. Rote Listen sind Verzeichnisse, die den Gefährdungsstatus von Tier-, Pflanzen- und Pilzarten sowie Biotoptypen in einer bestimmten Region dokumentieren. Auf Bundesebene koordiniert das Umweltbundesamt die Erstellung und Aktualisierung der Roten Listen (umweltbundesamt.at). Einige Bundesländer erstellen zusätzlich eigene Rote Listen, die spezifisch auf ihre regionalen Gegebenheiten zugeschnitten sind. Auch die FFH-Richtlinie kann durch spezifische Naturschutzgesetze der Bundesländer umgesetzt werden, da Naturschutz in Österreich Ländersache ist. Die FFH-Richtlinie selbst legt Schutzvorgaben für Arten und Lebensräume fest und gilt in allen EU-Mitgliedsstaaten (Umweltbundesamt, o.J.).

Um mehr Klarheit in die verschiedenen beschriebenen Gesetze zu bringen, werden nun anhand vier verschiedener Tierarten die unterschiedlichen gesetzlichen Regelungen und relevanten Rechtsgrundlagen veranschaulicht, da diese je nach Spezies variieren können. Einen zusätzlichen Überblick liefert Abb. 2.16:

Beispiel 1: Gesetzliche Vorgaben für den Einsatz und die Haltung Mongolischer Rennmäuse (Meriones unguiculatus)

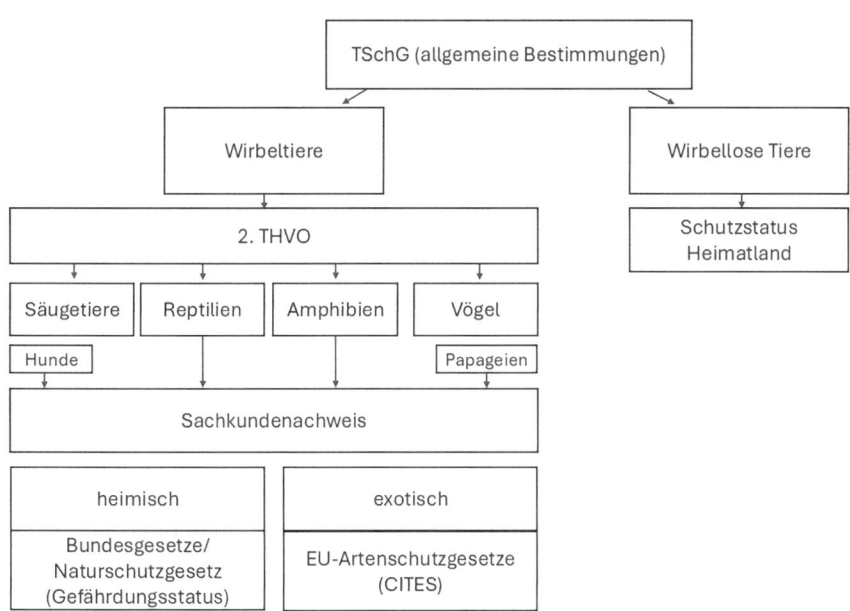

Abb. 2.16 Relevante Gesetze bei der Haltung und dem Einsatz von Tieren (in der Schule)

Recherche Tierschutzgesetz (TSchG) und 2. Tierhaltungsverordnung (THVO): Die THVO schreibt 12 Punkte bzw. Mindestanforderungen für die Haltung von Kleinnagern vor (Punkt 3.1.: RIS, 2025d, 2025 f.; S. 12):

1. „*Den Tieren ist ausreichend Beschäftigungsmaterial zur Verfügung zu stellen. Nagetieren muss Nagematerial in Form von gesundheitlich unbedenklichem Holz, Ästen und dergleichen ständig zur Verfügung stehen.*
2. *Die Käfige müssen rechteckig sein. Und je nach Tierart hinsichtlich ihrer Größe mindestens die in 3.2. bis 3.9. festgelegten Abmessungen aufweisen.*
3. *Gitterkäfige müssen querverdrahtet sein und aus korrosionsbeständigem und nicht reflektierendem Material bestehen. Die Gitterweite muss so gewählt werden, dass ein Hängenbleiben der darin lebenden Tiere ausgeschlossen ist.*
4. *Glasbecken dürfen nur dann Verwendung finden, wenn sie über ausreichend dimensionierte, seitlich angebrachte Belüftungsöffnungen verfügen und oben nicht dicht geschlossen sind.*
5. *Die Haltungseinrichtung muss dreidimensional strukturiert sein. Kleinnagern sind Rückzugsmöglichkeiten in Form von Häuschen, Papprollen, Rohren, Wurzeln oder zuvor heißgebrühter Korkeiche anzubieten. Nagern muss Nagematerial in Form von Holz, Ästen und dergleichen immer zur Verfügung stehen.*
6. *Boden und Einstreu müssen ständig in sauberem und trockenem Zustand gehalten werden. Die Einstreu muss so beschaffen sein, dass der gesamte Boden gleichmäßig rutschsicher bedeckt ist. Das verwendete Material muss saugfähig und gesundheitlich unbedenklich sein.*
7. *Katzenstreu darf nicht als Einstreu verwendet werden.*
8. *Wasser muss in Trinkwasserqualität in Hängeflaschen oder standfesten, offenen Gefäßen stets verfügbar sein. Wasser- und Futtergefäße sind so anzuordnen, dass sie nicht verschmutzt werden können. Futter und Wasser sind täglich frisch zu verabreichen.*
9. *Futterheu ist in Heuraufen anzubieten.*
10. *Für alle Heimtiere ist ein natürlicher Tag-/Nachtrhythmus einzuhalten.*
11. *Werden Tiere in Käfigen gehalten, ist ihnen jedenfalls mehrmals wöchentlich ein Auslauf außerhalb des Käfigs zu ermöglichen.*
12. *Die Käfige sind in einer Mindesthöhe von 60 cm aufzustellen.*"

Des Weiteren besagt die Tierhalteverordnung unter Punkt 3.3. (S. 12), dass folgende Mindestanforderung für die Haltung von Rennmäusen bzw. Gerbils eingehalten werden müssen:

(1) „*Die Tiere sind gruppenweise in Familiengruppen oder gleichgeschlechtlichen Gruppen zu halten.*
(2) *Die Käfiggröße pro Tier muss mindestens 60 x 30 x 40 cm (Länge x Breite x Höhe), die Terrariengröße mindestens 80 x 50 x 50 cm (Länge x Breite x*

Höhe) betragen, für jedes weitere adulte Tier sind 20% der Bodenfläche hinzuzurechnen
(3) *Den Tieren sind Einstreu aus grabefähigem Substrat in einer Mindesthöhe von 10 cm und ein Sandbad anzubieten."*

Diese Vorgaben der Tierhalteverordnung sind bereits sehr detailliert und lassen kaum Raum für subjektive Einschätzungen darüber, was individuell als artgerecht empfunden wird. Allerdings handelt es sich dabei um *Mindest*anforderungen – das bedeutet, dass den Tieren jederzeit mehr geboten werden kann. Eine größere Fläche oder eine tiefere Einstreu sind beispielsweise optimale Ergänzungen, die das Wohlbefinden der Tiere weiter verbessern.

Recherche Schutzstatus und Meldepflicht: Da Rennmäuse in der freien Natur als „*nicht gefährdet*" eingestuft sind (laut Roter Liste der IUCN „*least concern*") und auch gemäß CITES keinen besonderen Schutzstatus besitzen, gelten sie in Österreich sowie in den meisten anderen Ländern als legal zu haltende Haustiere – mit Ausnahme von Kalifornien und Hawaii (Kevin, 2020).

Beispiel 2: Gesetzliche Vorgaben für den Einsatz und die Haltung Griechischer Landschildkröten (Testudo hermanni (boettgeri))
Recherche TSchG und 2. THVO: In der THVO finden sich in Anlage 3 die Mindestanforderungen an die Haltung von Reptilien, davon in Abschn. 1 jene zu Schildkröten. Bei diesem Beispiel wird auf eine Aufzählung der einzelnen Punkte verzichtet, da dies beispielhaft bereits bei den Rennmäusen erfolgt ist und als anschauliches Beispiel dienen soll. Geregelt werden aber die artgerechte Unterbringung und Versorgung, genauso wie die klimatischen Bedingungen und erforderliche Einrichtung. Zudem sind geeignete Sonnenplätze, Versteckmöglichkeiten und ein angemessenes Bodensubstrat vorgeschrieben, um den Bedürfnissen der Schildkröten gerecht zu werden. Ebenso gibt es Vorschriften zur Winterruhe (RIS, 2025f).

Recherche Schutzstatus und Meldepflicht: Europäische Landschildkröten unterliegen der Meldepflicht bei der CITES-Management-Behörde (*Convention on International Trade in Endangered Species of Wild Fauna and Flora*). Ihr Erwerb ist nur legal, wenn es sich um bereits gemeldete Tiere handelt (Benyr, 2016). Griechische Landschildkröten sind dabei in Anhang A gelistet, wodurch eine Meldepflicht für das Tier, seine Nachzuchten und auch sein Ableben besteht. Zudem muss eine Fotodokumentation in den zugehörigen CITES-Papieren enthalten sein. Diese Verpflichtung besteht in Österreich seit 2013. Jungtiere müssen regelmäßig fotografisch dokumentiert werden, um eine eindeutige Identifizierung zu gewährleisten. Innerhalb von 14 Tagen nach Erwerb der Schildkröte muss die Haltung bei der zuständigen Bezirksverwaltungsbehörde angezeigt werden (Moschner, o. J.).

Ab 1. Juli 2026 benötigt man zudem einen Sachkundenachweis, wenn man Schildkröten dauerhaft (an der Schule) halten möchte.

Beispiel 3: Gesetzliche Vorgaben für den Einsatz und die (kurzfristige) Haltung heimischer Wasserfrösche (z. B.: Kleiner Wasserfrosch (Pelophylax lessonae))
Recherche TSchG und 2. THVO: In der 2. THVO (Anlage 4: Amphibien) finden sich Mindestanforderungen für die Haltung von Frosch- und Schwanzlurche (allgemein), sowie für einzelne Arten (gelistet nur nach wissenschaftlichen Bezeichnungen) (RIS, 2025f). Für unsere heimischen Frösche finden sich jedoch keine Bestimmungen, was daran liegt, dass diese nicht gehalten werden dürfen:
Recherche Schutzstatus und Meldepflicht: Da der Wasserfrosch eine heimische Art ist, unterliegt er dem Naturschutzrecht des jeweiligen Bundeslandes. In den meisten Bundesländern, wie beispielsweise Salzburg, sind Wasserfrösche gemäß dem Naturschutzgesetz (von 1999), als streng zu schützende Arten eingestuft, da diese vom Aussterben bedroht sind (Naturschutzgesetze der einzelnen Bundesländer [NSchG]: RIS, 2025i). Gemäß dem Naturschutzgesetz ist es verboten, wildlebende Amphibien ohne Genehmigung aus der Natur zu entnehmen, zu töten oder ihre Lebensräume zu zerstören. Jedoch kann eine Ausnahmegenehmigung angefordert werden, falls ein Tier zu Forschungs- oder Bildungszwecken gehalten wird. Dieses kann beispielsweise in Salzburg bei der Landesregierung, Abteilung Natur- und Artenschutz angefragt werden. Angegeben werden müssen: Die genaue Froschart (auch bei Froschlaich); Wo diese entnommen wird; Wie viele Tiere; Warum bzw. Zweck der Entnahme. Im Idealfall bekommt man eine Ausnahmegenehmigung und bringt die Frösche nach dem Frosch-Projekt zurück an ihren Entnahmeort.

Beispiel 4: Gesetzliche Vorgaben für den Einsatz und die Haltung von Insekten (z. B. Annam-Stabschrecken (Medauroidea extradentata))
Recherche Tierschutzgesetz (TSchG) und Tierhaltungsverordnung: Im TSchG und der THVO werden Insekten nicht explizit erwähnt. Allerdings gelten die allgemeinen Bestimmungen des TSchG für alle Tiere, einschließlich Insekten. Insbesondere § 5 TSchG verbietet es, Tieren ungerechtfertigt Schmerzen, Leiden oder Schäden zuzufügen oder sie in schwere Angst zu versetzen. Daher ist auch beim Umgang mit Insekten darauf zu achten, dass diese allgemeinen Tierschutzbestimmungen eingehalten werden. Genauere Haltungsempfehlungen siehe Teil II, Kap. 5.
Recherche Schutzstatus: In ihrem Ursprungsland (Tropenwälder in Vietnam) gilt sie nicht als gefährdet und unterliegt daher keinem besonderen Schutzstatus. Allerdings ist sie in einigen Regionen außerhalb ihres natürlichen Verbreitungsgebiets als invasive Art bekannt. Beispielsweise wurden in wärmeren Gebieten, wie Südkalifornien, Populationen festgestellt, die sich in freier Wildbahn etabliert haben. Daher ist es in bestimmten Ländern erforderlich, spezielle Genehmigungen für Haltung und Transport dieser Art zu besitzen, um eine unkontrollierte Ausbreitung zu verhindern (RIS, 2025d, f).

2.9 Tierschutz, Tierethik und Tierrecht – Ein kurzer Überblick

Anschließend an die rechtlichen Aspekte, die Lehrpersonen beim Einsatz von Tieren im Unterricht beachten müssen, gibt dieser Abschnitt einen kurzen, überblicksartigen Einblick in Tierethik, Tierschutz und Tierrecht. Zudem werden Möglichkeiten aufgezeigt, wie diese Themen im schulischen Kontext diskutiert werden können.

Die Begriffe sind eng miteinander verwandt, haben aber unterschiedliche Bedeutungen und Schwerpunkte. Die Tierethik reflektiert über den moralisch richtigen Umgang mit Tieren, der Tierschutz widmet sich dem Einsatz für die Interessen von Tieren und das Tierrecht argumentiert für die Betrachtung von Tieren als Träger von (moralischen) Rechten. Generell stellt sich die Frage, welche Eigenschaften ein Tier aufweisen muss, um als moralisch berücksichtigungswürdig zu gelten. Als bedeutsame Vertreter dieser philosophischen Fragestellungen gelten unter anderem Peter Singer [mit seinem utilitaristischen Ansatz: Animal Liberation (1975) und Tom Regan (Tiere als Träger von inhärenten Rechten: The Case for Animal Rights (1983)] (Vgl. Wolf & Tuider, 2014; Ach & Borchers, 2018).

1. **Tierethik:** Tierethik, als Teil der Bioethik, beschäftigt sich mit der moralischen Beziehung zwischen Menschen und Tieren und fragt danach, wie Tiere behandelt werden dürfen und welche Verantwortung der Mensch ihnen gegenüber trägt.
   - *Ziel:* Mögliche ethische Grundsätze für den Umgang mit Tieren definieren; Reflexion moralischer Fragen im Umgang mit Tieren.
   - *Kernidee:* Moralische Überlegungen zu Tieren basieren auf ihrem Leidensvermögen, ihrer Intelligenz oder anderen relevanten Eigenschaften.
   - *Position:* Philosophische Argumentation über Rechte, Würde und moralischen Status von Tieren; Beschäftigt sich mit Fragen wie: Dürfen Tiere getötet werden? Haben sie eine eigene Würde? Sind alle Tierarten gleich zu behandeln? Haben Tiere eigene Rechte? Ist es moralisch vertretbar, Tiere zu nutzen?
   - *Beispiele:* Diskussionen über die ethische Vertretbarkeit von Fleischkonsum oder Pelzproduktion.
2. **Tierrecht (Tierrechtsbewegung):** Tierrecht bezeichnet den rechtlichen Ansatz, Tieren eigenständige Rechte zuzuerkennen, die unabhängig vom Nutzen für den Menschen bestehen, um ihr Leben und Wohlergehen umfassend zu schützen.
   - *Ziel:* Tieren rechtlichen Schutz und eigene Rechte zusprechen, ähnlich wie Menschenrechte.
   - *Kernidee:* Tiere sind fühlende Lebewesen und sollten nicht als Eigentum des Menschen betrachtet werden.
   - *Position:* Strikte Ablehnung der Nutzung von Tieren für Nahrung, Forschung, Kleidung oder Unterhaltung.

- *Beispiele:* Forderung nach Abschaffung von Massentierhaltung, Tierversuchen oder Zirkussen mit Tieren.
3. **Tierschutz:** Tierschutz bezeichnet die Gesamtheit aller Maßnahmen, Gesetze und Einstellungen, die darauf abzielen, das Leben, das Wohlergehen und die artgerechte Haltung von Tieren zu sichern
   - *Ziel:* Vermeidung von Leid, Schmerzen und Schäden bei Tieren durch gesetzliche Vorschriften; Verbesserung der Lebensbedingungen von Tieren innerhalb der bestehenden gesellschaftlichen Rahmenbedingungen.
   - *Kernidee:* Tiere sollen vor unnötigem Leid geschützt werden, aber ihre Nutzung durch den Menschen wird nicht grundsätzlich infrage gestellt.
   - *Position:* Unterstützt bessere Haltungsbedingungen, strengere Tierschutzgesetze und humanere Methoden im Umgang mit Tieren.
   - *Beispiele:* Tierschutzgesetz (TSchG; siehe Abschn. 1.8): Gesetze zur artgerechten Tierhaltung, Regulierung von Tierversuchen oder Kampagnen für mehr Tierschutz in der Landwirtschaft.

Der Einsatz von Tieren in der Schule eröffnet hervorragende Möglichkeiten, diese Themen sowohl praxisnah als auch fächerübergreifend zu vermitteln. Dabei erhalten Schüler:innen die Gelegenheit, sich intensiv mit den Bedürfnissen von Tieren, einem verantwortungsvollen Umgang mit ihnen und den rechtlichen Bestimmungen auseinanderzusetzen.

Im Unterricht kann zum Beispiel diskutiert werden, worin sich Haus-, Nutz- und Wildtiere unterscheiden, wie Schüler:innen diese Tiergruppen definieren und welche grundlegenden Bedürfnisse Tiere haben. Diese Überlegungen lassen sich anschließend mit den Vorgaben des Tierschutzgesetzes vergleichen.

Unterschiedliche kulturelle Wahrnehmungen und Einordnungen von Tierarten können ebenfalls in den Blick genommen werden. Dabei können Gespräche über die Verantwortung von Tierhalter:innen und der Gesellschaft entstehen sowie ethische Fragestellungen diskutiert werden – zum Beispiel: Wo verlaufen die Grenzen zwischen Tierwohl und menschlichem Nutzen? Die Möglichkeiten sind sehr vielfältig.

Ein inhaltliches Thema, das dabei wahrscheinlich schnell zur Sprache kommt, ist, dass es auch innerhalb einer Gesellschaft oder Kultur unterschiedliche Sichtweisen und Einstellungen zu Tieren gibt.

Der Sozialwissenschaftler Stephen R. Kellert hat versucht diese Einstellungen in Kategorien zusammenzufassen und Typologien zu erstellen (Kellert, 1984, 1993). Diese umfasst verschiedene Dimensionen, die unterschiedliche Aspekte der Mensch-Tier-Beziehung beleuchten. Hier eine Zusammenfassung der zentralen Kategorien:

- *Utilitaristische Einstellung*: Betonung des Nutzens von Tieren für den Menschen, beispielsweise als Nahrungsquelle oder Arbeitskraft.
- *Naturalistische Einstellung*: Faszination für die Natur und Tiere, mit Freude an der Beobachtung und dem direkten Erleben von Tieren in ihrem natürlichen Lebensraum.

- *Ökologisch-wissenschaftliche Einstellung*: Interesse an der wissenschaftlichen Untersuchung von Tieren und ihrem Verhalten sowie an ökologischen Zusammenhängen und der Bedeutung von Tieren innerhalb von Ökosystemen.
- *Ästhetische Einstellung*: Wertschätzung der Schönheit und Symbolik von Tieren, oft verbunden mit künstlerischer Inspiration und emotionaler Resonanz.
- *Symbolische Einstellung*: Verwendung von Tieren als Symbole in Sprache, Kultur und Religion, wobei Tiere metaphorische Bedeutungen für Menschen haben.
- *Humanistische Einstellung*: Starke emotionale Bindung an einzelne Tiere, insbesondere Haustiere, mit Betonung auf Fürsorge und Freundschaft.
- *Moralistische Einstellung*: Fokus auf ethische Überlegungen und Tierschutz, mit der Überzeugung, dass Tiere Rechte haben und vor Leid geschützt werden sollten.
- *Dominionistische Einstellung*: Betonung der Kontrolle und Dominanz des Menschen über Tiere, oft verbunden mit Aktivitäten wie Jagd oder Tierzucht.
- *Negativistische Einstellung*: Gefühle von Angst, Abneigung oder Ekel gegenüber bestimmten Tieren, die zu Vermeidung oder negativer Wahrnehmung führen.

Diese Kategorien bieten ein differenziertes Verständnis dafür, wie Menschen Tiere wahrnehmen und mit ihnen interagieren. Sie helfen dabei, die komplexen und oft ambivalenten Beziehungen zwischen Menschen und Tieren zu analysieren und zu verstehen. Interessant sind auch weiterführende Studien zu diesen Typologisierungen. Eine Analyse zeigte etwa, dass die Einstellung gegenüber Tieren stark zwischen verschiedenen Kulturen variieren kann. Japaner vertreten eine eher dominionistische Sichtweise, während Deutsche im internationalen Vergleich am wenigsten dominionistisch eingestellt sind. In Deutschland wird am häufigsten eine moralistische Haltung gegenüber Tieren eingenommen (Kellert, 1993; Vgl. Virtbauer, 2018).

Auch geschlechtsspezifische Unterschiede spielen eine Rolle in der Wahrnehmung und Bewertung von Tieren. Frauen neigen häufiger zu einer moralistischen Einstellung, während Männer tendenziell stärker dominionistische, naturalistische und utilitaristische Perspektiven vertreten (Bjerke & Ostdal, 2004).

Darüber hinaus kann der direkte Kontakt mit Tieren die Einstellung gegenüber ihnen positiv beeinflussen. Personen, die selbst Tiere halten oder regelmäßig mit ihnen interagieren, entwickeln oft eine achtsamere Sichtweise auf das Tierwohl (Yore & Boyer, 1997).

Wird während des Einsatzes der lebenden Tiere im Unterricht über Tierethik gesprochen, so kann auch die Frage erörtert werden, inwieweit oder unter welchen Umständen es gerechtfertigt ist, Tiere zu Lern- oder Förderzwecken einzusetzen, wie es eben auch beim Einsatz von lebenden Tieren im schulischen Kontext der Fall ist. Inwieweit ist es vertretbar, Tiere zu instrumentalisieren? Daraus ergeben sich möglicherweise weiterführende Fragen wie: Inwieweit können wir den Einsatz von Tieren zu Versuchszwecken oder als Nahrungsquelle rechtfertigen? Inwieweit sind Menschen verpflichtet auf das Wohlergehen der Tiere zu achten?

Mit den Schüler:innen kann aber auch auf die derzeit bestehenden Gesetze (z. B.: THVO, TSchG,..) eingegangen werden, um zu überlegen, welche Rechte und welchen Schutz Tiere verdienen. Es wäre möglich, die bestehenden Gesetze zu bewerten und Überlegungen darüber anzustellen, ob diese angemessen sind. Ebenso erscheint die Frage spannend, ob und an welcher Stelle Schüler:innen etwas ändern würden.

Des Weiteren kann mit Kindern und Jugendlichen auch gut diskutiert werden, welche Vor- und Nachteile es mit sich bringt, wenn Tiere anthropomorphisiert, also vermenschlicht werden. Dies kann, muss aber nicht, im Hinblick auf die Arbeits- und Denkweisen in den Naturwissenschaften geschehen. Wann ist es beispielsweise notwendig und sinnvoll, Tiere oder deren Verhalten objektiv und ohne Interpretationen zu bewerten und wann ist es von Vorteil, Tiere zu beseelen und zu vermenschlichen (vgl. Gebhard, 2020)? Hinzu kommt die Frage, ob die Anthropomorphisierung überhaupt zu überwinden ist, weil wir die Welt stets durch menschliche Augen betrachten.

2.10 Gesundheitliche Aspekte beim Einsatz von Tieren in pädagogischen Settings

Beim Einsatz von Tieren in pädagogischen Kontext dürfen gesundheitliche Aspekte nicht außer Acht gelassen werden. Der Kontakt mit Tieren kann physische Risiken mit sich bringen, etwa durch Allergien, Infektionen oder Verhaltensweisen der Tiere, die zu Verletzungen führen könnten.

In diesem Kapitel werden die wichtigsten gesundheitlichen Aspekte beleuchtet, die bei der tiergestützten Arbeit in Bildungseinrichtungen berücksichtigt werden sollten. Dazu gehören potenzielle gesundheitliche Risiken, vorbeugende Maßnahmen sowie hygienische Standards, die für einen sicheren und verantwortungsvollen Umgang mit Tieren in pädagogischen Kontexten erforderlich sind.

Tierhaarallergien sind in Deutschland und Österreich weit verbreitet. In Deutschland zeigen etwa 10 % der Bevölkerung eine Sensibilisierung gegenüber Tierhaaren (Zuberbier, 2016). In Österreich sind rund 35 % der Allergiker von Tierhaarallergien betroffen, was sie zu einer der drei häufigsten Allergien macht (nach der Pollen- und neben der Hausstaubmilbenallergie). Eine Tierhaarallergie ist eine Überempfindlichkeitsreaktion des Immunsystems auf bestimmte Proteine, die in den Hautschuppen, im Speichel, Schweiß, Talg, Urin oder Kot von Tieren vorkommen. Entgegen der Bezeichnung sind nicht die Tierhaare selbst die Auslöser, sondern die daran haftenden Allergene. Diese können sich in der Umgebung verteilen und auch ohne direkten Tierkontakt Symptome hervorrufen. Die Symptome treten aber meist unmittelbar nach dem Kontakt mit den Allergenen auf und können in ihrer Intensität variieren. Bei milden allergischen Reaktionen ähneln die

Symptome oft einer (leichten) Erkältung, während bei schweren Reaktionen sogar Atemnot oder gar ein Anaphylaktischer Schock eintreten kann (Hemmer, 2017).

Symptome einer Tierhaarallergie
- Atemwegsbeschwerden: Niesen, laufende oder verstopfte Nase, Husten, Atemnot oder allergisches Asthma.
- Augenreizungen: Juckende, tränende oder gerötete Augen.
- Hautreaktionen: Juckreiz, Hautausschlag oder Ekzeme nach direktem Kontakt mit dem Tier.
- Allgemeine Beschwerden: Kopfschmerzen, Müdigkeit oder Konzentrationsprobleme.

Es kann auch vorkommen, dass sich Schüler:innen ihrer Allergie nicht bewusst sind, oder nicht wissen, ob sie gegen Kleintiere wie (Renn-)Mäuse, Meerschweinchen allergisch sind. Ist man beispielsweise gegen Katzenhaare allergisch, welche am häufigsten Auslöser darstellen, muss man nicht unbedingt auf andere Tiere allergisch reagieren – die Wahrscheinlichkeit ist jedoch sehr hoch, dass mehrere Tierarten allergische Reaktionen auslösen (Hemmer, 2017).

Vor einer tiergestützten Einheit mit einem Tier mit Fell sollten die Erziehungsberechtigten informiert und nach Allergien ihrer Kinder gefragt werden. Individuell überlegt werden muss, wenn in einer größeren Gruppe ein Kind eine Allergie vorweist. Je nach Intensität der Allergie können verschiedene Maßnahmen gesetzt werden: Der Raum sollte gut belüftet sein (aber Achtung: manche Tierarten vertragen Zugluft sehr schlecht), Handschuhe oder Atemmasken sowie einen Abstand zum Tier einhalten werden, können ebenfalls präventive Maßnahmen darstellen. Bei einer stärkeren Allergie sollten die Kinder keinen Kontakt zum Tier haben oder nur mit Bildern und Videos arbeiten – dies sollte mit den Erziehungsberechtigten besprochen werden.

Bei der Entscheidung, einzelne Kinder wegen Gesundheitsbedenken vom direkten Kontakt mit Tieren fernzuhalten oder ihnen alternativen Unterricht anzubieten, sollte behutsam geprüft werden, ob dies möglicherweise ein Gefühl der Ausgrenzung bei dem betroffenen Kind und der Gruppe oder gar eine negative Gruppendynamik hervorrufen könnte – trotz des gesundheitlichen Vorteils für das Kind. Es empfiehlt sich daher, nach inklusiven Lösungen zu suchen, die sowohl den gesundheitlichen Schutz der Kinder gewährleisten als auch ihre soziale Integration fördern. Auch aus diesem Grund ist der Einsatz von Tieren ohne Fell besonders empfehlenswert und gut geeignet für die Schule.

Neben Allergien gibt es aber auch noch andere Krankheiten, die beim Mensch-Tier-Kontakt eine Rolle spielen können. Bedacht werden muss, dass sich sowohl Menschen bei Tieren, als auch Tiere beim Menschen anstecken können. Diese Infektionskrankheiten nennt man **Zoonosen.** Weltweit sind über 200 verschiedene zoonotische Erkrankungen dokumentiert. Es wird geschätzt, dass etwa 60 % aller Infektionskrankheiten beim Menschen einen zoonotischen Ursprung haben. Das bedeutet, dass verschiedene Erreger – wie Viren, Bakterien, Pilze oder Parasiten – ihren natürlichen Wirt in (Wirbel-)Tieren haben und über direkte Kontakte, etwa durch Bisse,

Kratzer oder den Kontakt mit Körperflüssigkeiten oder indirekt über Vektoren, wie Zecken oder Mücken, kontaminierte Lebensmittel oder Wasser den Menschen infizieren können (Centers for Disease Control and Prevention [CDC], 2024).

Neben der Herkunft sehr bekannter Erreger wie der Übertragung von Toxoplasmose durch Katzen, Tollwut (Leptospirose) durch infizierte Hunde sowie BSE durch den Verzehr von Rinderprodukten, können auch kleinere Haustiere wie Hamster, Kaninchen oder Meerschweinchen als zoonotische Erreger fungieren. Sie können Überträger von Krankheiten wie der Hanta-Virusinfektion, der Puumala-Infektion sowie Überträger von Hautpilzen sein. Reptilien und Amphibien können mit Salmonellen infiziert sein, welche beim Menschen durch den Kontakt mit kontaminierten Oberflächen oder Futter zu Infektionen führen können. Von einer Anthroponose spricht man, wenn sich Tiere bei Menschen anstecken, was in diese Richtung seltener vorkommt. Beispielsweise kann dies unter Umständen bei Influenza-Viren der Fall sein, diskutiert wurde auch, ob sich Covid19 (SARS-CoV-2) von Menschen auf deren Haustiere übertragen hat (World Health Organization [WHO], 2020).

Trotz der vorerst groß erscheinenden Anzahl von möglichen Zoonosen ist die Wahrscheinlichkeit einer Ansteckung gering, wenn man gewisse Hygieneregeln und Maßnahmen beachtet. Die zwei Grundregeln lauten: Kenne deine Tiere und arbeite hygienisch! Veränderungen im Verhalten oder Aussehen der Tiere können Hinweise auf Krankheiten sein. In diesem Fall sollte ein Tierarzt kontaktiert und zu Rate gezogen werden. Bei manchen Tierarten gibt es Impfungen, die Zoonosen verhindern. Zudem ist es wichtig im Umgang mit Tieren auf Sauberkeit zu achten. Wird ein Kontakt mit Tieren hergestellt, so sollten vor und nach der Berührung die Hände gewaschen werden. Eine artgerechte Tierhaltung bzw. eine regelmäßige Reinigung der Tieranlagen (Gehege, Terrarien, Auslaufbereiche) und Beschäftigungsmaterialien sollten zum Standard gehören. Die Häufigkeit der Reinigung ist abhängig von der Tierart und Anzahl der gehaltenen Tiere. Darüber hinaus sollte eine übermäßige Staubbildung vermieden werden. Beim Einsatz der Tiere in der Schule sollten Arbeitsflächen und Tische, die während des Unterrichts mit den Tieren oder deren Futtermitteln in Berührung gekommen sind, immer gründlich gesäubert werden (Virtbauer, 2019b; WHO, 2020).

> **Check & Go: Hygienemaßnahmen zur Verringerung von gesundheitlichen Risiken**
> - Allergien abfragen
> - Mögliche Zoonosen zur eingesetzten Tierart recherchieren
> - Tiergesundheitskontrolle: Wirken die Tiere gesund?
> - Hygiene: Händewaschen vor und nach dem Kontakt mit den Tieren
> - Gesunde Tierhaltung: Gründliche Reinigung von Tieranlagen und den Bereichen, in denen das Futter für die Tiere zubereitet wird
> - Regelmäßige tierärztliche Untersuchungen
> - Kein Kontakt der Tiere mit dem Gesicht oder Mund
> - Kein Essen oder Trinken während der Arbeit mit den Tieren

Diese Maßnahmen tragen dazu bei, dass die Übertragungsrisiken von Zoonosen geringgehalten werden können.

Literatur

Abele, A. (1996). Zum Einfluss positiver und negativer Stimmung auf die kognitive Leistung. In J. Möller & O. Köller (Hrsg.), *Emotionen, Kognitionen und Schulleistung* (S. 91–111). Beltz.

Ach, J. S., & Borchers, D. (Hrsg.). (2018). *Handbuch Tierethik: Grundlagen – Kontexte – Perspektiven.* J.B. Metzler. https://doi.org/10.1007/978-3-476-05402-9.

Anz, T. (2019). Ekel. Unlust- und Lustgefühle in interdisziplinären Perspektiven. In H. Kappelhoff, J. H. Bakels, H. Lehmann, C. Schmitt (Hrsg.), *Emotionen: Ein interdisziplinäres Handbuch* (S. 165–173). J.B. Metzler. https://doi.org/10.1007/978-3-476-05353-4_24.

Arnold, J., Kremer, K., & Mayer, J. (2014). Schüler als Forscher. Experimentieren kompetenzorientiert unterrichten und beurteilen. *Der mathematische und naturwissenschaftliche Unterricht, 67*(2), 83–91.

Aronson, E., Wilson, T. D., & Akert, R. M. (2004). *Sozialpsychologie* (4. Aufl.). Pearson Studium.

Bandura, A. (1997). *Self-efficacy. The exercise of control.* W.H. Freeman and Company.

Beetz, A., Uvnäs-Moberg, K., Julius, H., & Kotrschal, K. (2012). Psychosocial and psychophysiological effects of human-animal interactions: The possible role of oxytocin. *Frontiers in Psychology, 3*. https://doi.org/10.3389/fpsyg.2012.00234.

Berk, L. E. (2005). *Entwicklungspsychologie.* Pearson Studium.

Benyr, G. (2016). Eine Checkliste von Sicherheitsvorkehrungen bei der Haltung von Giftschlangen. *Terraria / elaphe, 58*, 66–70.

Bildungsdirektion Niederösterreich (28. Januar 2021). Tiergestützte Pädagogik/Intervention – Richtlinien. https://www.bildung-noe.gv.at/dam/jcr%3A564d7ce5-a0e6-4c99-8dd1-58a41a9324c6/Tiergest%C3%BCtzte%20P%C3%A4dagogik_Intervention_Richtlinien_J%C3%A4nner%202021.pdf.

Bixler, R. D., & Floyd, M. F. (1999). Hands on or hands off? Disgust sensitivity and preferences for environmental education activities. *The Journal of environmental education, 30*(3), 4–11. https://doi.org/10.1080/00958969909601871.

Bjerke, T., & Østdahl, T. (2004). Animal-related attitudes and activities in an urban population. *Antrhrozoös, 17*(2), 109–129. https://doi.org/10.2752/089279304786991783.

Bless, H., & Fiedler, K. (2006). Mood and the regulation of information processing and behavior. In J. P. Forgas (Hrsg.), *Affect in social thinking and behaviour* (S. 65–83). Psychology Press. https://doi.org/10.4324/9780203720752.

Bögeholz, S., & Rüter, S. (2004). Wenn Erfahrung weh tut. In H. Gropengießer, A. Janßen-Bartels, & E. Sander (Hrsg.), *Lehren fürs Leben* (S. 80–95). Aulis.

Bolinski, I. (2024). Animal Studies und Medientheorie. In C. Ernst, K. Krtilova, J. Schröter, & A. Sudmann (Hrsg.), *Handbuch Medientheorien im 21. Jahrhundert.* Springer. https://doi.org/10.1007/978-3-658-38128-8_34-1.

Bonacker, M. (2016). Eine wundersame Menagerie: Zur Vielgestaltigkeit von Tieren in der phantastischen Kinder- und Jugendliteratur. *kids+media: Zeitschrift für Kinder- Und Jugendmedienforschung, 6*(1), 73–96. https://doi.org/10.54717/kidsmedia.6.1.2016.4.

Bundesamt für Justiz. (o.J.). *Grundgesetz für die Bundesrepublik Deutschland. Art 7.* https://www.gesetze-im-internet.de/gg/art_7.html. Zugegriffen: 21.03.2025.

Bundesamt für Naturschutz (o.J.). *Bundesamt für Naturschutz.* https://www.bfn.de/. Zugegriffen: 21.03.2025.

Bundesministerium für Bildung, Wissenschaft und Forschung. (2020). *Rundschreiben Nr. 13/2020. Einsatz von Präsenz- bzw. Schulbesuchshunden im Unterricht, hundegestützte Pä-*

dagogik); Änderung und Wiederverlautbarung. GZ: 2020-0.734.612. https://rundschreiben.bmbwf.gv.at/media/2020_13.pdf.

Bundesministerium für Klimaschutz, Umwelt, Energie, Mobilität, Innovation und Technologie (o.J.). *CITES in Österreich.* https://www.bmk.gv.at/themen/klima_umwelt/naturschutz/artenhandel/cites_oe.html. Zugegriffen: 21.März.2025.

Bruckermann, T., Arnold, J., Kremer, K., & Schlüter, K. (2017). Forschendes Lernen in der Biologie. In T. Bruckermann & K. Schlüter (Hrsg.), *Forschendes lernen im Experimentalpraktikum Biologie. Eine praktische Anleitung für die Lehramtsausbildung* (S. 11–26). Springer. https://doi.org/10.1007/978-3-662-53308-6_2

Centers for Disease Control and Prevention. (29. Februar 2024). *About Zoonotic Diseases.* https://www.cdc.gov/one-health/about/about-zoonotic-diseases.html.

Convention on International Trade in Endangered Species of Wild Fauna and Flora (o.J.). *Germany – National authorities.* Abgerufen am 21.03.2025 von https://cites.org/eng/parties/country-profiles/de/national-authorities. Zugegriffen: 21.März.2025.

Davey, G. C. L., McDonald, A. S., Hirisave, U., Prabhu, G. G., Iwawaki, S., Jim, C. I., Merckelbach, H., de Jong, P. J., Leung, P. W. L., & Reimann, B. C. (1998). A cross-cultural study of animal fears. *Behaviour Research and Therapy, 36*(7–8), 735–750. https://doi.org/10.1016/S0005-7967(98)00059-X.

Deibl, I., & Virtbauer, L. (2020). Forschendes Lernen an außerschulischen Lernorten – Schüler*innen erforschen die Welt der Bienen. In A. Eghtessad, T. Kosler & C. Oberhauser (Hrsg.), *transfer Forschung – Schule* (S. 186–200). Julius Klinkhardt. https://doi.org/10.35468/tsf-06-2020.

Dell´Amore, C. (17. November 2020). *Haustier oder Snack? Als das Meerschweinchen nach Europa kam.* https://www.nationalgeographic.de/geschichte-und-kultur/2020/11/haustier-oder-snack-als-das-meerschweinchen-nach-europa-kam.

Dittmer, A., & Gebhard, U. (2021). Naturerfahrung als Naturbeziehung: Symbolische Bedeutung, ästhetische Kulisse und naturethische Intuition. In Gebhard, U., Lude, A., Möller, A., & Moormann, A. (Hrsg.), *Naturerfahrung und Bildung.* Springer VS. https://doi.org/10.1007/978-3-658-35334-6_2.

Dräger, M., & Vogt, H. (2007). Von Angst und Ekel zu Interesse. *Erkenntnisweg Biologiedidaktik, 6,* 133–149.

Dreyfus, A., Jungwirth, E., & Eliovitch, R. (1990). Applying the cognitive conflict strategy for conceptual change: Some implications, difficulties, and problems. *Science Education, 74*(5), 555–569. https://doi.org/10.1002/sce.3730740507.

Edlinger, H., & Hascher, T. (2008). Von der Stimmungs- zur Unterrichtsforschung: Überlegungen zur Wirkung von Emotionen auf schulisches Lernen und Leistung. *Unterrichtswissenschaft: Zeitschrift für Lernforschung, 36*(1), 55–70.

Efklides, A., & Petkaki, C. (2005). Effects of mood on students' metacognitive experiences. *Learning and Instruction, 15*(5), 415–431. https://doi.org/10.1016/j.learninstruc.2005.07.010.

Ekman, P. (1992). An argument for basic emotions. *Cognition & Emotion, 6*(3–4), 169–200. https://doi.org/10.1080/02699939208411068.

Eschenhagen, D., Kattmann, U., & Rodi, D. (2003). *Fachdidaktik Biologie* (6. Aufl.). Aulis.

Fadrus, T., & Spindler, O. (2016). *Grimace – Grimace shows you what emotions look like.* Das Grimace Projekt | Fadrat: fadr.at/projekte/grimace (Juli, 2025).

Früchtnicht, K., & Gebhard, U. (2021). Vom Erlebnis zur Erfahrung: Zur Bedeutung der Reflexion bei Naturerfahrungen. In U. Gebhard, A. Lude, A. Möller, & A. Moormann (Hrsg.), *Naturerfahrung und Bildung* (S. 167–184). Springer Fachmedien.

Gebhard, U. (2020). Kind und Natur – Die Bedeutung der Natur für die psychische Entwicklung. *Springer VS.* https://doi.org/10.1007/978-3-658-21276-6.

Götz, T., Frenzel, A. C., & Pekrun, R. (2007). Emotionen im Lern- und Leistungskontext. *Katechetische Blätter, 132,* 13–19.

Grassi, E., & Auggia, M. (2023). Schönheit und das Gehirn: Neuroästhetik. In B. Colombo (Hrsg.), *Gehirn und Kunst. Von der Ästhetik zur Therapeutik* (S. 21–28). Springer. https://doi.org/10.1007/978-3-031-24131-4_3.

Grümme, T. (2007). Haltung, Pflege und Einsatz lebender Tiere im Unterricht –Ergebnisse einer Befragung. *Praxis der Naturwissenschaften: Biologie in der Schule, 56*(5), 28–30.

Haug-Schnabel, G., & Bensel, J. (2017). *Grundlagen der Entwicklungspsychologie. Die ersten 10 Lebensjahre* (12. Aufl.). Herder.

Hawelka, B. (15. August 2024). Vom Wissen zum Können: Lernziele formulieren. *Lehrblick – ZHW Uni-Regensburg.* https://doi.org/10.5283/ZHW.20240815.DE.

Heier, M. (11. Oktober 2016). „Achatschnecken bringen sogar ADHS-Kinder zur Ruhe". *Kinder und Tiere.* https://www.kinder-und-tiere.de/tiere-in-der-schule/aktuelles/meldung?cHash=5f-585a44bff521464facf3b2dc3b2d15&tx_news_pi1%5Baction%5D=detail&tx_news_pi1%5Bcontroller%5D=News&tx_news_pi1%5Bnews%5D=87.

Hemmer, W. (6. Oktober 2017). Eine Tierallergie kommt selten allein…aber manchmal kann Ausweichen auf anderes Haustier hilfreich sein. *Österreichische Gesellschaft für Pneumologie.* https://www.ogp.at/blog/eine-tierallergie-kommt-selten-allein/.

Hennig, J., & Netter, P. (2000). Ekel und Verachtung. In H. J. Otto, H. A. Euler, & H. Mandl (Hrsg.), *Emotionspsychologie – Ein Handbuch* (S. 284–305). Beltz Psychologie Verlags Union.

Holodynski, M., Hermann, S., & Kromm, H. (2013). Entwicklungspsychologische Grundlagen der Emotionsregulation. *Psychologische Rundschau, 64*(4), 196–207. https://doi.org/10.1026/0033-3042/a000174.

Holstermann, N. (2009). *Interesse von Schülerinnen und Schülern an biologischen Themen: Zur Bedeutung von hands-on Erfahrungen und emotionalem Erleben* [Dissertation, Universität Göttingen]. eDISS Universität Göttingen. https://ediss.uni-goettingen.de/handle/11858/00-1735-0000-0006-AD65-8.

Hummel, E. (2011). *Experimente mit lebenden Tieren – Auswirkungen auf Lernerfolg, Experimentierkompetenz und emotional-motivationale Variablen*. Dr. Kovac.

Hummel, E., Glück, M., Jürgens, M., Weisshaar, J., & Randler, C. (2012). Interesse, Wohlbefinden und Langeweile im naturwissenschaftlichen Unterricht mit lebenden Organismen. *Zeitschrift für Didaktik der Naturwissenschaften, 18*, 99–116. https://doi.org/10.25656/01:31745.

Hummel, E., & Randler, C. (2010). Experiments with living animals – Effects on learning success, experimental competency and emotions. *Procedia Social and Behavioraal Sciences, 2*, 3823–3830. https://doi.org/10.1016/j.sbspro.2010.03.597.

Julius, H., Beetz, A., & Kotrschal, K. (2013). Psychologische und physiologische Effekte einer tiergestützten Intervention bei unsicher und desorganisiert gebundenen Kindern. *Empirische Sonderpädagogik,* 5(2), 160–166. https://doi.org/10.25656/01:8915.

Kellert, S. R. (1984). Attitudes toward animals: Age-related development among children. In M. W. Fox & L. D. Mickley (Hrsg.), *Advances in animal welfare science* (S. 43–60). The Humane Society of the United States.

Kellert, S. R. (1993). Attitudes, knowledge and behavior toward wildlife among the industrial superpowers: United states, Japan and Germany. *Journal of Social Issues, 49*(1), 53–69. https://doi.org/10.1111/j.1540-4560.1993.tb00908.x.

Kevin N., (22. August 2020). *Gerbil Guide for Beginners*. https://pocketpets101.com/gerbil-guide-beginners/.

Klingenberg, K. (2012). *Lebende Tiere im Unterricht. Analysen – Studien – Konzepte*. Logos.

Knight, A. J. (2008). "Bats, snakes and spiders, oh my!" How aesthetic and negativistic attitudes, and other concepts predict support for species protection. *Journal of Environmental Psychology, 28*(1), 94–103. https://doi.org/10.1016/j.jenvp.2007.10.001.

Kohlhauf, L., Rutke, U., & Neuhaus, B. (2011). Entwicklung eines Kompetenzmodells zum biologischen Beobachten ab dem Vorschulalter. *Zeitschrift für Didaktik der Naturwissenschaften, 17*, 203–222. https://doi.org/10.25656/01:31689

Kokott, J. & Scheersoi, A. (2021). Insek ten viel falt erfahrbar machen – Bildungsangebote zur Interessenförderung bei Jugendlichen. InU. Gebhard, A. Lude, A. Möller & A. Moormann (Hrsg.), *Naturerfahrung und Bildung* (S. 309–335). Springer Natur.

Kommunikationsplattform VerbraucherInnengesundheit (August 2024). *FAQs zur Novelle des Tierschutzgesetzes.* https://www.verbrauchergesundheit.gv.at/tiere/faq/FAQtierschutzgesetz.html.

Kotrschal, K., & Ortbauer, B. (2003). Kurzzeiteinflüsse von Hunden auf das Sozialverhalten von Grundschülern. In E. Olbrich, C. Otterstedt. (Hrsg.), *Menschen brauchen Tiere. Grundlagen und Praxis der tiergestützten Pädagogik und Therapie* (S. 267–272). Kosmos.

Krapp, A. (1992). Das Interessenkonstrukt. Bestimmungsmerkmale der Interessenhandlung und des individuellen Interesses aus der Sicht einer Person-Gegenstands-Konzeption. In A. Krapp & M. Prenzel (Hrsg.), *Interesse, Lernen, Leistung. Neuere Ansätze einer pädagogisch-psychologischen Interessenforschung* (S. 297–329). Aschendorf.

Kremer, K., Möller, A., Arnold, J., & Mayer, J. (2019). Kompetenzförderung beim Experimentieren. In J. Groß, M. Hammann, P. Schmiemann, & J. Zabel (Hrsg.), *Biologiedidaktische Forschung: Erträge für die Praxis* (S. 113–128). Springer. https://doi.org/10.1007/978-3-662-58443-9_7.

Kultusministerkonferenz. (November 2024); Schulgesetze der Länder in der Bundesrepublik Deutschland (Stand: November 2024). https://www.kmk.org/dokumentation-statistik/rechtsvorschriften-lehrplaene/uebersicht-schulgesetze.html. Zugegriffen: 21.März.2025.

Meyer, A., Klingenberg, K., & Wilde, M. (2016). The Benefits of mouse keeping – An empirical study on students' flow and intrinsic motivation in biology lessons. *Research in Science Education, 46*, 79–90. https://doi.org/10.1007/s11165-014-9455-5.

Mitchell, M. (1993). Situational interest: Its multifaceted structure in the secondary school mathematics classroom. *Journal of Educational Psychology, 85*(3), 424–436. https://doi.org/10.1037/0022-0663.85.3.424.

Mombeck, M. M. (2022). *Tiergestützte Pädagogik – Soziale Teilhabe – Inklusive Prozesse. Der Einsatz von Schulhunden aus wissenschaftlicher Perspektive*. Springer Fachmedien. https://doi.org/10.1007/978-3-658-37170-8.

Moschner, P. (o.J.). Rechtliches. *Turtlefriend*. https://turtlefriend.at/rechtliches/rechtliches/. Zugegriffen: 21.März.2025.

Münstedt, K., & Mühlhans, A. K. (2013). Fears, Phobias and disgust related to bees and other arthropods. *Advanced Studies in Medical Sciences, 1*(3), 125–142.

Muris, P., Mayer, B., Huijding, J., & Konings, T. (2008). A dirty animal is a scary animal! Effects of disgust-related information on fear beliefs in children. *Behaviour Research and Therapy, 46*(1), 137–144. https://doi.org/10.1016/j.brat.2007.09.005.

Nentwig, W., Ansorg, J., Bolzern, A., Frick, H., Ganske, A.-S., Hänggi, A., Kropf, C., & Stäubli, A. (2022). Spinnen – Alles, was man über Spinnen wissen muss. *Springer*. https://doi.org/10.1007/978-3-662-63398-4.

Nerdel, C. (2017). *Grundlagen der Naturwissenschaftsdidaktik*. Kompetenzorientiert und aufgabenbasiert für Schule und Hochschule: Springer. https://doi.org/10.1007/978-3-662-53158-7.

Neuböck-Hubinger, B., Aschauer, M., Breitwieser, I., Schwarz, T., Bisenberger, A., & Hirschenhauser, K. (2016). Lehramtsstudierende erforschen den Einsatz von lebenden Tieren und Pflanzen im Sachunterricht. *GDSU-Journal, 5*, 41–54.

Nohr, R. F. (1. 2012 Dezember). Der Film und das Tier. *In Zeitschrift für Medienwissenschaft, ZfM Online*. [Onlinebesprechung]. https://zfmedienwissenschaft.de/online/der-film-und-das-tier.

Otto, J. H., Euler, H. A., & Mandl, H. (2000). *Emotionspsychologie – Ein Handbuch*. Beltz Psychologie Verlags Union.

Prokop, P., Kubiatko, M., & Fančovičová, J. (2008). Slowakian pupils´ knowledge of, and attitudes towards, birds. *Anthrozoös, 21*(3), 221–235. https://doi.org/10.2752/175303708X332035.

Prokop, P., & Tuncer, G., & Chudá, J. (2007). Slovakian students´ attitudes toward biology. *Eurasia Journal of Mathematics, Science & Technology Education, 3*(4), 287–295. https://doi.org/10.12973/ejmste/75409

Prokop, P., & Tunnicliffe, S. D. (2008). "Disgusting" animals: Primary school children's attitudes and myths of bats and spiders. *Eurasia Journal of Mathematics, Science & Technology Education, 4*(2), 87–97. https://doi.org/10.12973/ejmste/75309.

Prokop, P., & Tunnicliffe, S. D. (2010). Effects of having pets at home on children´s attitudes towards popular and unpopular animals. *Antrozoös, 23*(1), 21–35. https://doi.org/10.2752/175303710X12627079939107

Randler, C. (2013). Unterrichten mit Lebewesen. In H. Gropengießer, U. Harms, & U. Kattmann (Hrsg.), *Fachdidaktik Biologie* (9. Aufl., S. 299–311). Aulis.

Randler, C., Hummel, E., & Prokop, P. (2012). Practical work at school reduces disgust and fear of unpopular animals. *Society & Animals: Journal of Human-Animal Studies, 20*(1), 61–74. https://doi.org/10.1163/156853012X614369.

Reinke-Nobbe, E. (2007). *Insekten – beobachten – Analysieren – Schlussfolgern. Kompetenzförderung durch praktisches Arbeiten mit lebenden Tieren.* Zentrum für Schulbiologie und Umwelterziehung. Landesinstitut für Lehrerbildung und Schulentwicklung Hamburg.

Remele, K. (2018). Tiere in den Religionen. In J. Ach, & D. Borchers (Hrsg.), *Handbuch Tierethik*. J.B. Metzler. https://doi.org/10.1007/978-3-476-05402-9_23

Retzlaff-Fürst, C. (2008). Didaktik in Forschung und Praxis: Bd. 40. *Das lebende Tier im Schülerurteil – Bodenlebewesen im Biologieunterricht – eine empirische Studie*. Dr. Kovac.

Richter, K. (2012). Tiere im Kinder- und Jugendbuch. Reflexion realer Kindheitserlebnisse oder ‚Wahrheiten' des gesellschaftlichen Lebens in Parabeln, Märchen und Fabeln. In J. Buchner-Fuhs, L. Rose (Hrsg.), *Tierische Sozialarbeit* (S. 167–183). Springer VS. https://doi.org/10.1007/978-3-531-18956-7_10.

RIS: Rechtsinformationssystem des Bundes – RIS. (21. März 2025a). *Bundesrecht konsolidiert: Gesamte Rechtsvorschrift für Lehrpläne der Mittelschulen, Fassung vom 21.03.2025*. BGBl. II Nr. 185/2012 in der Fassung von BGBl. II Nr. 280/2024. https://www.ris.bka.gv.at/GeltendeFassung.wxe?Abfrage=Bundesnormen&Gesetzesnummer=20007850.

RIS: Rechtsinformationssystem des Bundes – RIS. (21. März 2025b). Bundesrecht konsolidiert: Gesamte Rechtsvorschrift für Schulorganisationsgesetz, Fassung vom 21.03.2025. BGBl. Nr. 242/1962 in der Fassung von BGBl. I Nr. 121/2024. https://www.ris.bka.gv.at/GeltendeFassung.wxe?Abfrage=Bundesnormen&Gesetzesnummer=10009265.

RIS: Rechtsinformationssystem des Bundes – RIS (2025c, 21. März). Bundesrecht konsolidiert: Gesamte Rechtsvorschrift für Schulunterrichtsgesetz, Fassung vom 21.03.2025. BGBl. Nr. 472/1986 in der Fassung von BGBl. I Nr. 121/2024. https://www.ris.bka.gv.at/GeltendeFassung.wxe?Abfrage=Bundesnormen&Gesetzesnummer=10009600.

RIS: Rechtsinformationssystem des Bundes – RIS. (21. März 2025d). Bundesrecht konsolidiert: Gesamte Rechtsvorschrift für Tierschutzgesetz, Fassung vom 21.03.2025, BGBl. I Nr. 118/2004 in der Fassung von BGBl. I Nr. 124/2024. https://www.ris.bka.gv.at/GeltendeFassung.wxe?Abfrage=Bundesnormen&Gesetzesnummer=20003541.

RIS: Rechtsinformationssystem des Bundes – RIS. (21. März 2025e). Bundesrecht konsolidiert: Gesamte Rechtsvorschrift für 1. Tierhaltungsverordnung, Fassung vom 21.03.2025. BGBl. II Nr. 485/2004 in der Fassung von BGBl. II Nr. 10/2025. https://www.ris.bka.gv.at/GeltendeFassung.wxe?Abfrage=Bundesnormen&Gesetzesnummer=20003820.

RIS: Rechtinformationssystem des Bundes – RIS (21. März 2025f). Bundesrecht konsolidiert: Gesamte Rechtsvorschrift für 2. Tierhaltungsverordnung, Fassung vom 21.03.2025. BGBl. II Nr. 486/2004 in der Fassung von BGBl. II Nr. 193/2024. https://www.ris.bka.gv.at/GeltendeFassung.wxe?Abfrage=Bundesnormen&Gesetzesnummer=20003860.

RIS: Rechtinformationssystem des Bundes – RIS. (21. März 2025g). *Bundesrecht konsolidiert: Lehrplan der Volksschule Anl. 1, tagesaktuelle Fassung*. BGBl. Nr. 134/1963 in der Fassung von BGBl. II Nr. 204/2024. https://www.ris.bka.gv.at/NormDokument.wxe?Abfrage=Bundesnormen&Gesetzesnummer=10009275&Artikel=&Paragraf=&Anlage=1&Uebergangsrecht=.

RIS: Rechtsinformationssystem des Bundes – RIS. (21. März 2025h). *Bundesrecht konsolidiert: Lehrpläne – allgemeinbildende höhere Schulen Anl. 1, tagesaktuelle Fassung*. BGBl. Nr. 88/1985 in der Fassung von BGBl. II Nr. 204/2024. https://www.ris.bka.gv.at/NormDokument.wxe?Abfrage=Bundesnormen&Gesetzesnummer=10008568&Artikel=&Paragraf=&Anlage=1&Uebergangsrecht=.

RIS: Rechtsinformationssystem des Bundes – RIS (21. März 2025i). Landesrecht konsolidiert Salzburg: Gesamte Rechtsvorschrift für Salzburger Naturschutzgesetz 1999, Fassung vom 21.03.2025. LGBl Nr 73/1999 (WV) in der Fassung von LGBl Nr 121/2024. https://www.ris.bka.gv.at/geltendefassung.wxe?abfrage=lrsbg&gesetzesnummer=20000003.

Rohrmann, S., Schienle, A., Hodapp, V., & Netter, P. (2004). Experimentelle Überprüfung des Fragebogens zur Erfassung der Ekelempfindlichkeit (FEE) [Experimental investigation of the questionnaire for the assessment of disgust sensitivity]. *Zeitschrift für Klinische Psychologie und Psychotherapie: Forschung und Praxis, 33*(2), 91–100. https://doi.org/10.1026/1616-3443.33.2.91.

Schanz, E. (1972). Zum Problem kindlicher Abneigung gegenüber Tieren – Ein Beitrag zur Psychologie des Biologieunterrichtes. *Der Biologieunterricht, 8*(1), 43–125.

Scheersoi, A. (2021). Naturerfahrung und Interesse. In U. Gebhard, A. Lude, A. Möller & A. Moormann (Hrsg.), *Naturerfahrung und Bildung* (S. 101–114). Springer Nature.

Scheibe, S. (2011). Emotionsregulation – Strategien, neuronale Grundlagen und Altersveränderungen. In M. Reimann, & B. Weber (Hrsg.), *Neuroökonomie. Grundlagen – Methoden – Anwendungen* (S. 59–84). Gabler. https://doi.org/10.1007/978-3-8349-6373-4_4.

Schienle, A., & Heric, A. (2014). Eine Skala zur Erfassung der Ekelsensitivität bei Kindern (SEEK). *Zeitschrift für Klinische Psychologie und Psychotherapie, 43*(1), 53–60. https://doi.org/10.1026/1616-3443/a000238.

Schienle, A., Walter, B., Stark, R., & Vaitl, D. (2002). Ein Fragebogen zur Erfassung der Ekelempfindlichkeit. *Zeitschrift für Klinische Psychologie und Psychotherapie, 31*(2), 110–120. https://doi.org/10.1026/0084-5345.31.2.110.

Schrenk, M. (2019). Kinder brauchen Tiere – nicht (nur) als Schreibanlässe. M. Siebach, J. Simon, & T. Simon (Hrsg.), *Ich und Welt verknüpfen. Allgemeinbildung, Vielperspektivität, Partizipation und Inklusion im Sachunterricht* (S.130–140). Schneider Hohengehren.

Schwarzer, R. & Jerusalem, M. (2002). Das Konzept der Selbstwirksamkeit. In M. Jerusalem, & D. Hopf (Hrsg.), *Selbstwirksamkeit und Motivationsprozesse in Bildungsinstitutionen. Zeitschrift für Pädagogik, 44. Beiheft*, 28–53. Beltz.

Spindler, O., & Fadrus, T. (2024). *Grimace – Grimace shows you what emotions look like.* Stadt Wien (2024, Februar). *Tiergestützte Pädagogik in Kinderbetreuungseinrichtungen. Leitfaden.*

Stadt Wien. (Februar 2024). *Tiergestützte Pädagogik in Kinderbetreuungseinrichtungen. Leitfaden.* https://www.wien.gv.at/bildung/kindergarten/kindertagesbetreuung/pdf/lf-tierpaedagogik.pdf.

Statista Research Department. (10. Oktober 2016). *Welche dieser Tiere machen ihnen Angst?* https://de.statista.com/statistik/daten/studie/617625/umfrage/umfrage-zur-angst-vor-tieren-in-deutschland/.

Statista Research Department. (Mai 2019). [ES1] [LV2] Welche dieser Tierarten vermitteln Ihnen Unbehagen bzw. vor welchen Tierarten haben Sie Angst? Marketagent (Hrsg.), *Gefürchtete Tierarten in Österreich 2019.* https://de.statista.com/statistik/daten/studie/1006361/umfrage/gefuerchtete-tierarten-in-oesterreich/.

Strunz, I. A. (2022). 10-Punkte-Checkliste für die Tierhaltung in Kindergärten und Schulen. In I. A. Strunz (Hrsg), *Tiergestützte Pädagogik in Theorie und Praxis.* (8. Aufl., S. 45–49). Schneider.

Tomažič, I. (2008). The influence of direct experience on students´ attitudes to, and knowledge about animals. *Acta biologica slovenica, 51*(1), 39–49. https://doi.org/10.14720/abs.51.1.15243.

Tomažič, I. (2011a). Pre-service biology teachers´ and primary school students´ attitudes toward and knowledge about snakes. *Eurasia Journal of Mathematics, Science & Technology Education, 7*(3), 161–171. https://doi.org/10.12973/ejmste/75194.

Tomažič, I. (2011b). Pre-service biology teachers´ attitude, fear and disgust toward animals and direct experience of live animals. *The Online Journal Of New Horizons In Education, 1*(1), 32–39.

Umweltbundesamt. (o.J.). *Gesetze, Richtlinien & Konventionen.* https://www.umweltbundesamt.at/umweltthemen/naturschutz/naturschutzrecht. Zugegriffen: 21.März.2025.

van Nahmen, J. (2012). „Schnecken versus AD(H)S" *Einsatz von Achatschnecken bei Kindern mit Aufmerksamkeitsdefiziten* [Hausarbeit, Veterinärmedizinische Universität Wien].

Velica, I. (2010). Lernziele und deren Bedeutung im Unterricht. *Neue Didaktik, 2,* 10–24. https://doi.org/10.25656/01:5859.

Vernooij, M. A., & Schneider, S. (2018). *Handbuch der Tiergestützten Interventionen. Grundlagen – Konzepte – Praxisfelder* (4. Aufl.). Quelle & Meyer.

Virtbauer, L. (2018). *Emotionen, Interesse und Einstellungen zu lebenden Tieren – Untersuchungen mit SchülerInnen, LehramtsstudentInnen und Biologielehrkräften* [unveröffentlichte Dissertation]. Universität Salzburg.

Virtbauer, L. (2019a). Experimente im Biologieunterricht. In I. Schiffl, & H. Weiglhofer (Hrsg.), *Biologie kompetent unterrichten – Ein Praxisbuch für Studierende und Lehrkräfte* (S. 224–243). facultas.

Virtbauer, L. (2019b). Lebende Tiere im Biologieunterricht. In I. Schiffl, & H. Weiglhofer (Hrsg.), *Biologie kompetent unterrichten – Ein Praxisbuch für Studierende und Lehrkräfte* (S. 244–268). facultas.

Vogt, H. (2007). Theorie des Interesses und des Nicht-Interesses. In D. Krüger, & H. Vogt (Hrsg.), *Theorien in der biologiedidaktischen Forschung. Ein Handbuch für Lehramtsstudenten und Doktoranden* (S. 9–20). Springer. https://doi.org/10.1007/978-3-540-68166-3_2.

Waschulewski, U., & Ignatowicz, M. (2022). Ratte, Schnecke, Molch und Co: Der didaktische Einsatz von Kleintieren im Unterricht. In I. A. Strunz (Hrsg.), *Tiergestützte Pädagogik in Theorie und Praxis* (S. 9–44). Schneider Hohengehren.

Wilde, M. (2021). Empirische Annäherungen zu Anerkennung und pädagogischer Beziehung im Biologieunterricht. Empirische Hinweise aus der Perspektive der Biologiedidaktik. *PFLB – PraxisForschungLehrer*innenBildung, 3*(2), 18–33. https://doi.org/10.11576/pflb-4193.

Wilde, M., & Bätz, K. (2009). Sind die süüüß! – Der Einfluss des unterrichtlichen Einsatzes lebender Zwergmäuse auf Wissenserwerb, Motivation und Haltungswunsch. *Berichte aus Institutionen der Didaktik der Biologie, 17*, 19–30.

Wilde, M., Bätz, K., Kovaleva, A., & Urhahne, D. (2009). Überprüfung einer Kurzskala intrinsischer Motivation (KIM). *Zeitschrift für Didaktik der Naturwissenschaften, 15*, 31–45. https://doi.org/10.25656/01:31663.

Wimmer, H., & Perner, J. (1983). Beliefs about beliefs: Representation and constraining function of wrong beliefs in young children's understanding of deception. *Cognition, 13*(1), 103–128. https://doi.org/10.1016/0010-0277(83)90004-5.

Winkel, S., Petermann, F., & Petermann, U. (2006). *Lernpsychologie*. Schöningh. https://utb.de/doi/book/https://doi.org/10.36198/9783838528175.

Wohlfarth, R., Mutschler, B., & Bitzer, E. (2022). Wirkmechanismen tiergestützter Therapie: Theoretische Überlegungen und empirische Fundierung. In I. A. Strunz (Hrsg.), *Tiergestützte Pädagogik in Theorie und Praxis* (S. 180–214). Schneider Hohengehren.

Wolf, M., & Tuider, E. (2014). *Tierethik zur Einführung*. Junius.

World Health Organization. (29. Juli 2020). *Zoonoses*. https://www.who.int/news-room/factsheets/detail/zoonoses.

Yarwood, G. M. (2022). *Psychology of human emotion: An open access textbook*. Pressbooks. https://psu.pb.unizin.org/psych425/.

Yore, L. B., & Boyer, S. (1997). College Students´ Attitudes towards living organisms: The influence of Experience and knowledge. *The American Biology Teacher, 59*(9), 558–563. https://doi.org/10.2307/4450383.

Zuberbier, T. (Juli 2016). Tierhaarallergie. www.ecarf.org/info-portal/allergien/tierhaarallergie/.

Teil II
Informationen und Arbeitsmaterialien zu ausgewählten Tierarten

In diesem Kapitel werden verschiedene Tierarten vorgestellt, die sich aufgrund ihrer spezifischen Bedürfnisse für die Haltung im Klassenzimmer eignen. Dabei wurde bewusst eine Auswahl aus unterschiedlichen Tiergruppen getroffen: Säugetiere (Mongolische Rennmäuse), Krebstiere (Asseln), Weichtiere (Achatschnecken) sowie Insekten (Stab- und Gespenstschrecken).

Jede dieser Arten wird ausführlich beschrieben – mit besonderem Fokus auf ihre Haltungsbedingungen, den möglichen Einsatz im Unterricht und praktischen Tipps für den Umgang mit ihnen. Dieses Kapitel kann jedoch nur die wichtigsten Grundlagen vermitteln. Wer lebende Tiere im Unterricht einsetzen möchte, sollte sich vorab umfassend aus verschiedenen Quellen über deren Bedürfnisse informieren, um Haltungsfehler zu vermeiden und das Wohlergehen der Tiere zu gewährleisten.

Drei der vier vorgestellten Tierarten zählen zu den Wirbellosen – und das aus guten Gründen: Sie sind in der Regel widerstandsfähiger gegenüber Stress, benötigen weniger aufwendige Pflege als Säugetiere und lassen sich unkompliziert in den Unterricht einbinden. Dennoch finden wirbellose Tiere in der schulischen Praxis oft wenig Beachtung oder werden nur beiläufig eingesetzt, obwohl sie wertvolle Lernanlässe bieten. Ein Plädoyer für ihren gezielteren und bewussteren Einsatz im Unterricht ist daher nicht nur sinnvoll, sondern notwendig, um ihr Potenzial als Lern- und Beobachtungsobjekte stärker in den Fokus zu rücken – sowohl in Bezug auf die Wissensvermittlung als auch auf die Förderung positiver Einstellungen dieser Tiergruppe gegenüber und eines bewussteren Umweltverständnisses.

Wirbellose im Klassenzimmer: Ein Plädoyer für ihren Einsatz im Unterricht

Lisa Virtbauer

Ich möchte mit einer kleinen Aufforderung beginnen: Stellen Sie sich vor, Sie sollen spontan eine Tierart nennen – welche kommt Ihnen als Erstes in den Sinn? Die meisten Menschen nennen ein Säugetier, was darauf hinweist, dass wir Tiere häufig unbewusst mit dieser Gruppe gleichsetzen. Unsere Vorstellung eines idealen, typischen Tieres ist meist eng mit Säugetieren verknüpft. In solchen Umfragen werden nach Säugetieren oft Vögel genannt, während wirbellose Tiere kaum Beachtung finden. Ähnlich verhält es sich bei 6- bis 15-jährigen Schüler:innen – auch bei ihnen erscheinen Wirbellose nur selten in ihrer Aufzählung und falls doch, sind sie sich teilweise unsicher, ob die Antwort stimmt (*„Stimmt das? Handelt es sich dabei um ein Tier?" „Ist ein Regenwurm ein Tier?"*, Patrick et al., 2013, S. 28). Die Studie fand zwar nicht im deutschsprachigen Raum statt, spiegelt jedoch die Antwort von Kindern aus sechs verschiedenen Ländern (darunter zwei europäische Länder) wieder, wodurch sie durchaus repräsentativ ist (Patrick et al., 2013).

Den meisten Kindern und Jugendlichen (vielleicht auch Erwachsenen) ist kaum bewusst, welchen enormen Anteil wirbellose Tiere – und insbesondere Insekten – an der Gesamtzahl aller Tierarten haben. Obwohl Wirbellose rund 95 % und Insekten davon etwa 60 % aller bekannten Arten ausmachen, sind sie größtenteils wenig populär. Nur einige wenige Arten, wie Schmetterlinge oder Honigbienen, genießen größere Beliebtheit. Die Haltung gegenüber diesen Tierarten reicht meist von neutral bis negativ. Das Interesse an ihnen ist gering (Kokott & Scheersoi, 2021). Bei einer Befragung von 10 bis 18-jährigen Schüler:innen geben 56,3 % der Befragten an, Desinteresse oder Abneigung gegenüber Insekten zu haben. Interesse oder Desinteresse gegenüber dieser Tiergruppe steht häufig in Zusammenhang mit ihrer wahrgenommenen Ästhetik und Nützlichkeit. Insekten, die als ‚schön' (z. B.

L. Virtbauer (✉)
Schulbiologiezentrum Salzburg, Fachbereich Umwelt und Biodiversität, Paris Lodron Universität Salzburg, Salzburg, Österreich
E-Mail: lisa.virtbauer@plus.ac.at

© Der/die Autor(en), exklusiv lizenziert an Springer-Verlag GmbH, DE, ein Teil von Springer Nature 2025
L. Virtbauer (Hrsg.), *Lebendiges Lernen mit lebenden Tieren – Einsatz von Tieren in pädagogischen Settings,* https://doi.org/10.1007/978-3-662-70219-2_3

Schmetterlinge), ‚nützlich' (wie Bienen) oder ‚faszinierend' empfunden werden, stoßen eher auf Interesse (Kokott & Scheersoi, 2021).

Auch die Kenntnisse über Insekten sind oft begrenzt. Selbst über beliebte Arten wie Schmetterlinge verfügen Schulkinder nur wenig Wissen. Häufig bestehen fehlerhafte, sogenannte alternative Vorstellungen und Stereotype (Drissner, 2024; Retzlaff-Fürst, 2008; Klingenberg, 2012; Kokott & Scheersoi, 2021).

Bewusste Begegnungen mit wirbellosen Tieren scheinen im Alltag immer seltener zu geschehen, obwohl solche Begegnungen besonders wertvoll sind (Drissner, 2024): Graben Kinder mit den Fingern in der Erde und berühren Regenwürmer oder entdecken Asseln unter den Steinen, können diese Erlebnisse die Kinder prägen. Diese Begegnungen fördern ein tiefes Verständnis für die Natur sowie eine enge Verbindung zur Umwelt (Vgl. Neuböck-Hubinger et al., 2016). Wenn Kinder allerdings kaum Gelegenheit haben, wirbellose Tiere zu berühren oder zu beobachten, kann dies Vorurteile (alternative Vorstellungen) sowie negative Emotionen und Einstellungen verstärken. So können die fehlenden Erfahrungen sowohl das Interesse an diesen Lebewesen als auch die Bereitschaft, sich mit ihnen auseinanderzusetzen, weiter verringern und zu einer distanzierten und ablehnenden Haltung führen (Schrenk, 2019).

Eine Langzeitstudie aus den Jahren 2003, 2010 und 2016 berichtet Ähnliches: Während im ersten Erhebungsjahr 34 % der befragten Kinder und Jugendlichen angaben, es unangenehm zu finden, wenn ein Käfer über ihre Hand krabbelt, stieg dieser Anteil 2010 auf 41 % und erreichte 2016 sogar 52 %. Dies zeigt, dass die Abneigung gegenüber einem direkten Kontakt mit wirbellosen Tieren über die Jahre spürbar zugenommen hat (Vgl. Schrenk, 2019).

Auch Erwachsene und angehende Grundschullehrkräfte empfinden häufig Hemmungen oder Unsicherheiten beim Berühren wirbelloser Tiere (Vgl. Schrenk, 2019). Diese Zurückhaltung spiegelt sich auch in der Unterrichtsgestaltung wider: Lehrkräfte neigen dazu, vor allem beliebte Tierarten einzubeziehen, während weniger geschätzte Arten oft ausgeklammert werden. Dadurch bleiben wirbellose Tiere trotz ihrer enormen ökologischen Bedeutung und ihres didaktischen Potenzials im schulischen Kontext häufig unberücksichtigt. Und wenn sie doch thematisiert werden, geschieht dies häufig nur in theoretischer Form, etwa durch Texte oder Steckbriefe, während die direkte Begegnung im Schulalltag oft zu kurz kommt (Schrenk, 2019; Virtbauer, 2018).

Es können auch stärkere negative Emotionen wie Abneigung oder Ekel auftreten (Gebhard, 2020; Virtbauer, 2018). Doch auch diese anfängliche negative Spannung kann im Unterricht gezielt positiv genutzt werden (Dräger & Vogt, 2007). Emotionen spielen eine entscheidende Rolle bei der Entstehung von Interesse – und mit gezielten didaktischen Maßnahmen kann die Begegnung mit zunächst negativ bewerteten Tieren zu einer positiven Erfahrung werden. Dadurch lassen sich nicht nur Berührungsängste abbauen, sondern auch eine wertschätzende Haltung gegenüber diesen Lebewesen fördern (Gebhard, 2020).

Letztlich ist der Umgang mit wirbellosen Tieren in erster Linie eine Frage der Gewohnheit. Durch regelmäßige Übung und wiederholten direkten Kontakt können Berührungsängste schrittweise abgebaut werden. Mit der Zeit entsteht ein unvoreingenommener Zugang, der es erleichtert, diese Tiere nicht nur als Lernstoff zu betrachten, sondern sie auch als faszinierende und bedeutende Lebewesen wahrzunehmen.

Wer bisher wenig Gelegenheit hatte, wirbellose Tiere zu berühren, kann dies jederzeit nachholen. Ein guter Einstieg ist, sich zunächst einer einzelnen Art in Ruhe anzunähern, sie zu beobachten und allmählich Unsicherheiten abzubauen. Durch diese behutsame Annäherung entsteht mit der Zeit ein sicherer und selbstverständlicher Umgang mit wirbellosen Tieren, der sich auch auf die Schüler:innen übertragen lässt. Lehrkräfte haben eine bedeutende Vorbildfunktion und können durch ein gezieltes und durchdachtes pädagogisches Konzept nicht nur Wissen über diese artenreiche Tiergruppe vermitteln, sondern auch Interesse und Wertschätzung fördern. Die Auseinandersetzung mit Insekten und anderen wirbellosen Tieren kann zu einer Hinterfragung der eigenen Vorstellungen führen, hin zu fachlich adäquaten Kenntnissen. Dies bildet eine entscheidende Grundlage für einen bewussten Umgang mit der Natur und den Schutz der Biodiversität. Angesichts des Insektensterbens ist es umso wichtiger, deren ökologisches Potenzial hervorzuheben und eine positive Haltung gegenüber diesen faszinierenden Lebewesen zu stärken (Vgl. Kokott & Scheersoi, 2021).

Literatur

Dräger, M., & Vogt, H. (2007). Von Angst und Ekel zu Interesse. *Erkenntnisweg Biologiedidaktik, 6*, 133–149.

Drissner, J. (2024). Mehr als Biene Maja: Wie sich Kinder für Insekten begeistern lassen. *Der Palmengarten, 87*(1), 66–69. https://doi.org/10.21248/palmengarten.2626.

Gebhard, U. (2020). Kind und Natur – Die Bedeutung der Natur für die psychische Entwicklung. *Springer VS*. https://doi.org/10.1007/978-3-658-21276-6.

Klingenberg, K. (2012). *Lebende Tiere im Unterricht. Analysen – Studien – Konzepte*. Logos.

Kokott, J., & Scheersoi, A. (2021). Insektenvielfalt erfahrbar machen – Bildungsangebote zur Interessensförderung bei Jugendlichen. In U. Gebhard, A. Lude, A. Möller, & A. Moormann (Hrsg.), *Naturerfahrung und Bildung* (S. 309–335). Springer Fachmedien.

Neuböck-Hubinger, B., Aschauer, M., Breitwieder, I., Schwarz, T., Bisenberger, A., & Hirschenhauser, K. (2016). Lehramtsstudierende erforschen den Einsatz von lebenden Tieren und Pflanzen im Sachunterricht. *GDSU-Journal, 5*, 41–54.

Patrick, P., Byrne, J., Tunnicliffe, S. D., Asunta, T., Carvalho, G., Hava-Nuutinen, S., Sigurjónsdóttir, H., Òskarsdóttir, G., & Tracana, R. B. (2013). Students (ages 6, 10, and 15 years) in six countries knowledge of animals. *NORDINA, 9*(1), 18–32.

Retzlaff-Fürst, C. (2008). Didaktik in Forschung und Praxis: Bd. 40. *Das lebende Tier im Schülerurteil – Bodenlebewesen im Biologieunterricht – eine empirische Studie*. Dr. Kovac.

Schrenk, M. (2019). Kinder brauchen Tiere – nicht (nur) als Schreibanlässe. M. Siebach, J. Simon, & T. Simon (Hrsg.), *Ich und Welt verknüpfen. Allgemeinbildung, Vielperspektivität, Partizipation und Inklusion im Sachunterricht* (S.130–140). Schneider Hohengehren.

Virtbauer, L. (2018). *Emotionen, Interesse und Einstellungen zu lebenden Tieren – Untersuchungen mit SchülerInnen, LehramtsstudentInnen und Biologielehrkräften* [Dissertation]. ePLUS. Universität Salzburg. https://eplus.uni-salzburg.at/obvusbhs/content/titleinfo/4644563.

Kleinsäuger: Mongolische Rennmaus

4

Karin Weilhartner, Lisa Virtbauer und Elena Schüssling

Warum ist die Rennmaus ein geeignetes Schultier? Bezogen auf die Kriterien zur Auswahl geeigneter Schultiere (Abschn. 1.1; Teil I) ist Folgendes zu beachten: Mongolische Rennmäuse sind grundsätzlich friedliche und harmlose Tiere, die unter Umständen dennoch imstande sind zu beißen. Dies kann auch eine Charaktereigenschaft einer Maus sein. Manche Mäuse beißen kaum oder nie, andere hingegen „testen" hineingreifende Hände mit einem leichten Zwicken. Bissverletzungen sind selten, aber möglich.

Die Anschaffungskosten für Mongolische Rennmäuse sind gering. Allerdings müssen Züchter registriert sein, was den Kauf erschwert. Das Teuerste an der Haltung ist vermutlich das Futter, aber auch Tierarztkosten sollten eingeplant werden. Ein Vorteil der Rennmäuse ist, dass sie vergleichsweise geruchsneutral sind, da sie nur wenig Urin absetzen. Zudem erzeugen sie im Gegensatz zu anderen Nagetieren kaum störende Geräusche. In Schulen werden meist nur zwei Tiere gehalten, was bei einer großen Klassengröße bzw. einem Einsatz der Mäuse im Unterricht bedacht werden sollte. Rennmäuse können Allergien auslösen, was unbedingt im Vorfeld abgeklärt werden muss.

K. Weilhartner (✉) · E. Schüssling
Fachdidaktik Biologie und Umweltkunde, Universität Salburg, Salzburg, Österreich
E-Mail: karin.weilhartner@plus.ac.at

E. Schüssling
E-Mail: elena.schuessling@plus.ac.at

L. Virtbauer
Schulbiologiezentrum Salzburg, Fachbereich Umwelt und Biodiversität, Paris Lodron Universität Salzburg, Salburg, Österreich
E-Mail: lisa.virtbauer@plus.ac.at

© Der/die Autor(en), exklusiv lizenziert an Springer-Verlag GmbH, DE, ein Teil von Springer Nature 2025
L. Virtbauer (Hrsg.), *Lebendiges Lernen mit lebenden Tieren – Einsatz von Tieren in pädagogischen Settings,* https://doi.org/10.1007/978-3-662-70219-2_4

4.1 Steckbrief der Mongolischen Rennmaus

Systematik

Ordnung: Nagetiere *(Rodentia)*
Unterordnung: Mäuseverwandte *(Myomorpha)*
Familie: Langschwanzmäuse *(Muridae)*
Unterfamilie: Rennmäuse *(Gerbillinae)*
Gattung: Sandmäuse *(Meriones)*
Art: Mongolische Rennmaus *(Meriones unguiculatus)* (Wilson & Reeder, 2005)

Besonderheiten des Körperbaus Rennmäuse sind tag- und nachtaktiv, halten keinen Winterschlaf und leben innerhalb von Kolonien in Familienverbänden. Die Lebenserwartung der Mongolischen Rennmaus beträgt in Gefangenschaft etwa 2–4 Jahre. Die Länge des dicht behaarten Schwanzes ist mit 9–12 cm in etwa so groß wie die Kopf-Rumpf-Länge von 9–14 cm. Rennmäuse sind Nagetiere. Pro Kieferhälfte besitzen sie einen Schneidezahn und drei Backenzähne. Die Schneidezähne wachsen ständig nach, die Backenzähne hingegen nicht.

Aufgrund ihres ursprünglichen Lebensraums, der Steppe der Mongolei, sind die Tiere in Erscheinungsbild und Verhalten an extreme Temperaturen und geringe Wasserverfügbarkeit angepasst (Schmoock, 2004; Schulze Sievert, 2002; Wilson & Reeder, 2005).

Sinne Rennmäuse sind Fluchttiere, deren Augen seitlich am Kopf sitzen, wodurch sie ein weites Gesichtsfeld besitzen. Räumliches Sehen ist dafür nicht gut ausgeprägt, weshalb man beim Handling gut aufpassen muss, dass die Tiere nicht abstürzen, da sie die Fallhöhe nicht gut abschätzen können. Die Sehschärfe entspricht bei Tageslicht etwa der des Menschen. Bei Dunkelheit, etwa im Inneren des Baues, orientieren sie sich hauptsächlich mithilfe ihrer Tasthaare (Vibrissen; siehe Abb. 4.1).

Der wichtigste Orientierungssinn ist das ausgezeichnete Gehör. Sowohl Geräusche im Niederfrequenzbereich als auch solche weit im Ultraschallbereich werden sehr gut wahrgenommen. Die Ohren sind klein und behaart. Zudem sind sie unabhängig voneinander bewegbar, wodurch ein räumlicher Höreindruck entsteht.

Der Geruchssinn ist neben der Nahrungssuche besonders wichtig für das Sozialverhalten der Tiere. Die Reviere werden mittels Geruchs markiert (Bauchdrüse) und innerhalb der Sippe erkennen sich die Mäuse am gemeinsamen Gruppengeruch, der dadurch entsteht, dass Tiere bei der gemeinsamen Fellpflege Duftstoffe austauschen. Dieser Gruppengeruch darf nicht verloren gehen durch zu intensive Gehegereinigung oder langes Trennen der Tiere, da es sonst zu Kämpfen unter den Tieren führen kann (Schulze Sievert, 2002).

Lebensweise Die Heimat der Mongolischen Rennmaus sind die Steppen der Mongolei und Nordchinas. Ihr Verhalten und Erscheinungsbild sind dieser kargen

4 Kleinsäuger: Mongolische Rennmaus

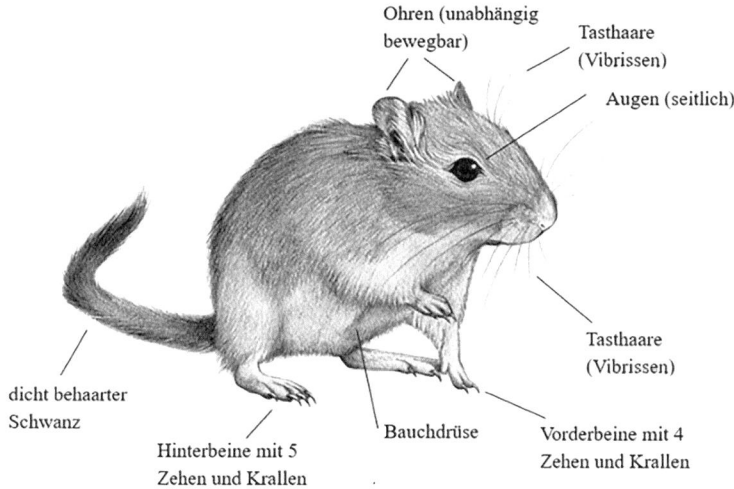

Abb. 4.1 Anatomie einer Mongolischen Rennmaus. (© Weilhartner Karin)

Region mit geringem Niederschlag und extremen Temperaturen gut angepasst. Rennmäuse sind tag- und nachtaktiv und halten keinen Winterschlaf. In ihrem natürlichen Habitat leben sie in festen Revieren in Familiengruppen. Fremde Tiere werden aggressiv vertrieben. Den Großteil ihres Lebens verbringen sie unterirdisch in einem Bau, der als Schutz vor extremen Temperaturen, starkem Winden und Fressfeinden dient. Die Gänge, Nest- und Vorratskammern können sich über eine große Fläche ausdehnen. Es sind mehrere Ausgänge vorhanden. Durch den Aufenthalt in den kühlen unterirdischen Bauten während der heißen Sommertage und einer Einschränkung der Aktivität wird der Wasserverlust geringgehalten. Der Urin ist zudem stark konzentriert und die Kotpellets sehr trocken, um zusätzlich Wasser zu sparen.

Wissenshappen: Faszinierende Fakten in Kürze

Schon gewusst, dass …

- …Rennmäuse ausgezeichnete Springer sind und sich mit kräftigen Hinterbeinen schnell fortbewegen können?
- …sie eine hohe Wasser-Rückgewinnungsrate in den Nieren haben, was ihnen hilft, mit wenig Wasser auszukommen – eine Anpassung an trockene Lebensräume?
- … sie (dadurch) nahezu geruchslos sind, weil sie nur sehr wenig Urin absetzen? Das macht sie besonders beliebt als Haus- oder Schultiere.

- … Mongolische Rennmäuse Zähne haben, die ein Leben lang nachwachsen? Deshalb müssen sie regelmäßig an Holz oder anderen geeigneten Materialien nagen.
- … sie über eine Drüse am Bauch Reviermarkierungen hinterlassen?
- … Rennmäuse sich untereinander durch Körperkontakt, Lautäußerungen und Schwanzbewegungen verständigen?
- … sie als Haustiere sehr zahm werden können und sich oft freiwillig auf die Hand setzen, wenn sie Vertrauen gefasst haben?
- … sie mit ihren Hinterfüßen trommeln, um Artgenossen vor Gefahren zu warnen oder ihre Erregung auszudrücken?
- …die Mäuse in der Mongolei Temperaturschwankungen von circa +27 °C bis −27 °C ausgesetzt sind?
- … ihr Fell sehr dicht ist und sie vor extremen Temperaturen in ihrer ursprünglichen Wüstenheimat schützt?
- … ihre Vibrissen (Schnurrhaare) hochsensibel sind und ihnen helfen, sich in dunklen Gängen zurechtzufinden?
- …sie wie viele Steppentiere nicht schwitzen, sondern ihre Körpertemperatur durch Verhalten regulieren, wie etwa durch Verstecken in kühlen Höhlen?

4.2 Rennmäuse in der Schule: Haltung, Pflege und Handling

Haltung in der Schule Rennmäuse werden oft als sehr einfach und genügsam beschrieben, was sie auch sind, wenn man einige wichtige Dinge beachtet. Niemals sollte man die Haltung von Kleintieren unterschätzen, die doch eine intensivere Betreuung benötigen als Wirbellose. Besonders wenn ein Tier krank wird, kommen Kosten und ein erhöhter Arbeitsaufwand auf die betreuende Person zu.

Da Rennmäuse gesellige Tiere sind und in der Natur im Familienverband leben müssen sie (laut TSchG: RIS, 2025d; Abschn. 1.8.1) immer zu zweit gehalten werden. Am besten ist es, wenn man gleichaltrige Geschwister bekommt, da diese sich am besten vertragen (Schulze Sievert, 2002).

Fremde Tiere zu vergesellschaften ist aufwendig und nicht immer von Erfolg gekrönt, da diese sehr territorial sind und Artgenossen verjagen, die nicht der Familie angehören. Kann die unterlegene Maus nicht fliehen, kann ein Kampf zwischen Rennmäusen sogar tödlich enden.

Die Haltungstemperatur sollte zwischen 19 und 24 °C liegen. Die ideale Luftfeuchtigkeit sollte eher niedrig sein und zwischen 35 und 55 % liegen.

Rennmäuse sind sehr aktive und neugierige Tiere und benötigen daher ein möglichst großes und abwechslungsreich gestaltetes Gehege. Die Mindestgröße eines Terrarium für Rennmäuse beträgt laut Österreichischen Tierschutzgesetz $80 \times 50 \times 50$ cm (Länge × Breite × Höhe), für jedes weitere ausgewachsene Tier sind 20 % der Bodenfläche hinzuzurechnen. Laut TVT (2014) entspricht die ideale Haltungseinrichtung besteht aus einer möglichst undurchsichtigen Unterschale mit den Mindestmaßen $100 \times 50 \times 50$ cm (L × B × H) und einem Gitteraufsatz von mindestens 30 cm Höhe. Die Möglichkeit Tunnel zu bauen ist für Rennmäuse essentiell, daher muss eine möglichst hohe Streuschicht (laut TschG 10 cm, laut TVT 40 cm) zum Graben vorhanden sein, am besten ein Gemisch aus Kleintierstreu, Stroh und Heu bzw. Papierstreifen, damit die Gänge stabil bleiben. Ein paar Äste als „Gerüst" dienen zusätzlich der Stabilität der Gänge und Höhlen. Auch Wurzeln, Röhren und Etagen bieten Struktur im Gehege (Busch et al., 2021; Schulze Sievert, 2002; TVT, 2014; Wilson & Reeder, 2005).

Zur Beschäftigung der Tiere muss immer Nagematerial in Form von Ästchen, Klorollen und Kartons angeboten werden. Weiters benötigen sie eine Tränke und ein Sandbad mit möglichst feinem Sand (Chinchillasand) zur Fellpflege. Ein artgerechtes und ungefährliches Laufrad (Durchmesser 30 cm, geschlossener Boden ohne Speichen und mit einseitigem Einstieg) sollte ebenfalls vorhanden sein (RIS, 2025d; TVT, 2014).

Futter und Pflege Die Grundnahrung von Rennmäusen sind fettarme Sämereien, zusätzlich bekommen sie Grünfutter in Form von Salat und Gemüse. Obst sollten sie nicht oder nur begrenzt erhalten und ölhaltige Samen wie Sonnenblumen- oder Kürbiskerne sollten nur in geringem Maße als Leckereien dienen. Zusätzlich benötigen die Tiere auch tierisches Protein in Form von gekochtem Ei oder Insekten (meist in Fertigmischungen enthalten) (TVT, 2014). Beim Kauf von Fertigfuttermischungen sollte darauf geachtet werden, dass nicht allzu viel fettreiche Bestandteile enthalten sind. Gepresstes Futter wie Pellets wird von den meisten Rennmäusen nicht gefressen. Heu muss ebenfalls immer vorhanden sein, es wird gefressen, dient der Beschäftigung und dem Nestbau.

Die Reinigung des Geheges sollte etwa monatlich erfolgen. Oft haben die Tiere spezielle Bereiche, in denen sie vermehrt ihr Geschäft verrichten, dann reicht es oft nur diesen Teil der Einstreu auszutauschen. Beim Putzen sollte man generell nicht zu drastisch vorgehen, da der Gruppengeruch erhalten bleiben muss. Es ist besser nicht die gesamte Einstreu auf einmal zu wechseln, damit es nicht zu Stress unter den Tieren kommt. Das Sandbad wird oft als Toilette benutzt, in diesem Fall muss der Sand regelmäßig getauscht werden. Futter und Wasser muss täglich frisch vorhanden sein (Busch et al., 2021).

Im Rahmen des Schulunterrichts ist es möglich, den Tieren am Ende der Woche eine größere Portion Futter zu geben, um sie am Wochenende nicht versorgen zu müssen. Allerdings ist es dann wichtig, am Montag genau nach dem Rechten zu schauen, nach Anzeichen von Krankheiten, Verletzungen oder Stress unter den Tieren, da man in diesen Fällen schnell reagieren muss. Ein blutiger Streit kann bei Rennmäusen plötzlich auftreten und Tiere sollten dann rasch getrennt werden. Ein Tier, das sich ungewöhnlich verhält, sollte unverzüglich dem Tierarzt vorgestellt werden. Zeichen für Unwohlsein sind Apathie, gesträubtes Fell, halb geschlossene Augen, starkes Atmen, gekrümmte Sitzhaltung und ein reduzierter Fluchtreflex (Chen, 2001; Kevin, 2020; Schmook, 2004).

Handling Rennmäuse, die noch scheu sind, kann man gut einfangen, indem man ihnen eine Röhre zum durchlaufen anbietet, die man dann schnell hochhebt, sobald das Tier sich darin befindet. Die Zugänge werden dabei zugehalten. Wenn man das Tier mit den Händen hochheben möchte, darf man es auf keinen Fall am Schwanz festhalten, da die Tiere im Stress die Schwanzhaut abwerfen können. Dies ist eine Verteidigungsstrategie, um Feinde abzulenken.

Man kann die Rennmaus aber an der Schwanzwurzel hochheben und die zweite Hand unter den Bauch schieben. So ist das Tier gut fixiert und sitzt sicher in der Hand. Sehr zutrauliche Mäuse kann man auch einfach mit der Hand umgreifen (Schulze Sievert, 2002; TVT, 2014).

Gesetzeslage Siehe Teil I, Abschn. 1.8.1

Mögliche Lehrplanbezüge In der folgenden Tabelle (Tab. 4.1) werden Vorschläge für Lehrplanbezüge zum Sachunterricht in der Volksschule sowie zum Unterrichtsfach Biologie und Umweltkunde (BU) in der Sekundarstufe I und II unterbreitet, wenn lebende Rennmäuse eingesetzt werden (RIS, 2025a, b, c).

Die in Tab. 4.1. dargestellten Inhalte können den im Lehrplan beschriebenen zentralen fachlichen Konzepten *Leben und Anpassung, Struktur und Funktion* (in Volksschule und Sekundarstufe I) oder den Basiskonzepten *Struktur und Funktion* und *Variabilität, Verwandtschaft, Geschichte und Evolution* (in Sekundarstufe II) zugeordnet werden und der Bearbeitung dieser im Unterricht dienen.

4.3 Vorschläge für den Unterricht

A: Möglicher Ablauf einer tiergestützten Einheit mit Rennmäusen

Wir vom Schulbiologiezentrum der Universität Salzburg (SBZ) teilen das Arbeitsblatt (AB) meist im Rahmen eines Rennmaus-Workshops (Doppelstunde, ca. 90 min; begleitendes Comic siehe Abb. 4.2) aus. Der Ablauf des Workshops und die Integration des Arbeitsblattes wird nun grob vorgestellt, jedoch kann dieses auch in einer Einzelstunde bearbeitet werden (wenn auf den anschließenden Ethologie-Teil verzichtet wird).

- *Einführung* in das Thema: Vorstellung der Mongolischen Rennmaus, ihrer Eigenschaften und ihres natürlichen Lebensraumes in der Mongolei (z. B.: Mit Fotos der Mongolei, Klimadiagrammen, etc.)
- Forschungsauftrag: *„Werde Rennmaus-Forscher:in! Stelle dir vor, du gehörst zu der Forschergruppe, die die Rennmäuse in der Mongolei entdeckt hat. Es gibt noch keine Aufzeichnungen oder Buchkapitel über diese Tierart. Ihr möchtet nun alles über diese Tiere herausfinden. Wie könnte ihr vorgehen? Euer Team muss das Vorgehen gut planen, um möglichst viele Informationen zu sammeln. Was wollt ihr alles herausfinden? Wie und womit beginnt ihr?"*
- Nach dieser Einleitung und den Fragen sollte man das Vorgehen gemeinsam besprechen und den Schüler:innen den Hinweis geben: Um etwas über das Verhalten einer Rennmaus herauszufinden, muss man zuerst wissen, welche körperlichen Merkmale und Fähigkeiten die Mäuse haben.

4 Kleinsäuger: Mongolische Rennmaus

Tab. 4.1 Mongolische Rennmäuse im Lehrplan (VS, NMS, AHS). *falls Biologie und Umweltbildung unterrichtet wird

Schultyp	Schulstufe, Unterrichtsfach	Auszug aus dem Lehrplan
Volksschule	2. Schulstufe Sachunterricht	Tiere und Pflanzen in ihren Lebensräumen erkunden und dokumentieren sowie Wechselwirkungen beschreiben
	4. Schulstufe Sachunterricht	Entwicklungsstadien und Lebenszyklen bei Menschen, Tieren und Pflanzen beobachten, bestimmen und Artenvielfalt kategorisieren
	Verbindliche Übung Sachbegegnung	Tiere und Pflanzen z. B.: Pflege und Haltung von Haus- und Nutztieren, Merkmale und Gemeinsamkeiten von bestimmten Pflanzen- und Tierarten, Naturschutz,…
	5. Schulstufe, BU	Wechselbeziehungen zwischen Lebewesen in ihrem Lebensraum
Mittelschule	5. Schulstufe BU	Vielfalt und Angepasstheit in Körperstruktur und Verhalten von Wirbeltieren, ethisches Handeln gegenüber Haustieren
	5. Schulstufe BU	Wechselbeziehungen zwischen Lebewesen in ihrem Lebensraum
Allgemein-bildende Höhere Schulen	5. Schulstufe BU	Vielfalt und Angepasstheit in Körperstruktur und Verhalten von Wirbeltieren, ethisches Handeln gegenüber Haustieren
	10. Schulstufe 4. Semester BU	Verhaltensbiologie: Sozialverhalten von Rennmäusen: Interaktionen, Rangordnung und Kommunikationsformen
	11. Schulstufe 6. Semester BU *	Bewegungssysteme bei Pflanzen und Tieren: Anpassungen des Bewegungsapparates an die Fortbewegung in ihrem natürlichen Lebensraum kennen lernen

Abb. 4.2 Comic: Rennmaus-Forscher:in. (© Weilhartner Karin)

- Teil 1: *Anatomie*: Hypothesen aufstellen: Wisst ihr, wie eine Rennmaus aussieht? Die Vermutungen werden ins Arbeitsblatt (siehe Punkt 3.3.3) eingetragen (noch ohne lebende Mäuse und ohne, dass im Vorfeld Fotos der Mäuse gezeigt wurden).
- *Begegnungsphase*: Die Rennmäuse werden den Schüler:innen vorgestellt; den Kleingruppen wird ein Transportbehälter in die Mitte einer Tischinsel gestellt.
- Beobachtung: Stimmen die Vermutungen mit dem tatsächlichen Aussehen der Maus überein? (AB wird nochmals ausgefüllt)
- Schlussfolgern: Ableitung biologischer Funktionen: Welche Funktion und Bedeutung haben die anatomischen Merkmale? (AB)
- Gemeinsames Besprechen der Ergebnisse und Schlussfolgerungen zur Anatomie und den Anpassungen an den Lebensraum
- Teil 2: *Ethologie:* Vorbesprechung der verhaltensbiologischen Forschung: Ablauf & Methodik. Zuerst sollten die typischen Körperhaltungen und Verhaltensweisen der Rennmäuse besprochen und eventuell mit Fotos oder Abbildungen verbildlicht werden. Zu diesen zählen: Nagen, Fressen, Sandbaden, Scharren/Graben, Hochaufstellen, Habachtstellung, Markieren, Naso-Nasalkontakt, Naso-Analkontakt (soziale Interaktionen), Laufen, Annähern, Dominanz, …
- Die Schüler:innen können sich eine *Forschungsfrage zum Verhalten* von einer bzw. zwei Mäusen überlegen.
- Besprochen werden muss der Ablauf einer naturwissenschaftlichen Verhaltensbeobachtung (siehe Abb. 2.14) sowie das Erstellen eines Ethogramms (Verhaltensaufzeichnung der Mäuse): a: Forschungsfrage formulieren lassen; b: Beobachtung planen: Aufgabenverteilung innerhalb der Gruppe (Zeit messen; Verhalten notieren, bei 2 Mäusen: Wer schaut auf welche Maus?, welches Verhalten wird wie notiert?); c: Durchführen; d: Ergebnisse dokumentieren: Ethogramm ausfüllen und Muster in den Verhaltensweisen erkennen; e: Reflexion: Häufigste Verhaltensweisen identifizieren, Unterschiede zwischen den Mäusen analysieren, Interpretation; zurück zum Start: Wurde die Frage beantwortet? Ist die Hypothese zutreffend?
- Aufbau der *Beobachtungsarena*: Diese besteht aus einem Holzboden und einem etwa 40–60 cm hohem transparenten Kunststoffstreifen, der (sehr eng) rund um den Boden gewickelt und dann geklebt wird (siehe Abb. 4.3). In die Beobachtungsarena wird etwas Einstreu aus der Rennmausanlage hinzugefügt, um den Mäusen ihren gewohnten Geruch anzubieten und dadurch Stress zu

Abb. 4.3 Beobachtungsarena für Mäuse. (© Weilhartner Karin)

reduzieren. Zuerst wird eine Maus hineingehoben, nach ein paar Minuten die Zweite (je nach Vorgaben).
- Ethologie der Rennmaus: Verhaltensweisen beobachten und dokumentieren (Zeit vorgeben)
- Gemeinsame Besprechung: Erlebnisse berichten lassen und reflektieren
- Abbau: Rückbau der Beobachtungsarena, säubern der Tische & des Raumes
- Abschluss; Reflexion

B: Regeln im Umgang mit Mongolischen Rennmäusen – Zusätzlich zu jenen Regeln von Abschn. 1.4

- Rennmäuse sind von Natur aus neugierig, aber auch vorsichtig. Jedes Tier hat seinen eigenen Charakter.
- Alles, was von oben kommt, kann als Bedrohung wahrgenommen werden, wie eine sich nähernde Hand. Die Hand langsam in die Arena legen, sodass sich die Tiere freiwillig annähern können. Leckerli auf der Handfläche anbieten: Dies kann helfen, Vertrauen aufzubauen.
- Keine schnellen oder hastigen Bewegungen: Langsame, ruhige Bewegungen helfen, das Vertrauen der Tiere zu gewinnen.
- Kein direktes Festhalten oder Zwingen: Die Tiere sollten selbst auf die Hand klettern. Die Maus nicht mit der Hand verfolgen
- Knabbern an der Hand ist möglich: Jedes Tier mit einem Maul kann potenziell beißen – oder vorsichtig knabbern: das sollte nicht erschrecken.
- Unterscheidung zwischen Neugier und Angst/Stress der Mäuse:
  – Positive Aufregung: Neugieriges Erkunden der Umgebung.
  – Angst: Schnelle, hastige Bewegungen, starkes Zittern oder Schreckhaftigkeit, Beschleunigte Atmung, Vermehrte oder verlangsamte Kotabgabe

- Geeignete Maßnahmen zur Stressreduktion: Versteckmöglichkeiten bereitstellen (z. B. Karton, Tunnel). Wenn sich Stresssignale bemerkbar machen, dann sollte den Mäusen ein Versteck angeboten werden. Ist der Stress zu groß, so sollte das Tier wieder in die Transportbox oder ihre Anlage zurückgesetzt werden.
- Tiere nicht zu lange beobachten oder in eine ungewohnte Umgebung setzen.

Diese Regeln gewährleisten, dass der Umgang mit den Rennmäusen sowohl für die Schüler:innen als auch für die Tiere sicher und stressfrei bleibt.

C: Arbeitsblatt *„Anatomie der mongolischen Rennmaus"*: Siehe Abb. 4.4. und 4.5

D: Lösungen zu den Arbeitsblättern
Die *Lösungen zum Arbeitsblatt „Anatomie der mongolischen Rennmaus"* werden nun stichpunktartig aufgezählt:

- Rennmäuse sind Fluchttiere – durch seitlich liegende Augen entsteht eine Rundumsicht.
- Runde Pupillen können sich stärker ausweiten als schlitzförmige, wodurch eine größere Lichtmenge ins Auge einfallen kann, was für nachtaktive Tiere von Vorteil ist. Bei Beutetieren verhilft das einer besseren Rundumsicht.
- Der Hörsinn ist besonders wichtig für die Kommunikation untereinander. Rennmäuse können hochfrequente Töne wahrnehmen. Das Gehör hilft weiters bei der Orientierung und ermöglicht es den Rennmäusen leise Geräusche von Räubern frühzeitig zu erkennen.
- Die Behaarung der Ohren hilft dabei Staub und Sand vom empfindlichen Gehörgang fernzuhalten, Temperaturverlust über die Ohren zu reduzieren – ähnlich wie das Fell an anderen Körperstellen und UV-Strahlung abzuschirmen, da in offenen Steppen wenig Schatten vorhanden ist.
- Durch die beweglichen Ohren wird perfektes Richtungshören ermöglicht. Als Fluchttiere können die Rennmäuse dadurch feststellen, aus welcher Richtung sich der Feind nähert.
- Die Vibrissen (Tasthaare) werden zur Orientierung im dunklen Bau benötigt: Sie helfen beim Ertasten von Abständen und Oberflächen, bei der Bewegung in engen Räumen und geben den Rennmäusen die Möglichkeit Luftbewegungen und Vibrationen zu spüren.
- Der Schwanz, der etwa so lang wie der restliche Körper ist, wird sowohl für das Halten des Gleichgewichts als auch zur Kommunikation zwischen Artgenossen eingesetzt.
- Dicht behaarte Fußsohlen ermöglichen es den Rennmäusen auf erhitzten Böden zu laufen ohne Schmerzen oder Verbrennungen zu erleiden.
- Die längeren Hinterbeine werden verwendet, um lockere Erde wegzuschleudern oder auf den Boden zu trommeln, entweder um Gefahr anzuzeigen oder bei der Paarung.

Wie sieht eine Rennmaus aus?

	Meine Beobachtung: Das erkenne ich an der Rennmaus	Meine Schlussfolgerung zu Lebensraum und Lebensweise der Rennmaus: Warum sieht sie so aus?
Wo befinden sich die Augen?	☐ Die Augen sind eng beisammen und nach vorne gerichtet. ☐ Die Augen sind eher seitlich.	
Gibt es eine Pupille?	☐ Nein, es ist keine sichtbar. ☐ Ja, sie haben eine runde Pupille. ☐ Ja, sie haben eine schlitzförmige Pupille.	
Sind die Ohren für uns sichtbar?	☐ Nein, es sind keine erkennbar. ☐ Es ist ein Ohrloch (ohne Ohrmuschel) im Fell erkennbar. ☐ Ja, aus dem Fell stehen Ohren (mit Ohrmuschel) heraus.	
Sind die Ohren beweglich?	☐ Nein, die Ohren können nicht bewegt werden. ☐ Ja, die Ohren können gleichzeitig bewegt werden. ☐ Ja, die Ohren können unabhängig voneinander bewegt werden.	
Gibt es Vibrissen (Tasthaare)?	☐ Nein, es sind keine Tasthaare vorhanden. ☐ Ja, um die Schnauze sind Tasthaare. ☐ Ja, an mehreren Stellen und zwar: _____ & _____	

Abb. 4.4 Arbeitsblatt „Anatomie der Mongolischen Rennmaus"", Seite 1

	Meine Beobachtung: Das erkenne ich an der Rennmaus	Meine Schlussfolgerung zu Lebensraum und Lebensweise der Rennmaus: Warum sieht sie so aus?
Wie lang ist der Schwanz?	☐ Er ist etwas länger als der restliche Körper. ☐ Es ist ein kurzer Stummelschwanz. ☐ Er ist etwa so lang wie der restliche Körper.	
Wie sieht die Fußsohle aus?	☐ Sie ist dicht behaart. ☐ Sie ist nackt.	
Sind die Hinter- und Vorderbeine genau gleich?	☐ Ja, sie sind beide gleich lang. ☐ Nein, die Hinterbeine sind länger. ☐ Nein, die Vorderbeine sind länger.	
Wie sehen die Pfoten bzw. Krallen aus?	☐ Sie haben vorne und hinten gleich viele Krallen, und zwar: _____ Stück ☐ An den Vorder- und Hinterbeinen befinden sich unterschiedlich viele Krallen, und zwar: vorne _____ hinten _____	

Abb. 4.5 Arbeitsblatt „Anatomie der Mongolischen Rennmaus", Seite 2

- Sie haben an den Vorderbeinen vier und an den Hinterbeinen fünf Krallen. Diese werden zum Graben, Nestkammern bauen, Festklammern, Klettern und zum Greifen von Futter eingesetzt. Die Hinterpfoten mit mehr Krallen dienen dem Abstoßen beim Springen, schnellen stabilen Lauf und dem guten Halt auf rutschigem oder unebenem Grund.

Literatur

Busch, M., Chourbaji, S., Dammann, P., Finger-Baier, K., Gerold, S., Jirkof, P., Osterkamp, A., & Ott, S. (2021). Fachinformationen aus dem Ausschuss für Tiergerechte Labortierhaltung. Tiergerechte Haltung von Mongolischen Wüstenrennmäusen (Meriones unguiculatus). GV-SOLAS. https://www.gv-solas.de/wp-content/uploads/2021/03/Tiergerechte-Haltung-Gerbils_2021.pdf.

Chen, J. (2001). *Meriones unguiculatus*. Animal Diversity Web. https://animaldiversity.org/accounts/Meriones_unguiculatus.

Jirkof, P., Osterkamp, A., & Ott, S. (2021). Fachinformationen aus dem Ausschuss für Tiergerechte Labortierhaltung. Tiergerechte Haltung von Mongolischen Wüstenrennmäusen (Meriones unguiculatus). GV-SOLAS. https://www.gv-solas.de/wp-content/uploads/2021/03/Tiergerechte-Haltung-Gerbils_2021.pdf.

Kevin, N. (22. August 2020). *Gerbil guide for beginners.* https://pocketpets101.com/gerbil-guide-beginners/.

RIS: Rechtsinformationssystem des Bundes – RIS. (17. März 2025a). *Bundesrecht konsolidiert: Gesamte Rechtsvorschrift für Lehrpläne der Mittelschulen, Fassung vom 17.03.2025.* BGBl. II Nr. 185/2012 in der Fassung von BGBl. II Nr. 280/2024. https://www.ris.bka.gv.at/GeltendeFassung.wxe?Abfrage=Bundesnormen&Gesetzesnummer=20007850.

RIS: Rechtsinformationssystem des Bundes – RIS. (17. März 2025b). *Bundesrecht konsolidiert: Lehrplan der Volksschule Anl. 1, tagesaktuelle Fassung.* BGBl. Nr. 134/1963 in der Fassung von BGBl. II Nr. 204/2024. https://www.ris.bka.gv.at/NormDokument.wxe?Abfrage=Bundesnormen&Gesetzesnummer=10009275&Artikel=&Paragraf=&Anlage=1&Uebergangsrecht=.

RIS: Rechtsinformationssystem des Bundes – RIS. (17. 2025c März 2025c). *Bundesrecht konsolidiert: Lehrpläne – allgemeinbildende höhere Schulen Anl. 1, tagesaktuelle Fassung.* BGBl. Nr. 88/1985 in der Fassung von BGBl. II Nr. 204/2024. https://www.ris.bka.gv.at/NormDokument.wxe?Abfrage=Bundesnormen&Gesetzesnummer=10008568&Artikel=&Paragraf=&Anlage=1&Uebergangsrecht=.

RIS: Rechtsinformationssystem des Bundes – RIS (2025d, 21. März). Bundesrecht konsolidiert: Gesamte Rechtsvorschrift für 2. Tierhaltungsverordnung, Fassung vom 21.03.2025. BGBl. II Nr. 486/2004 in der Fassung von BGBl. II Nr. 193/2024. https://www.ris.bka.gv.at/GeltendeFassung.wxe?Abfrage=Bundesnormen&Gesetzesnummer=20003860.

Schmoock, M. (2004). Ursachen stereotypen Verhaltens der Mongolischen Wüstenrennmaus (Meriones unguiculatus). [Dissertation, Tierärztlichen Hochschule Hannover]. TiHo eLib. https://elib.tiho-hannover.de/servlets/MCRFileNodeServlet/etd_derivate_00002355/schmoockm_ws04.pdf.

Schulze Sievert, U. E. (2002). Ein Beitrag zur tiergerechten Haltung der Mongolischen Wüstenrennmaus anhand der Literatur. [Dissertation, Tierärztliche Hochschule Hannover]. TiHo eLib. https://elib.tiho-hannover.de/receive/etd_mods_00002727.

Tierärztliche Vereinigung für Tierschutz e.V.: TVT (2014, März). Mongolische Rennmaus. Merkblatt Nr. 161 – Heimtiere: Mongolische Rennmäuse (Stand: Apr. 2014). https://www.tierschutz-tvt.de/alle-merkblaetter-und-stellungnahmen/?no_cache=1&download=TVT-MB_161_Heimtiere_Rennm%C3%A4use__Apr._2014__01.pdf&did=42.

Wilson, D. E., & Reeder, D. M. (2005). *Mammal species of the world. A taxonomic and geographic reference* (3. Aufl.). Johns Hopkins.

5. Krebstiere: Heimische und Exotische Asseln

Karin Weilhartner, Lisa Virtbauer und Elena Schüssling

Warum ist die Assel ein geeignetes Schultier? Asseln sind ideale Schultiere, da sie pflegeleicht, ungefährlich und aus biologischer Sicht faszinierend sind. Heimische Asseln findet man überall, sie benötigen wenig Platz, stellen keine besonderen Ansprüche an ihre Haltung und lassen sich leicht beobachten: Dabei sind sowohl ihre anatomischen Besonderheiten als auch ihr Verhalten sowie ihre Evolution sehr interessant. Neben den heimischen Arten eignen sich auch exotische Arten, die oft größer und farbenprächtiger sind. Sie können in einzelnen Schulstunden aber auch in Langzeitprojekten eingesetzt werden. Bei Letzteren kann etwa untersucht werden, welches Falllaub die Assel bevorzugt (z. B.: Blattstücke verschiedener Pflanzen in gleicher Größe zum Fressen anbieten oder beobachten, wie Asseln von einem Blatt nur das „Skelett" übriglassen; Vgl. Grünwald, 2015). Schüler:innen können so wichtige ökologische Prozesse wie den Stoffkreislauf hautnah erleben. Da Asseln jedoch potenzielle Ekeltiere darstellen können, sollte im Vorfeld auf negative Emotionen eingegangen oder ekelreduzierende Maßnahmen angewandt werden (siehe auch Teil II, Abschn. 1.7.1).

K. Weilhartner (✉) · E. Schüssling
Fachdidaktik Biologie und Umweltkunde, Universität Salburg, Salzburg, Österreich
E-Mail: karin.weilhartner@plus.ac.at

E. Schüssling
E-Mail: elena.schuessling@plus.ac.at

L. Virtbauer
Schulbiologiezentrum Salzburg, Fachbereich Umwelt und Biodiversität, Paris Lodron Universität Salzburg, Salzburg, Österreich
E-Mail: lisa.virtbauer@plus.ac.at

© Der/die Autor(en), exklusiv lizenziert an Springer-Verlag GmbH, DE, ein Teil von Springer Nature 2025
L. Virtbauer (Hrsg.), *Lebendiges Lernen mit lebenden Tieren – Einsatz von Tieren in pädagogischen Settings,* https://doi.org/10.1007/978-3-662-70219-2_5

5.1 Steckbrief von Landasseln

Systematik

Stamm: Gliederfüßer *(Arthropoda)*
Unterstamm: Krebstiere *(Crustacea)*
Klasse: Höhere Krebse *(Malacostraca)*
Ordnung: Asseln *(Isopoda)*
Unterordnung: Landasseln *(Oniscidea)* mit weltweit etwa 3700 bekannte Arten (Schmidt, 2008; Sfendourakis & Taiti, 2014)

Besonderheiten des Körperbaus Die durchschnittliche Körperlänge einheimischer Landasseln beträgt 2–20 mm, exotische Asseln können auch größer sein. Der Körper ist eingeteilt in drei erkennbare Abschnitte: ein Kopfbrust-Abschnitt (Cephalothorax), ein Brustabschnitt (Pereon) sowie ein Hinterleib (Abdomen bzw. Pleon; siehe auch Abb. 5.1). Allerdings ist diese Dreiteilung nicht so deutlich zu erkennen wie bei Insekten.

Am Kopf befinden sich zwei Facettenaugen, zwei Antennenpaare (ein kurzes und ein langes) und die Mundwerkzeuge, die aus den Mandibeln und zwei Paar Maxillen bestehen.

Am Brustabschnitt befinden sich die sieben Laufbeinpaare, das Abdomen trägt ebenfalls Extremitäten (Pleopoden), die allerdings nicht als Beine ausgebildet

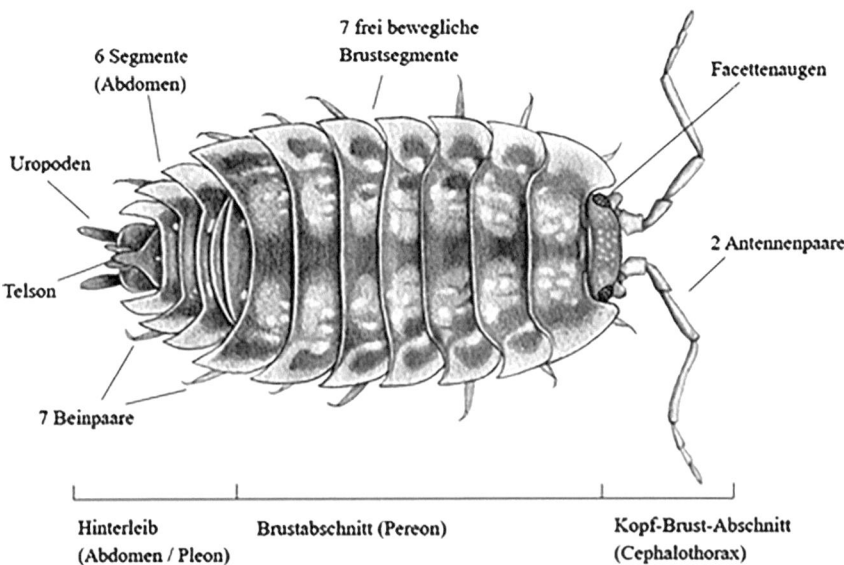

Abb. 5.1 Anatomie der Mauerassel *(Oniscus asellus)* (© Weilhartner Karin)

sind, sondern als flache Platten die Kiemen bzw. Respirationsflächen abdecken (siehe auch Abb. 5.1). Das letzte Segment läuft in einem Telson aus, welches von den beiden Uropoden flankiert wird, was eine Art Schwanzfächer bildet (Blaseio & Schomaker, 2011; Kästle & Binder, o. J.; Schmalfuss, 1998, 2003).

Atmung Landasseln sind Krebstiere, die sich physiologisch an die Lebensweise an Land angepasst haben. Allerdings sind sie aufgrund ihres marinen Ursprungs an feuchte Orte gebunden. Die Asseln besitzen unter den Pleopoden immer noch Kiemen, die ständig feucht gehalten werden müssen. Einheimische Mauerasseln besitzen nur diese Kiemen, die Sauerstoff aus dem sie umgebenden Wasser entziehen. Andere Arten wie die Kellerassel haben zusätzlich ein Trachealorgan, also Einstülpungen an den Pleopoden, an denen Luft eindringen und ins Blut gelangen kann. Dort ist eine deutliche Weißfärbung erkennbar (Weißkörper) (Hellberg-Rode, o. J.; Hornung, 2011; Schmalfuss, 1998, 2003).

Lebensweise Da Landasseln keine dem Verdunstungsschutz dienende Wachsschicht besitzen, sind sie ständig der Gefahr des Wasserverlustes ausgesetzt und daher vor allem nachts, an kühleren und feuchteren Tagen aber auch tagsüber aktiv (Biedermann, 1998). Ihre ökologische Bedeutung ist die des Destruenten und Humusbildners, da sie sich vor allem von Falllaub, Pilzen, Algen, Kot und Aas ernähren. Da sie dabei auch mineralische Bestandteile aufnehmen bildet der Kot wie bei Regenwürmern die für den Boden so wichtigen Ton-Humus-Komplexe (Raupach, 2005).

Asseln zersetzen Falllaub bzw. Blätter, indem sie es mit ihren Mundwerkzeugen in kleine Stücke zerreißen und zuerst die weichen Pflanzenteile fressen. Dabei nehmen sie vor allem das nährstoffreiche Zellgewebe auf. Das harte Blattskelett, also die stabilen Blattadern, bleibt übrig, weil es schwerer verdaulich ist und ihnen weniger Nährstoffe bietet. So bleibt nach der Zersetzung oft nur das feine Gerüst des Blattes zurück (siehe Abb. 5.2).

Asseln häuten sich, indem die Haut in der Mitte platzt und zuerst der hintere Teil der Haut abgestreift wird, danach erst der vordere. Dadurch kommt es häufig vor, dass man Asseln sieht, die „zweifarbig" erscheinen, weil sie zur Hälfte noch in der alten Haut stecken.

Fortpflanzung Nach der Paarung häuten sich die Weibchen und bilden auf der Brustunterseite einen mit Flüssigkeit gefüllten Brutraum (Marsupium), in dem sich die Eier wie in einem kleinen Aquarium entwickeln können. Erst nach dem Schlupf der Jungtiere werden diese entlassen. In diesem Stadium sind sie noch nicht vollständig entwickelt, das siebte Hauptsegment ist noch unterentwickelt und es fehlt dementsprechend das siebte Beinpaar. Erst nach den folgenden Häutungen sind alle Beine vorhanden (Biedermann, 1998; Hornung, 2011; Kästle & Binder, o. J.; Warburg, 1993).

Abb. 5.2 Von Asseln gefressenes Eichenblatt. (© Virtbauer Lisa)

Wissenshappen: Faszinierende Fakten in Kürze *Schon gewusst, dass …*

- …Asseln keine Insekten, sondern Krebstiere sind, die sich an ein Leben an Land angepasst haben? (Für viele unserer Schüler:innen ein Aha-Erlebnis, da sie sich darüber meist noch keine Gedanken gemacht haben und sie eher den Insekten zuordnen würden.)
- …Asseln zu den ältesten landlebenden Krebstieren zählen? Vermutlich haben sic sich bereits vor 360 Mio. Jahren von Wasser- zu Landasseln entwickelt.
- …Asseln zu den erfolgreichsten Landkrebsen zählen, da sie in allen Entwicklungsstadien an Land (und nicht im Wasser) überleben können?
- …die bekanntesten Asseln in unseren Breiten die Keller- und Mauerasseln sind?
- …sich nicht alle Asseln einrollen können? Nur die sogenannten Rollasseln sind dazu in der Lage.
- …es weltweit über 10.000 Asselarten gibt, die sich in Größe, Form und Farbe stark unterscheiden?
- …die meisten Assel-Arten im Wasser lebende Arten sind?
- … die größten Assel-Arten zwischen 30 und 45 cm groß werden können? Diese leben allerdings am Meeresboden des Atlantischen Ozeans (z. B.: *Bathynomus giganteus*, oft als Riesen-Assel bezeichnet).
- …immer noch neue Assel-Arten entdeckt werden? Eine der letzten Entdeckungen stammt aus dem Jahr 2022. Dabei handelt es sich um eine ca. 26 cm lange Asselart im Golf von Mexiko.
- …einige exotische Asselarten auffallend leuchtende Farben aufweisen, die bei heimischen Arten eher selten sind? Zu den bekanntesten zählt die Pillen-Asseln (Armadillidiidae), die eine Vielzahl von Farben, darunter leuchtendes Rot und Orange aufweisen können.

- …Asseln als Nützlinge gelten, da sie durch den Zersetzungsprozess abgestorbenes Pflanzenmaterial in wertvollen Humus verwandeln (wertvolle Destruenten)?
- …heimische Asseln oft als Indikatoren für eine intakte Boden- und Umweltqualität genutzt werden?
- …die Beobachtung von Asseln den Schüler:innen hilft, grundlegende Prozesse wie Zersetzung, Nährstoffkreisläufe und Anpassungsstrategien im Tierreich besser zu verstehen? (Armadillidiidae, 2025; Huang et al., 2022; ORF.At., 2022; Riesenasseln, 2025; Schmidt, 2008; Sfendourakis & Taiti, 2014)

5.2 Asseln in der Schule: Haltung, Pflege und Handling

Geeignete Arten für den Unterricht Man kann bei den Landasseln zwischen solchen, die sich zu einer Kugel zusammenrollen können (z. B. die Gemeine Rollassel: *Armadillidium vulgare*) und denen, die diese Fähigkeit nicht besitzen (Kellerassel: *Porcellio scaber* und Mauerassel: *Oniscus asellus*), unterscheiden. Ob man sich im Unterricht für einheimische Arten entscheidet oder lieber exotische Tiere einsetzen möchte, ist Geschmackssache. Beides hat Vor- und Nachteile. Die einheimischen Tiere sind einfach in der Beschaffung und man kann sie später wieder in die Natur entlassen. Man findet sie häufig unter Steinen, an feuchten Stellen unter Falllaub und Totholz. Zudem sind einheimische Tiere bekannt und man kann das Sammeln der Tiere sogar mit den Schülern gemeinsam durchführen. Dafür sind sie relativ unscheinbar und unspektakulär in ihrer Erscheinung. Exotische Asseln gibt es in vielen verschiedenen Farben und Größen und sie können bei Züchtern im Internet bestellt werden. In ihren Haltungsansprüchen sind sie alle ähnlich, manche benötigen eine etwas wärmere Umgebung, aber meist reicht Zimmertemperatur aus.

Haltung in der Schule Asseln sind recht einfach zu haltende Tiere, schon allein aufgrund ihrer geringen Körpergröße. Zur Unterbringung reicht eine einfache Kunststoffbox mit Belüftung. Die meisten Arten sind nicht in der Lage, glatte Kunststoffwände hochzuklettern, bei einigen wenigen exotischen Arten gibt es allerdings vereinzelt Ausbruchskünstler. Daher ist ein gut schließender Deckel empfehlenswert. Die ideale Größe ist in etwa die eines Schuhkartons, allgemein gilt aber, je kleiner die Box, umso anfälliger ist sie für Austrocknung und somit den Verlust der Tiere. Zur Belüftung kann man entweder mithilfe eines heißen Drahts einfache Löcher in die Box stechen, oder größere Löcher in den Deckel schneiden und mit Gaze bekleben (siehe Abb. 5.3.). Zweitens ist die bessere Lösung, wenn man das Eindringen von Taufliegen verhindern will, die gerne von Futterresten wie Obst angelockt werden (Reebig, 2019).

Der Bodengrund sollte aus einer Mischung aus Laubwaldhumus (oberste Schicht des Erdbodens, direkt unter dem Falllaub, oft von Pilzhyphen durchzogen), verrottendem Laub einheimischer Bäume, weißfaulem Holz (schon von Pilzen „vorverdautes" Holz, hell, leicht zu zerbröseln) sowie etwas Rasenkalk beste-

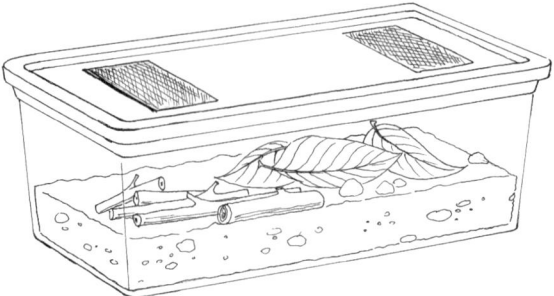

Abb. 5.3 Plastikbox für Asseln. Am Deckel wurden zwei Streifen ausgeschnitten und mit Gaze zugeklebt. (© Weilhartner Karin)

hen und etwa 5 cm hoch sein. Alle Bestandteile sollten einmal gut durchgetrocknet oder erhitzt worden sein, um keine unerwünschten Tiere einzuschleppen. Ein Teil kann mit Moos bedeckt sein, der andere mit Ästchen, die mit Flechten, Moos und Algen bewachsen sind, davon fressen die Tiere sehr gerne. Diese Äste findet man oft nach Regen und Sturm unter älteren Bäumen. Wichtig ist aber, sowohl bei weißfaulem Holz wie auch bei Zweigen nur Laubgehölze zu verwenden, da viele Arten das Harz von Nadelhölzern nicht vertragen. Auch Eichen- und Buchenlaub kann man auf den Boden legen, dieses schimmelt selten und senkt zusätzlich den pH-Wert im Boden.

Um Schimmelbildung vorzubeugen, kann man den Bodengrund mit Springschwänzen versehen, die man in Zoohandlungen kauft oder draußen selbst fängt. Die kleinen Tierchen dienen als „Bodenpolizei".

Der Boden sollte immer feucht, aber nie nass sein. Am besten man sprüht ab und zu mit einer Sprühflasche das Moos und die Bodenoberfläche auf einer Seite der Box gut an, während man die andere Seite etwas trockener belässt. So können die Tiere ihren idealen Feuchtigkeitsgradienten selbst wählen (McMonigle, 2019; Reebig, 2019).

Futter und Pflege Als Futter bietet man Flechten, Falllaub (z. B.: Eiche, Hasel, Buche, …) unbehandeltes Gemüse (z. B.: Kartoffeln, Karotten) und Flockenfutter für Fische an. Dabei sollte man immer gut darauf achten, dass kein Schimmel entsteht. Gefüttert werden muss in der Regel nur einmal pro Woche, sprühen sollte man ein bis zweimal pro Woche (Decker et al., o. J.; Grünwald, 2015).

Handling Um die Tiere hochzunehmen, eignet sich ein Pinsel oder ein kleiner Löffel ganz gut. Man kann sie aber auch sanft mit zwei Fingern aufheben, wenn man geschickt ist. Am einfachsten ist es, Tiere, die auf einem Ast oder Rindenstück sitzen, mit einem Haarpinsel vorsichtig herunterzuwischen oder das ganze Rindenstück, auf dem sich die Asseln befinden, umzusetzen.

Gesetzeslage Heimische Assel-Arten unterliegen in Deutschland und Österreich nicht dem allgemeinen Artenschutz, da sie als weit verbreitete Tiergruppe gelten (darunter z. B.: Keller-, Mauer oder Rollassel). Allerdings können einige Arten, je nach Region und Ökosystem, als gefährdet gelten, insbesondere aufgrund von Verlust ihrer Habitate oder anderen Umweltfaktoren.

Mögliche Lehrplanbezüge In der folgenden Tabelle (Tab. 5.1) werden Vorschläge für Lehrplanbezüge zum Sachunterricht in der Volksschule sowie zum Unterrichtsfach Biologie und Umweltkunde (BU) in der Sekundarstufe I und II unterbreitet, wenn lebende Asseln eingesetzt werden (RIS, 2025a, b, c).

Die in obiger Tabelle aufgeführten Inhalte können den im Lehrplan beschriebenen zentralen fachlichen Konzepten wie *Leben und Anpassung, Struktur und Funktion* oder Basiskonzepten wie *Struktur und Funktion* und *Variabilität, Verwandtschaft, Geschichte und Evolution* zugeordnet werden und der Bearbeitung dieser im Unterricht dienen.

5.3 Vorschläge für den Unterricht

A: Möglicher Ablauf einer tiergestützten Einheit mit Asseln

Eine Möglichkeit, den Unterricht mit den lebenden Asseln zu beginnen, ist eine Phantasiereise. Sie bietet zahlreiche Vorteile: Zum einen haben die Schüler:innen die Gelegenheit, in Ruhe in der aktuellen Stunde anzukommen sowie sich auf die Tiere einzustimmen. Die Imagination der Reise kann als sogenannte *„stellvertretende Vorerfahrung"* dienen, die den Schüler:innen hilft, sich positiv auf den Umgang mit den Tieren vorzubereiten (siehe Abschn. 1.7.1). Denn bei Phantasiereisen findet bereits eine Auseinandersetzung zwischen der Person selbst und dem Objekt des Erlebnisses, den Tieren, statt (Früchtnicht & Gebhard, 2021). Diese Methode stellt lediglich einen Vorschlag dar, da sie nicht für jede Lehrperson gleichermaßen geeignet ist und individuell angepasst oder modifiziert werden kann. Tipps für die Durchführung von Phantasiereisen findet man in diversen Lehrer:innen-Portalen (Adams, 2025).

Phantasiereise zum Thema Asseln: „Mach es dir bequem, schließe deine Augen atme tief ein und aus. Spüre, wie sich Ruhe in dir ausbreitet, während du ganz in diesem Moment ankommst. Stell dir vor, du betrittst eine zauberhafte Welt, in der selbst die kleinsten Lebewesen ein großes Abenteuer erleben. Mit jedem Atemzug gleitest du weiter in die faszinierende Miniaturwelt der Asseln ein – eine Welt voller Geheimnisse und kleiner Wunder, die nur darauf warten, von dir entdeckt zu werden.

Stelle dir nun vor, du befindest dich in einem geheimnisvollen, feuchten Wald, in dem das bunte Laub am Boden wie ein kleiner Dschungel wirkt. Der Boden ist weich und duftet nach feuchtem Moos und frischem Laub. Stelle dir vor, du folgst einer kleinen Assel, die leise über das Laub krabbelt. Beobachte, wie die Assel zwischen den feuchten Blättern und kleinen Steinen verschwindet und wieder auftaucht. Spüre, wie der kühle Boden unter deinen Füßen den Weg weist, und lausche dem leisen Rascheln der Natur. Lasse deiner Fantasie freien Lauf: Welche Farben und Besonderheiten entdeckst du in dieser Miniaturwelt? Wie bewegen

Tab. 5.1 Asseln im Lehrplan (VS, NMS, AHS). *falls Biologie und Umweltbildung unterrichtet wird

Schultyp	Schulstufe, Unterrichtsfach	Auszug aus dem Lehrplan
Volksschule	2. Schulstufe Sachunterricht	Tiere und Pflanzen in ihren Lebensräumen erkunden und dokumentieren sowie Wechselwirkungen beschreiben
	3. Schulstufe Sachunterricht	Bedeutung von Sonne, Luft, Wasser und Boden für Lebewesen erkennen, darüber nachdenken und Zusammenhänge erklären
	4. Schulstufe Sachunterricht	Entwicklungsstadien und Lebenszyklen bei Menschen, Tieren und Pflanzen beobachten, bestimmen und Artenvielfalt kategorisieren
	Verbindliche Übung Sachbegegnung	Tiere und Pflanzen z. B.: Pflege und Haltung von Haustieren und Nutztieren, Merkmale und Gemeinsamkeiten von bestimmten Pflanzen- und Tierarten, Naturschutz,...
Mittelschule	5. Schulstufe BU	Wechselbeziehungen zwischen Lebewesen in ihrem Lebensraum
	6. Schulstufe BU	Vielfalt und Angepasstheit an Land lebender wirbelloser Tiere in Körperstruktur und Verhalten
Allgemein-bildende Höhere Schulen	5. Schulstufe BU	Wechselbeziehungen zwischen Lebewesen in ihrem Lebensraum
	6. Schulstufe BU	Vielfalt und Angepasstheit an Land lebender wirbelloser Tiere in Körperstruktur und Verhalten
	10. Schulstufe, 4. Semester; BU	Verhaltensbiologie
	11. Schulstufe, 6. Semester; BU*	Bewegungssysteme bei Pflanzen und Tieren

sich die Asseln in ihrem Reich? Atme noch einmal tief ein und komme mit dem Ausatmen wieder in den Klassenraum zurück."

Nach der Phantasiereise wird das Arbeitsblatt mit dem Titel „*Assel-Detektive*" ausgeteilt, das den Schüler:innen in zwei Durchgängen vorgelegt wird. Zunächst kreuzen sie ihre Vermutungen zum Aussehen der Assel an und beschreiben sie, um ihr Vorwissen zu aktivieren. Anschließend erhalten sie die lebenden Asseln auf ihren Arbeitstischen oder holen sie sich selbst, um deren tatsächliches Aussehen zu beobachten und zu beschreiben. Tipp: Die Asseln in geschlossenen, aber durchsichtigen Behältern anbieten. Die Schüler:innen haben dadurch die Möglichkeit die Behälter zu öffnen, die Tiere mit der Lupe anzusehen oder in Kontakt mit ihnen zu treten. Wer dies nicht möchte, lässt die Tiere in ihren verschlossenen Behältern und kann sie dennoch beobachten.

Bevor die Kinder das anschließende Experiment mit den Asseln durchführen, werden die verschiedenen Ideen gemeinsam mit der Lehrperson besprochen. Dies kann im Plenum mit allen, oder mit den einzelnen Kleingruppen (je nachdem wie dies eingeteilt wurde) besprochen werden. Erst danach darf eigenständig experimentiert werden. Es wird untersucht, ob die im Unterricht eingesetzte Assel-Art lieber trockene oder feuchte Umgebungen bevorzugt. Danach kann mithilfe des Arbeitsblattes „*Ab in die Mitte*" untersucht werden, wie und woran sich Asseln orientieren. Schließlich werden die Tiere und Materialien weggeräumt, Tische abgewischt und die Ergebnisse und verschiedenen Herangehensweisen besprochen. Auch eine abschließende Reflexionsrunde sollte eingeplant werden (vgl. Hellberg-Rode, o.J; Janoschek, 2009; Kureck & Witte, 2020; Versuch mit Kellerasseln, 2017).

B: Regeln im Umgang mit Asseln – Zusätzlich zu jenen Regeln von Abschn. 1.4
- Wenn du eine Assel angreifen oder hochheben möchtest, so ist dies erlaubt. Du kannst dies sehr vorsichtig mit deinen Fingern machen, mit einem Pinsel oder Löffel oder einfach das Stück Rinde oder Blatt, auf dem das Tier sitzt, hochheben.
- Du kannst die Tiere auch unter der Lupe betrachten.
- Wenn du Abstand zu den Asseln haben möchtest, so kannst du sie in einem geschlossenen (am besten durchsichtigen) Behälter lassen.
- Bitte gehe vorsichtig mit den Tieren um und achte darauf, dass sie nicht zu Boden fallen.
- Setze jedes Tier wieder in den vorhergesehenen Behälter zurück.

C: Arbeitsblätter zu Asseln

Ab in die Mitte?!

Was bevorzugen deine Asseln: Den Rand oder geht's doch ab in die Mitte?

Deine Vermutung: O Sie orientieren sich am Rand.
  O Sie halten sich lieber in der Mitte des Gefäßes auf.
  O Sie werden sich überall im Gefäß aufhalten, weil es ihnen gleichgültig ist.

Mit diesem Versuch findest du es heraus:
Material: Eine Kellerassel, 2 verschiedene Gefäße: eine Petrischale (mit/ohne Deckel) sowie ein eckiges Gefäß, (Stopp-)Uhr, Stift, ev. eine Lupe

Los geht´s:
1. Gib eine Assel in die (runde) Petrischale und zeichne unten ein, wohin sich das Tier bewegt. Markiere den Startpunkt (dort, wo du die Assel hingesetzt hast) mit einem Kreuz.
   Beobachte das Tier für ca. 3 Minuten.
   Tipp: Beobachte auch, was die Asseln mit ihren Antennen macht.
2. Gib nun die Assel in ein eckiges Gefäß und zeichne ein, wo sich das Tier bewegt. Beobachte dies ebenfalls für 3 Minuten

Hier kannst du deine Beobachtungen einzeichnen:

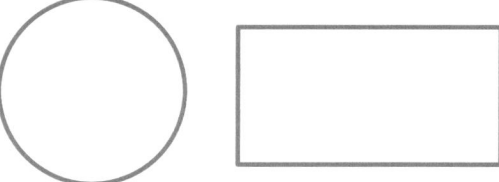

Petrischale   Eckiges Gefäß

3. Petrischale: Fasse in Worte: Befand sich das Tier mehr am Rand oder in der Mitte:
   Eckiges Gefäß: Fasse in Worte: Befand sich das Tier mehr am Rand oder in der Mitte:
4. Was schließt du aus deinen Beobachtungen bzw. war deine Vermutung richtig?
5. Was bedeutet das Ergebnis für das Leben und die Orientierung der Assel?
6. Wie könntest du den Versuch verbessern oder verändern? Was würde ein Assel-Forscher oder eine Forscherin (anders) machen?

5.4 Lösungen zu den Arbeitsblättern

Lösungen zum Arbeitsblatt „Assel-Detektive" anhand heimischer Mauer- oder Kellerasseln ausgefüllt:

Zu 1) Je nach Art: Mauerasseln haben eine graues Chitin-Außenskelett. Es wirkt körnig oder rau. Zu 2) 7 Beinpaare = 14 Beine und gehören zu den Krebstieren (über 5 Beinpaare). Zu 3) c: Der Körper der Assel ist grundsätzlich 3-geteilt, besitzt aber viele einzelne Segmente zu 4) 2 Augenpaare: Facettenaugen, die aus vielen Einzelaugen bestehen. Zu 5) 2 Antennenpaare: ein gut sichtbares, langes, ein kürzeres; zu 6) Die Antennen sind beweglich und können aktiv gesteuert werden. Sie bestehen aus mehreren Gliedern und sind flexibel, zu 7) Assel bewegen sie in verschiedene Richtungen, um ihre Umgebung zu erkunden. Die Antennen helfen der Kellerassel, ihre Umgebung durch Tastsinn und Chemorezeptoren wahrzunehmen, da sie schlecht sieht. Zu 8) mögliche Frage: Welchen Lebensraum bevorzugt unsere Asselart? Bevorzugt unsere Asselart dunkle gegenüber hellen Umgebungen? Hypothese: Unsere Asselart bevorzugt dunkle Umgebungen gegenüber hellen, da Asseln empfindlich auf Austrocknung reagieren und feuchte, schattige Orte ihnen besseren Schutz vor Wasserverlust und Fressfeinden bieten. Material: 5 bis 15 Asseln, dunkles Papier, ev. Klebestreifen, Lampe (Handy), Tabelle, Planung: eine größere, flache Kunststoffbox in eine helle und eine dunkle Hälft teilen: eine Seite abkleben, eine direkt mit Licht beleuchten. Danach mehrere Asseln (5–15 Tiere) in die Mitte hineinsetzen und nach 2, 3, 4 und 5 Min (oder im 30 Sek.-Takt) protokollieren, auf welcher Hälfte sich mehr Tiere befinden. In der letzten Spalte der Tabelle die gesamte Menge notieren, wie viele Tiere sich auf der hellen bzw. der dunklen Seite aufgehalten haben und festhalten, auf welcher Hälfte sich insgesamt mehr Tiere aufgehalten haben. Was könnte den Versuch beeinflussen: Licht scheint auch seitlich in den dunklen Bereich; der Untergrund des Behälters könnte die Asseln irritieren; z. B. Erde: möchten sich vergraben; Erde kann an manchen Stellen etwas feucht sein; Geruch des Untergrundes; Tipp: keine Küchenrolle, Wisch- oder Schwammtuch als Untergrund verwenden: die Tiere wollen sich darunter verstecken oder sind aufgrund des Geruchs und der Beschaffenheit irritiert.

Lösung zum Arbeitsblatt „Ab in die Mitte": Grundsätzlich orientieren sich Asseln an Grenzstrukturen (Blättern, Steinen, Zweigen); die Mitte wird eher selten angesteuert, da keine Strukturen zur Orientierung vorhanden sind; Mit den Fühlern halten Asseln Kontakt zu Strukturen wie Ränder oder Deckung; Asseln drücken sich bei Erschütterung des Untergrundes zu Boden um Gefahren zu vermeiden; Rundes Gefäß: Asseln bleiben am Rand. Eckiges Gefäß: Asseln bleiben am Rand oder in einer Ecke;

- Nicht immer kommt es zu den „zu erwartenden" Ergebnissen, was unterschiedliche Gründe haben kann: Die Tiere könnten an hellere Umgebungen gewöhnt sein oder unter Stress stehen. Eventuell muss überlegt werden, welche weiteren Einflüsse bestehen und der Versuch angepasst werden, zum Beispiel durch Verlängerung des Beobachtungszeitraums oder durch Verwendung mehrerer Asseln.

Literatur

Adams, S. (5. März 2025). *Fantasiereisen: Einsatz im Unterricht und Hörbeispiele*. Lehrer-Online. https://www.lehrer-online.de/unterricht/sekundarstufen/faecheruebergreifend/arbeitsmaterial/am/fantasiereisen-einsatz-im-unterricht-und-hoerbeispiele/.
Armadillidiidae (22. Januar 2025). In *Wikipedia*. https://en.wikipedia.org/wiki/Armadillidiidae.
Biedermann, W. (1998). Ökologische experimente mit asseln. *Praxis der Naturwissenschaften. Biologie, 47*(4), 6–9.
Blaseio, B., & Schomaker, C. (2011). Faszination Asseln. Kleine Tiere im Sachunterricht entdecken. *Praxis Grundschule, 34*(5), 6–7.
Decker, P., Allspach, A., Wesenberg, J., & Xylander, W. E. R. (o. J.). Bodentier-Portal zum Erleben, Erkennen, Erfassen und Erforschen. *BODENTIER hoch 4*. http://www.bodentierhochvier.de. Zugegriffen: 6. März.2025.
Früchtnicht, K., & Gebhard, U. (2021). Vom Erlebnis zur Erfahrung: Zur Bedeutung der Reflexion bei Naturerfahrungen. In U. Gebhard, A. Lude, A. Möller, & A. Moormann (Hrsg.), *Naturerfahrung und Bildung*. Springer VS. https://doi.org/10.1007/978-3-658-35334-6.
Grünwald, M. (7. November 2015). *Abfallverwertung auf 14 Beinen Biologie und Ökologie der Landasseln, einer verkannten Tiergruppe* [Präsentation]. 6. Ernst-Boll-Naturschutztag, Neubrandenburg, Deutschland. https://www.hs-nb.de/storages/hs-neubrandenburg/studiengaenge-fachbereiche/SG_NLP/Naturschutztage_Vortraege/2015/GRUENWALD_Vortrag_6.EBN_2015.pdf.
Hellberg-Rode, G. (o.J.). Assel-Werkstatt. *hypersoil*. https://hypersoil.uni-muenster.de/1/03/01.htm.
Hornung, E. (2011). Evolutionary adaptation of oniscidean isopods to terrestrial life: Structure, physiology, and behavior. *Terrestrial Arthropod Reviews, 4*, 95–130.
Huang, M.-C., Kawai, T., & Bruce, N. L. (2022). A new species of Bathynomus Milne-Edwards, 1879 (Isopoda: Cirolanidae) from the southern Gulf of Mexico with a redescription of Bathynomus jamesi Kou, Chen and Li, 2017 from off Pratas Island Taiwan. *Journal of Natural History, 56*(13–16), 885–921. https://doi.org/10.1080/00222933.2022.2086835
Janoschek, K. (2009). *Empirische Studie zum kumulativen Kompetenzaufbau des Experimentierens mit lebenden Tieren (Asseln)*. [Diplomarbeit]. u:Theses. Universität Wien. https://utheses.univie.ac.at/detail/5166.
Kästle, B., & Binder, S. (o.J.). *Bestimmungsleitfaden für die häufigsten Landasseln Deutschland*. https://www.rote-liste-zentrum.de/files/Bestimmungsleitfaden_Asseln.pdf.
Kureck, I. M., & Witte, K. (2020). Habitatwahl von Mauerasseln und Kellerasseln Wissenschaftliche Arbeitsweisen an einem konkreten Beispiel vermitteln. *BU praktisch: Das Online-Journal für den Biologieunterricht, 3*(1), 4. https://doi.org/10.4119/bupraktisch-1749.
McMonigle, O. *(2019). Isopod zoology: Biology, husbandry, species and cultivars*. Coachwhip Publications.
ORF.at (10. August 2022). Meerestiere: Riesige Tiefsee-Asselart entdeckt. *science.ORF.at*. https://science.orf.at/stories/3214540/.
Raupach, M. J. (2005). Die Bedeutung von Landasseln als Bodentiere für Insekten und andere Arthropoden. *Entomologie heute, 17*, 3–12.
Reebig, F. (2019). Assel-Magazin. *Insektenliebe*. https://insektenliebe.com/de/category/assel-magazin/.
Riesenasseln (2. Februar 2025). In *Wikipedia*. https://de.wikipedia.org/wiki/Riesenasseln.
RIS: Rechtsinformationssystem des Bundes – RIS. (17. März 2025a). *Bundesrecht konsolidiert: Gesamte Rechtsvorschrift für Lehrpläne der Mittelschulen, Fassung vom 17.03.2025*. BGBl. II Nr. 185/2012 in der Fassung von BGBl. II Nr. 280/2024. https://www.ris.bka.gv.at/GeltendeFassung.wxe?Abfrage=Bundesnormen&Gesetzesnummer=20007850.
RIS: Rechtinformationssystem des Bundes – RIS. (17. März 2025b). *Bundesrecht konsolidiert: Lehrplan der Volksschule Anl. 1, tagesaktuelle Fassung*. BGBl. Nr. 134/1963 in der Fassung

von BGBl. II Nr. 204/2024. https://www.ris.bka.gv.at/NormDokument.wxe?Abfrage=Bundesnormen&Gesetzesnummer=10009275&Artikel=&Paragraf=&Anlage=1&Uebergangsrecht=..

RIS: Rechtsinformationssystem des Bundes – RIS. (17. März 2025c). *Bundesrecht konsolidiert: Lehrpläne – allgemeinbildende höhere Schulen Anl. 1, tagesaktuelle Fassung.* BGBl. Nr. 88/1985 in der Fassung von BGBl. II Nr. 204/2024. https://www.ris.bka.gv.at/NormDokument.wxe?Abfrage=Bundesnormen&Gesetzesnummer=10008568&Artikel=&Paragraf=&Anlage=1&Uebergangsrecht=.

Schmalfuss, H. (1998). Evolutionary strategies of the antennae in terrestrial isopods. *Journal of Crustacean Biology, 18*(1), 10–24.

Schmalfuss, H. (2003). World catalog of terrestrial isopods (Isopoda: Oniscidea). *Stuttgarter Beiträge zur Naturkunde.*

Schmidt, C. (2008). Phylogeny of the terrestrial Isopoda (Oniscidea): A review. *Arthropod Systematics & Phylogeny, 66*(2), 191–226.

Sfendourakis, S., & Taiti, S. (2014). Patterns of taxonomic diversity among terrestrial isopods. *ZooKeys, 515,* 13–25.

Versuch mit Kellerasseln. (18. April 2017). In *StudyLib.* https://studylibde.com/doc/3280919/versuch-mit-kellerasseln.

Warburg, M. R. (1993). *Evolutionary biology of land isopods.* Springer.

Weichtiere: Achatschnecken oder Afrikanische Riesenschnecken

Karin Weilhartner, Lisa Virtbauer und Elena Schüssling

Warum eignen sich Achatschnecken besonders gut für den Schuleinsatz? Ihre beeindruckende Größe und die anatomische Ähnlichkeit zu heimischen Schnecken machen sie ideal für Beobachtungen und Lernzwecke. Zudem steht die größte heimische Schneckenart, die Weinbergschnecke, unter strengem Naturschutz, da sie vom Aussterben bedroht ist. Sie ist im Anhang V der Fauna-Flora-Habitat-Richtlinie (FFH-Richtlinie) der Europäischen Union gelistet und darf daher nicht aus der Natur entnommen werden (siehe Abschn. 1.8).

Schnecken gelten als wenig stressanfällig, da sie von Natur aus taub, an Erschütterungen durch ihr Leben im Boden gewöhnt und insgesamt recht genügsam in ihren Ansprüchen sind. Die Tiere lassen sich auf die Hand nehmen, füttern, sanft streicheln und sogar vorsichtig bürsten (z. B.: mit einem Pinsel oder einer Zahnbürste).

Schnecken sind nicht nur in Schulen, sondern auch in therapeutischen Einrichtungen geschätzte Begleiter. Besonders bei Kindern mit ADHS können sie beruhigend wirken, da ihre langsame, gleichmäßige Bewegung zur Entspannung und Entschleunigung beiträgt. Ihre ruhige Art hilft Patient:innen sowie Schüler:innen, zur Ruhe zu kommen und sich auf das Tier einzulassen. Bewegt sich ein Kind hastig, zieht sich die Schnecke sofort in ihr Haus zurück – eine direkte, nachvollziehbare Reaktion auf das Verhalten (Bezirkskrankenhaus Passau., o. J.)

K. Weilhartner (✉) · E. Schüssling
Fachdidaktik Biologie und Umweltkunde, Universität Salburg, Salzburg, Österreich
E-Mail: karin.weilhartner@plus.ac.at

E. Schüssling
E-Mail: elena.schuessling@plus.ac.at

L. Virtbauer
Schulbiologiezentrum Salzburg, Fachbereich Umwelt und Biodiversität, Paris Lodron Universität Salzburg, Salzburg, Österreich
E-Mail: lisa.virtbauer@plus.ac.at

© Der/die Autor(en), exklusiv lizenziert an Springer-Verlag GmbH, DE, ein Teil von Springer Nature 2025
L. Virtbauer (Hrsg.), *Lebendiges Lernen mit lebenden Tieren – Einsatz von Tieren in pädagogischen Settings,* https://doi.org/10.1007/978-3-662-70219-2_6

Zudem ermöglichen Schnecken Gespräche über Fürsorge, den Umgang mit Schwächeren und Selbstwahrnehmung. Sie zeigen eindrucksvoll, dass auch vermeintlich schwache Lebewesen besondere Stärken haben – bei den Schnecken etwa die Fähigkeit, ihr Haus zu reparieren, über scharfe Klingen zu kriechen, ohne sich zu verletzen oder kopfüber zu hängen (vgl. AMEOS Klinikum Haldensleben, 2022).

6.1 Steckbrief der Afrikanischen Achatschnecke

Systematik

Stamm: Weichtiere (*Mollusca*)
Klasse: Schnecken (*Gastropoda*)
Ordnung: Lungenschnecken (*Pulmonata*)
Teilordnung: Landlungenschnecken (*Stylommatophora*)
Familie: Afrikanische Riesenschnecken (*Achatiniidae)* mit über 200 Arten (Raut & Barker, 2002)

Besonderheiten des Körperbaus Der Schneckenkörper besteht aus einem Kopf, einem Fuß (zusammen auch als Kopffuß bezeichnet), sowie dem dorsalen Eingeweidesack, der schützend von einem Mantel umgeben ist (siehe Abb. 6.1). Zellen des Mantels bilden die kalkhaltige Schale, das „Schneckenhaus". Dieses kann bei Achatschnecken je nach Art bis zu 20 cm lang sein, durchschnittlich beträgt die Gehäusegröße allerdings etwa 10–15 cm. Vorne am Fuß befindet sich die Schleimdrüse. Achatschnecken produzieren im Vergleich zu Weinbergschnecken oder Nacktschnecken relativ wässrigen Schleim. Dieser hilft der Schnecke bei der Fort-

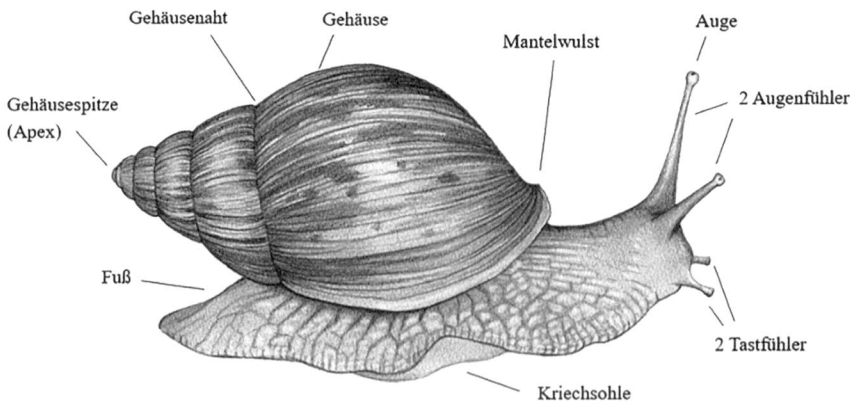

Abb. 6.1 Anatomie der Achatschnecken (*Achatiniidae*); (© Weilhartner Karin)

bewegung und schützt sie vor Austrocknung. Der muskulöse Fuß dient der Fortbewegung und zieht sich wellnförmig von hinten nach vorne zusammen. Die wellenförmige Bewegung ist sehr gut zu sehen, wenn Schnecken an der Glasscheibe entlangkriechen. Die äußeren Seitenteile bleiben dabei flach am Untergrund und sorgen für Haftung (Leiß, 2008).

Landschnecken besitzen am Kopf vier einziehbare Fühler, zwei Tast- und zwei Augenfühler. Ebenso am Kopf befinden sich der Schlund mit der Raspelzunge, die die Nahrung zerkleinert sowie die Geschlechtsöffnung, gleich hinter dem rechten Auge. Achatschnecken sind Zwitter (Hermaphroditen) und besitzen sowohl männliche als auch weibliche Geschlechtsorgane. Für die Fortpflanzung müssen sie sich dennoch gegenseitig befruchten. Danach sind allerdings beide Tiere in der Lage Eier zu legen. Je nach Art variiert die Gelegegröße zwischen 50 und 500 hartschaligen Eiern, die in Bruthöhlen in der Erde abgelegt werden.

Die wichtigsten Organe der Schnecken liegen im Eingeweidesack, der bei Achatschnecken durch das Gehäuse geschützt wird. Während einige Organe frei von Hämolymphe umspült werden, verfügen Herz und Lunge zur besseren Versorgung über feine Gefäße, welche man oft bei Jungtieren durch das noch dünne Gehäuse erkennen kann. Das Atemloch liegt am Mantelrand.

Bei ungünstigen Witterungsverhältnissen (Trockenzeiten) ziehen sich die Schnecken in ihr Gehäuse zurück und bilden ein *Epiphragma*, einen festen luftdurchlässigen Deckel aus getrocknetem Schleim und Kalk, der vor Austrocknung schützt.

Sinneszellen Die Aufnahme und Verarbeitung von Sinneseindrücken wie Geruch, Geschmack, Feuchtigkeit, Temperatur und Berührung geschieht durch Sinneszellen, die auf der Körperoberfläche verteilt sind. Besonders konzentriert sind diese Sinneszellen im Bereich des Kopfes bzw. der Fühler und Lippen. Neben den auf den Augenfühlern befindlichen Linsenaugen besitzen sie noch Lichtsinneszellen, die ebenfalls auf dem gesamten Schneckenkörper verteilt sind und zwischen hell und dunkel unterscheiden können (Leiß, 2008; Nordsieck, o. J.).

Wissenshappen: Faszinierende Fakten in Kürze *Schon gewusst, dass ...*

- ...Afrikanische Achatschnecken zu den größten Landschnecken der Welt zählen? Einige Arten können eine Gehäuselänge von bis zu 30 cm erreichen.
- ...das Gehäuse von (Achat-)Schnecken (fast) immer rechtsgewunden ist? Linksgewundene Gehäuse kommen äußerst selten vor?
- ...Achatschnecken einen zusätzlichen Sinn haben? Es handelt sich um den Tast- und Temperatursinn, dessen Zellen am ganzen Körper verteilt sind, verstärkt jedoch an der Kriechsohle und am Kopfbereich.
- ...Schnecken nicht rückwärts kriechen können? Die Wellenförmigen Bewegungen können nur in eine Richtung verlaufen. Wenn eine Schnecke die Richtung ändern möchte, so muss sie sich drehen.
- ...manche Arten der Achatschnecken als Delikatesse gelten?

- …eine einzige Achatschnecke pro Jahr mehrere Hundert Eier legen kann, was sie zu einer besonders invasiven Art macht?
- …ihr Schleim nicht nur der Fortbewegung dient, sondern diesem auch heilende Eigenschaften nachgesagt werden und in der Kosmetikindustrie verwendet wird?
- … sie unter optimalen Bedingungen in Gefangenschaft bis zu 10 Jahre alt werden können? Das ist für ein vergleichsweise kleines Tier ziemlich alt.
- …Forschungen zeigen, dass Achatschnecken lernfähig sind und sich an bestimmte Muster erinnern, z. B. wo Nahrung zu finden ist?
- …Achatschnecken in z. B.: Hawaii als Haustiere verboten sind, da sie als invasive Art gelten?
- …Achatschnecken Verletzungen an ihrem Gehäuse ausbessern können? Ist die Verletzung nicht zu groß, so wird diese mit einem Schleim-Kalk-Gemisch von innen nach außen zu repariert. Dieser Vorgang kann je nach Größe des Schadens mehrere Tage bis Wochen dauern. Die neue Schicht ist zunächst dünn und oft heller als der Rest des Gehäuses, härtet aber mit der Zeit aus (Heil et al., 2020; Leiß, 2008; Nordsieck, o. J.).

6.2 Schnecken in der Schule: Haltung, Pflege und Handling

Haltung in der Schule Man kann Achatschnecken in Terrarien, Aquarien und Kunststoffboxen halten. Die einfachste Haltungsform ist die in Boxen, da sich die Feuchtigkeit darin gut hält. Will man die Tiere aber beobachten, muss man auf ein Aquarium mit Deckel oder ein Terrarium ausweichen.

Das Wichtigste bei der Schneckenhaltung ist die Luftfeuchtigkeit. Da diese sehr hoch sein sollte, ist ein gutes Zeichen eine beschlagene Scheibe. Wenn man dies schwer erreicht, kann man die Lüftungsgitter abkleben. Tägliches Sprühen ist für die Schnecken die wichtigste Pflegemaßnahme, ein Hygrometer hilft dabei, die Luftfeuchtigkeit im Auge zu behalten.

Der Bodengrund sollte mindestens so hoch sein wie die Länge der Schneckengehäuse, damit sich die Tiere gut vergraben können. Als Substrat eignet sich ungedüngte Blumenerde oder Kokoshumus. Beides muss mit Rasenkalk (Calciumcarbonat: $CaCO_3$) versehen werden, um einen sauren ph-Wert und damit ein Auflösen des Schneckengehäuses zu verhindern. Der Boden sollte nicht zu nass sein, da es sonst zu Wachstumsschäden am Gehäuse kommen kann. Mit der Zeit wird der Boden feucht und matschig, daher muss er regelmäßig ausgetauscht werden. Das regelmäßige Entfernen von Kot und Speiseresten hilft gegen unangenehme Gerüche, ebenso nützlich sind Mitbewohner wie Asseln und Springschwänze, die sich um organische Reste kümmern. Das kann dafür sorgen, dass die Abstände, in denen der Bodengrund gewechselt werden muss, etwas verlängert werden können.

Um den Tieren eine konstant warme Temperatur zu gewährleisten, sollte man das Terrarium/die Box mit einer Wärmematte beheizen. Diese darf sich allerdings auf keinen Fall unterhalb befinden, da sich Schnecken zur Abkühlung eingraben wollen. Am besten sollte die Wärmematte an einer der Seitenwände angebracht sein, damit die Tiere sich die Wärmezone selbst aussuchen können. Die benötigte Wärme hängt von der gehaltenen Schneckenart ab. Eine durchgehende Temperatur von 22–24 °C ist für die gängigsten Arten ideal (Leiß, 2008).

Eine Lichtquelle benötigen die Schnecken nicht, es sei denn, man hat echte Pflanzen im Terrarium. Meist ist es allerdings nur eine Frage der Zeit, bis die Tiere diese zerstört haben, außerdem bieten die Wurzelballen der Pflanzen perfekte Versteckmöglichkeiten für Ei-Pakete und erschweren dadurch die Suche nach ungewollten Schneckeneiern.

Die Einrichtung sollte aus mehreren Versteckmöglichkeiten, einer Wasserschale zum Baden, einer Futterschale und einer Kalkquelle (z. B.: Sepiaschale) bestehen. Wichtig ist, dass sich keine harten Gegenstände im Terrarium befinden, damit sich die Tiere beim Herabfallen nicht verletzen können. Brüche am Haus können schnell das Todesurteil für eine Schnecke bedeuten. Moos und Laub wird von den Schnecken auch sehr geschätzt, man kann das Moos auch unter die Erde mischen, um die Luftfeuchtigkeit zusätzlich zu erhöhen.

Die Ideale Haltungsart ist die Kleingruppenhaltung (3–5 Tiere) in einem möglichst großen Terrarium (min. 80×50 × 50 cm). Je enger die Tiere leben, desto schneller versumpft das Terrarium und desto mehr Aufwand stellt es dar (Tierschutzombudsstelle Wien, o. J.).

Futter und Pflege Neben dem täglichen Wasserwechsel, Füttern und Sprühen ist es zudem noch wichtig, die Erde regelmäßig nach Bruthöhlen zu durchsuchen. Dabei sollte die gesamte Erde umgegraben werden, da die Schnecken ihre Eier in die unmöglichsten Ritzen und sogar in Blumentöpfe legen. Die Eier müssen umgehend eingefroren und entsorgt werden, da es sehr schwierig ist, für unbeabsichtigten Nachwuchs Interessenten zu finden. Als Futter eignet sich jegliches Gemüse und die meisten Obstsorten. Das Grünfutter sollte ungespritzt sein und gewaschen werden. Was die Schnecken am liebsten fressen, ist oft individuell verschieden, besonders beliebt sind Salat und Gurke. Aber auch Champignons, Wassermelone, Süßkartoffel Banane und Aubergine sind Beispiele für beliebtes Futter. Zusätzlich benötigen die Tiere regelmäßig tierische Proteine wie Flockenfutter für Fische oder getrocknete Mehlwürmer oder Gammarus. Wichtig beim Futter ist nur, dass kein Kupfer oder Salze enthalten sind. Auch sehr säurehaltige Lebensmittel sind schädlich (Leiß, 2008; Tierschutzombudsstelle Wien,o. J.).

Handling Das Handling der Schnecken ist relativ einfach, wenn man ein paar kleine Dinge beachtet. Niemals sollte man eine festsitzende Schnecke am Haus hochziehen. Immer mit der Hand oder einem Finger unter den Fuß greifen und das Tier vorsichtig hochnehmen. Zudem muss man wissen, dass das Haus vorne an der Mündung am weichsten und empfindlichsten ist. Das Haus ist daher immer möglichst weit hinten Richtung Gehäusespitze anzufassen. Wenn man die Schnecke Kindern in die Hand gibt, sollte das am besten direkt über dem Boden passieren, sodass das Tier im Fall eines Absturzes nicht tief fallen kann. Sollte es dennoch einmal zu einem Unfall kommen und das Haus brechen, ist es in einigen Fällen noch möglich das Tier zu retten. Bruchstellen und größere Schäden können mit Eierschalen und Leukoplast verschlossen werden, bis die Schnecke das Gehäuse wieder selbst repariert hat. Kleine Schäden repariert die Schnecke meist von allein (Heil et al., 2020).

Gesetzeslage In Deutschland und Österreich ist die Haltung von Afrikanischen Achatschnecken erlaubt. (Verboten ist diese z. B. in weiten Teilen der USA, Australien oder Kanada. Teilweise ist sogar deren Einfuhr untersagt, da sie als invasive Art gelten und erhebliche Schäden an der Landwirtschaft verursachen können). Ende 2024 erschienen in Österreich und Deutschland mehrere Zeitungsartikel, die vor möglichen Krankheitsübertragungen durch Achatschnecken warnten. Einige Bundesländer empfahlen daraufhin, diese Schnecken nicht mehr in (elementar-)pädagogischen Einrichtungen zu halten. In der Originalstudie, auf welche sich die Zeitungsartikel berufen hatten, wird darauf hingewiesen, dass Achatschnecken als potenzielle Zwischenwirte für den Ratten-Lungenwurm (*Angiostrongylus cantonensis*) dienen können, der beim Menschen eine Hirnhautentzündung auslösen kann (Gippet et al., 2023). Allerdings betonen Expert:innen, dass der Ratten-Lungenwurm hauptsächlich in tropischen und subtropischen Regionen vorkommt, da er für seine Entwicklung dauerhaft hohe Temperaturen benötigt, die in Mitteleuropa nicht gegeben sind. Zudem werden hierzulande gehaltene Achatschnecken oft über längere Zeit in Terrarien gezüchtet und haben keinen Kontakt zu infizierten Ratten, wodurch das Risiko einer Übertragung des Parasiten gering ist.

Wie beim Umgang mit allen Lebewesen sollten Hygienestandards eingehalten werden, um potenzielle Gesundheitsrisiken zu minimieren.

Mögliche Lehrplanbezüge In der folgenden Tabelle (Tab. 6.1) werden Vorschläge für Lehrplanbezüge zum Sachunterricht in der Volksschule sowie zum Unterrichtsfach Biologie und Umweltkunde (BU) in der Sekundarstufe I und II unterbreitet, wenn lebende Schnecken eingesetzt werden (RIS, 2025a, b, c).

Die obig beschriebenen Inhalte können den in den Lehrplänen beschriebenen zentralen fachlichen Konzepten *Leben und Anpassung, Struktur und Funktion* (VS und Sek I) oder den Basiskonzepten *Struktur und Funktion* und *Variabilität, Verwandtschaft, Geschichte und Evolution* (Sek II) zugeordnet werden und zur Erarbeitung dieser im Biologieunterricht herangezogen werden.

6.3 Vorschläge für den Unterricht

A: Möglicher Ablauf einer tiergestützten Einheit mit Achatschnecken

Im dritten Teil des Buches wird ein Vorschlag für einen Unterricht bzw. ein Experimentieren mit Achatschnecken vorgestellt sowie Eindrücke vom Ablauf geteilt (siehe Abschn. 11).

B: Regeln im Umgang mit Achatschnecken – Zusätzlich zu jenen Regeln von Abschn. 1.4

Tab. 6.1 Afrikanische Achatschnecken im Lehrplan (VS, NMS, AHS). *falls Biologie und Umweltbildung unterrichtet wird

Schultyp	Schulstufe, Unterrichtsfach	Auszug aus dem Lehrplan
Volksschule	2. Schulstufe Sachunterricht	Tiere und Pflanzen in ihren Lebensräumen erkunden und dokumentieren sowie Wechselwirkungen beschreiben
	3. Schulstufe Sachunterricht	Bedeutung von Sonne, Luft, Wasser und Boden für Lebewesen erkennen, darüber nachdenken, Zusammenhänge erklären
	4. Schulstufe Sachunterricht	Entwicklungsstadien und Lebenszyklen bei Menschen, Tieren und Pflanzen beobachten, bestimmen und Artenvielfalt kategorisieren
	Verbindliche Übung Sachbegegnung	Tiere und Pflanzen zB Pflege und Haltung von Haustieren und Nutztieren, Merkmale und Gemeinsamkeiten von bestimmten Pflanzen- und Tierarten, Naturschutz,…
Mittelschule	5. Schulstufe BU	Wechselbeziehungen zwischen Lebewesen in ihrem Lebensraum
	6. Schulstufe BU	Vielfalt und Angepasstheit an Land lebender wirbelloser Tiere in Körperstruktur und Verhalten
Allgemein-bildende Höhere Schulen	5. Schulstufe BU	Wechselbeziehungen zwischen Lebewesen in ihrem Lebensraum
	6. Schulstufe BU	Vielfalt und Angepasstheit an Land lebender wirbelloser Tiere in Körperstruktur und Verhalten
	10. Schulstufe, 4. Semester BU	Verhaltensbiologie
	11. Schulstufe, 6. Semester BU*	Bewegungssysteme bei Pflanzen und Tieren

- Achatschnecken sind langsame Tiere – versuche Geduld zu haben, wenn sie sich nicht gleich bewegen.
- Es ist erlaubt die Tiere anzugreifen: mit deiner Hand oder auch mit einem Pinsel.
- Gehe sorgfältig und respektvoll mit den Tieren um: z. B.: nicht am Gehäuse reißen.

- Wenn sich die Schnecke auf einem Untergrund festgesaugt hat, dann darf sie nicht am Gehäuse hochziehen, sondern muss den Fuß des Tieres vorsichtig mit einem Finger lösen.
- Halte die Schnecke beim Tragen immer mit beiden Händen, damit sie sicher gestützt ist und nicht herunterfallen kann. (Wenn die Schnecke fällt, so kann ihr Gehäuse brechen).
- Achatschnecken reagieren auf Erschütterungen, versuche daher, deine Hand möglichst ruhig zu halten, wenn du die Schnecke hältst. Du kannst deine Hand zum Beispiel auf der Tischplatte ablegen.
- Die Schnecken dürfen nur mit den vorgesehenen Lebensmitteln – zum Beispiel einer Banane – gefüttert werden.

Literatur

AMEOS Klinikum Haldensleben. (21. Juni ,2022). *Tiertherapie – Wie Schnecken heilen können*. https://www.ameos.de/klinikum-haldensleben/aktuelles/nachrichten/artikel/tiertherapie-wie-schnecken-heilen-koennen/.

Bezirkskrankenhaus Passau. (o. J.). *Schnecken*. https://www.bkh-passau.de/tiergestuetzte-therapie/schnecken/. Zugegriffen: 28. März.2025.

Gippet, J. M. W., Bates, O. K., Moulin, J., & Bertelsmeier, C. (2023). The global risk of infectious disease emergence from giant land snail invasion and pet trade. *Parasites & Vectors, 16*, 363. https://doi.org/10.1186/s13071-023-06000-y.

Heil, I. U., Franken, S., & Bohrmann, J. (2020). Schnecken in der Schule. Haltung und Langzeitbeobachtung der Großen Achatschnecke Achatina fulica. *BU praktisch: Das Online-Journal für den Biologieunterricht, 3*(1), 5. https://doi.org/10.4119/bupraktisch-3219.

Leiß, A. (2008). Art für Art – Terraristik. *Achatschnecken: Die Familie Achatinidae*. Natur und Tier.

Nordsieck, R. (o.J.). *Landschnecken*. https://www.weichtiere.at. Zugegriffen: 21. März 2025.

Raut, S. K., & Barker, G. M. (2002). *Achatina fulica* Bowdich and other Achatinidae as pests in tropical agriculture. In G. M. Barker (Hrsg.), *Molluscs as crop pests* (S. 55–114). CABI. https://doi.org/10.1079/9780851993201.0055

RIS: Rechtsinformationssystem des Bundes – RIS. (17. März 2025a). *Bundesrecht konsolidiert: Gesamte Rechtsvorschrift für Lehrpläne der Mittelschulen, Fassung vom 17.03.2025*. BGBl. II Nr. 185/2012 in der Fassung von BGBl. II Nr. 280/2024. https://www.ris.bka.gv.at/GeltendeFassung.wxe?Abfrage=Bundesnormen&Gesetzesnummer=20007850.

RIS: Rechtinformationssystem des Bundes – RIS. (17. März 2025b). *Bundesrecht konsolidiert: Lehrplan der Volksschule Anl. 1, tagesaktuelle Fassung*. BGBl. Nr. 134/1963 in der Fassung von BGBl. II Nr. 204/2024. https://www.ris.bka.gv.at/NormDokument.wxe?Abfrage=Bundesnormen&Gesetzesnummer=10009275&Artikel=&Paragraf=&Anlage=1&Uebergangsrecht=.

RIS: Rechtsinformationssystem des Bundes – RIS. (17. März 2025c). *Bundesrecht konsolidiert: Lehrpläne – allgemeinbildende höhere Schulen Anl. 1, tagesaktuelle Fassung*. BGBl. Nr. 88/1985 in der Fassung von BGBl. II Nr. 204/2024. https://www.ris.bka.gv.at/NormDokument.wxe?Abfrage=Bundesnormen&Gesetzesnummer=10008568&Artikel=&Paragraf=&Anlage=1&Uebergangsrecht=.

Tierschutzombudsstelle Wien (o.J.). Merkblatt zur Haltung von Achatschnecken. https://www.tieranwalt.at/fxdata/tieranwalt/prod/media/Merkblatt-Achatschnecke.pdf.

Insekten: Stab- und Gespenstschrecken

Karin Weilhartner, Lisa Virtbauer und Elena Schüssling

Warum sind Stab- und Gespenstschrecken geeignete Schultiere? Stab- und Gespenstschrecken begeistern Schüler:innen durch ihr faszinierendes Erscheinungsbild und ihr ruhiges Verhalten. Gleichzeitig sind sie besonders pflegeleicht und einfach in der Haltung. Da sie weder beißen noch stechen können, lassen sie sich problemlos auf der Hand halten und beobachten. Trotz ihrer Namensähnlichkeit sind sie mit Heuschrecken nicht verwandt und besitzen kein Sprungvermögen. Zudem sind die meisten Arten flugunfähig. Tagsüber bewegen sie sich kaum, was eine geduldige und genaue Betrachtung ermöglicht.

Besonders spannend ist ihre Tarnung: Setzt man sie auf Äste oder Blätter, verschmelzen sie nahezu mit ihrer Umgebung. Dies schult nicht nur die Wahrnehmung, sondern fördert auch Geduld, Konzentration und ein aufmerksames Beobachten – wertvolle Fähigkeiten für den Unterricht.

7.1 Steckbrief von Stab- und Gespenstschrecken

Systematik

Stamm: Gliederfüßer *(Arthropoda)*
Unterstamm: Sechsfüßer *(Hexapoda)*

K. Weilhartner (✉) · E. Schüssling
Fachdidaktik Biologie und Umweltkunde, Universität Salburg, Salzburg, Österreich
E-Mail: karin.weilhartner@plus.ac.at

E. Schüssling
E-Mail: elena.schuessling@plus.ac.at

L. Virtbauer
Schulbiologiezentrum Salzburg, Fachbereich Umwelt und Biodiversität, Paris Lodron Universität Salzburg, Salzburg, Österreich
E-Mail: lisa.virtbauer@plus.ac.at

© Der/die Autor(en), exklusiv lizenziert an Springer-Verlag GmbH, DE, ein Teil von Springer Nature 2025
L. Virtbauer (Hrsg.), *Lebendiges Lernen mit lebenden Tieren – Einsatz von Tieren in pädagogischen Settings,* https://doi.org/10.1007/978-3-662-70219-2_7

Klasse: Insekten *(Insecta)*
Ordnung: Gespenstschrecken *(Phasmatodea):* über 3500 bekannte Arten, in Europa gibt es etwa 17 verschiedene Arten

Besonderheiten des Körperbaus Gespenstschrecken zeigen die typischen Insektenmerkmale, ihre Körperform sticht aber zusätzlich durch die Größe und die optische Anpassung an Pflanzenteile (Phytomimese) hervor (siehe auch Abb. 7.1). Je nach Körperform werden bestimmte Arten auch „Wandelnde Blätter" oder „Stabschrecken" genannt. Im Gegensatz zu den Heuschrecken besitzen Gespenstschrecken keine Sprungbeine, sie sind daher nicht in der Lage zu springen. Die an den Tarsen der Schreitbeine angeordneten Haftpolster und Krallen ermöglichen den Tieren eine Haftung auf glatten, senkrechten Oberflächen, während sie bei Bewegungen auf ebenem Gelände nicht haften (University of Cambridge, 2014). Bei den Phasmiden ist fast immer ein deutlicher Geschlechtsdimorphismus zu beobachten, die Männchen sind durchwegs kleiner und schlanker als die Weibchen. Zudem besitzen die Männchen im Gegensatz zu den Weibchen oft Flügel. Auch die Färbung kann unterschiedlich sein.

Um beim Fressen die Tarnung nicht aufzugeben, wird nur der Kopf am Blattrand entlang bewegt. Die Mundwerkzeuge sind vom beißend-kauenden Typ. Gespenstschrecken besitzen zwei Antennen, die je nach Art sehr kurz bis sehr lang sein können. Die Facettenaugen sind klein bis mittelgroß, männliche Tiere können zusätzlich Ocellen besitzen. Oft sind auf dem Kopf zusätzlich dornenartige Fortsätze oder kleine „Hörnchen" zu sehen.

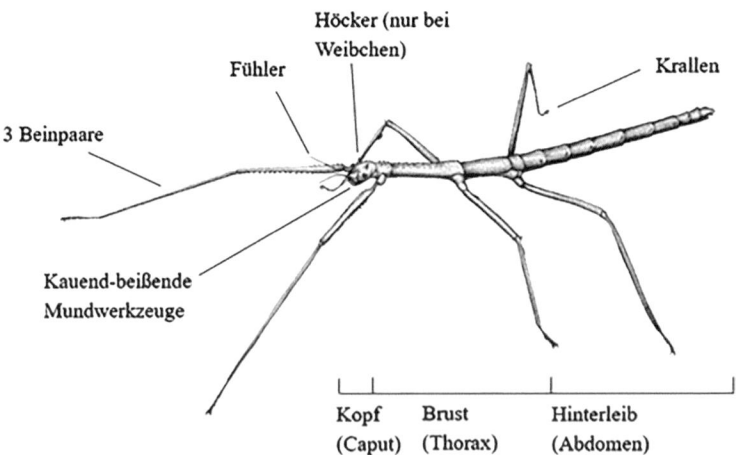

Abb. 7.1 Anatomie der Annam-Stabschrecke *(Medauroidea extradentata)*. (© Weilhartner Karin)

Ein charakteristisches Merkmal der Phasmiden ist der sehr kurze Prothorax, an dem sich die Öffnungen der bei vielen Arten aktiven Wehrdrüsen befinden. Das längste Körpersegment ist der Mesothorax. Die Flügel können vollständig ausgebildet, stark reduziert oder gar nicht ausgebildet sein.

Passive und aktive Verteidigung Gespenstschrecken sind reine Pflanzenfresser, die sich meist tagsüber auf ihren Futterpflanzen oder in deren unmittelbarer Umgebung verstecken und erst nachts zu fressen beginnen.

Manche Arten sind in der Lage, sich mittels übelriechender Sekrete aktiv gegen Feinde zu verteidigen, die meisten sind völlig wehrlos und vertrauen vollständig auf ihre gute Tarnung (Mimese) oder imitieren wehrhaftere Insekten (Mimikry). Zusätzliche Strategien sind die starre Ruhehaltung (Katalepsie) und das gezielte, beabsichtigte Abwerfen von Gliedmaßen zur Ablenkung von Fressfeinden (Autotomie) (Fritzsche, 2007).

Fortpflanzung In der Natur vermehren sich Gespenstschrecken zweigeschlechtlich. In Ermangelung männlicher Tiere sind allerdings viele Arten dazu fähig, sich parthenogenetisch, also mittels Jungfernzeugung zu vermehren. Die weiblichen Tiere legen dabei unbefruchtete Eier aus denen Klone schlüpfen. Die Eier, die entweder fallen gelassen, an Pflanzen angeheftet oder ins Substrat abgelegt werden, sehen oft aus wie Pflanzensamen. Nach ein paar Wochen oder Monaten schlüpfen dann die Larven, die nach mehreren Häutungen zu ausgewachsenen Insekten heranwachsen (unvollständige Verwandlung) (Fritzsche, 2007; Schwerdtfeger, o. J.).

Wissenshappen: Faszinierende Fakten in Kürze *Schon gewusst, dass ...*

- …Gespenstschrecken Meister der Tarnung sind? Ihre Körperform und Färbung lassen sie wie Äste, Blätter oder Dornen aussehen (Tarnen = Mimese).
- …manche Gespenstschrecken-Arten auch andere Tiere imitieren (Täuschen = Mimikry)? Die Australische Gespenstschrecke *(Extatosoma tiaratum)* imitiert beispielsweise das Verhalten und die Körperhaltung von Skorpionen. Wenn sie sich bedroht fühlt, hebt sie den Hinterleib über den Körper und krümmt ihn nach vorne – ähnlich wie ein Skorpion mit seinem Stachel.
- …einige Gespenstschrecken-Arten Eier legen, die wie Pflanzensamen aussehen? Dadurch werden sie nicht als Nahrung erkannt und bleiben unentdeckt. Oder sie werden von Ameisen-Arten in ihren Bau transportiert, können aber von den Ameisen nicht geöffnet werden und haben im Bau perfekte Bedingungen zur Entwicklung im Ei *(Extatosoma tiaratum)*.
- …sich einige Gespenstschrecken-Arten bei Gefahr totstellen? Sie lassen sich regungslos fallen oder verharren bewegungslos, um Fressfeinde zu täuschen.
- …manche Gespenstschrecken-Arten bei Bedrohung ihre Beine (nach vorne) heben und sich dadurch größer und bedrohlicher machen?
- …Gespenstschrecken keine Heuschrecken sind? Trotz ihres Namens gehören sie nicht zur Familie der Heuschrecken und können nicht springen.

- …Gespenstschrecken bei der Häutung (oder durch Verletzungen) manchmal ihre Beine verlieren können, diese aber in jungen Stadien nachwachsen können? Teilweise wachsen die Beine innerhalb zweier Häutungen nach.
- …Gespenstschrecken auch gezielt ihre Beine abwerfen können? Sie haben eine sogenannte Sollbruchstelle am Bein, an welcher dieses abgeworfen wird um z. B.: Feinden zu entkommen (= Autotomie).
- …einige Arten über 30 cm lang werden können? Besonders große Vertreter sind zum Beispiel die Riesengespenstschrecke *(Phobaeticus kirbyi)*.
- …Gespenstschrecken keine Geräusche machen können? Im Gegensatz zu Heuschrecken zirpen oder singen sie nicht.
- …sie sich mit einem speziellen Wippen oder Pendeln im Wind bewegen? Um so wenig wie möglich im Geäst aufzufallen, imitieren sie das natürliche Schwanken von Blättern und Ästen im Wind.
- …manche Gespenstschrecken über ein Jahr lang leben können? Je nach Art beträgt ihre Lebensdauer zwischen mehreren Monaten und über einem Jahr. Für ein Insekt ist das ganz schön lange.
- …Stab- und Gespenstschrecken nach der Häutung ihre eigene Haut fressen? Diese enthält Proteine, die die Schrecke wiederverwertet.
- …sich sehr viele Arten auch ohne Männchen fortpflanzen können? Dies nennt man „Jungfernzeugung". Unbefruchtete Weibchen legen Eier, aus denen später ausschließlich weibliche Stabheuschrecken schlüpfen. Es gibt sogar Stabheuschrecken-Arten, bei denen Wissenschaftler:innen noch nie ein Männchen gefunden haben (Conle et al., o. J.; Fritzsche, 2007; Hadley, 2024).

7.2 Gespenstschrecken in der Schule: Haltung, Pflege und Handling

Geeignete Arten für den Unterricht Als Einsteigerart eignet sich die Annam-Stabschrecke *(Medauroidea extradentata),* die pflegeleicht und im Unterricht vielfältig einsetzbar ist. Sie ist ein perfektes Beispiel für Mimese, zeigt, wenn beide Geschlechter vorhanden sind, deutlichen Geschlechtsdimorphismus und hält sich, auf einem Ast platziert, perfekt still. Die Australische Gespenstschrecke *(Extatosoma tiaratum)* ist eine beliebte Einsteigerart, vor allem wegen ihres exotischen Aussehens. Eine besondere Eigenschaft dieser Art ist ihre Fähigkeit, sich im Laufe des Lebens farblich zu verändern, um sich an die äußeren Bedingungen anzupassen. Durch eine helle oder dunkle Gestaltung des Terrariums lassen sich diese Veränderungen gezielt beobachten, was ein faszinierendes Langzeitexperiment ermöglicht. Diese Art bietet vielseitige Möglichkeiten für den Unterricht, da sie mehrere spannende biologische Phänomene vereint. Neben dem ausgeprägten Geschlechtsdimorphismus zeigt sie nicht nur Mimese, sondern auch Mimikry: Die Jungtiere ahmen vor ihrer ersten Häutung Ameisen der Gattung *Leptomyrmex* nach. Dadurch lassen sich verschiedene Themen wie Tarnung, Täuschung und Entwicklungsbiologie anschaulich vermitteln (vgl. auch Schulbiologiezentrum Hannover, o. J.).

Wandelnde Blätter (Familie *Phylliidae*) sind aufgrund ihres ästhetischen Erscheinungsbildes besonders beliebt. Auch bei ihnen ist die Mimese besonders deutlich ausgeprägt. Die Flügel der Weibchen dienen ausschließlich der Tarnung, während nur die Männchen flugfähig sind. Die Imitation ist so perfektioniert, dass selbst feine Blattadern nachgebildet werden. Die Haltung dieser Art erfordert etwas mehr Aufwand, da für eine erfolgreiche Zucht bestimmte Parameter wie Mindesttemperatur und Luftfeuchtigkeit präzise eingehalten werden müssen – gleichzeitig ist eine gute Belüftung essenziell. Zudem reagieren sie empfindlich auf Schimmelbildung. Weitere geeignete Arten sind beispielsweise die Rosa-Geflügelte Stabschrecke *(Sipyloidea sipylus)*, deren hervorragende Tarnung auf Gräsern und Getreidearten immer wieder fasziniert. Ebenso sind die Kleine *(Aretaon asperrimus)* und die Große Dorngespenstschrecke *(Eyrycantha calcarata)* gut für Anfänger:innen geeignet. Ihr robustes Erscheinungsbild erinnert an kleine ‚Ritter', während ihre Dornenfortsätze sie einem Rosendornenzweig ähneln lassen.

Haltung in der Schule Da fast alle Phasmiden wärmeliebende, tropische Arten sind, benötigen sie eine Mindesttemperatur um sich gut zu entwickeln. Pflegeleichte Arten wie die Australische Gespenstschrecke *(Extatosoma tiaratum)* oder die Annam-Stabschrecke *(Medauroidea extradentata)* sind nicht so empfindlich, ihnen reicht Zimmertemperatur. Wandelnde Blätter hingegen benötigen eine Wärmematte, die das Terrarium auf 23–27°C aufwärmt. Ein anderer wichtiger Faktor bei der Haltung von Gespenstschrecken ist die Luftfeuchtigkeit. Ist diese zu gering, können Probleme bei der Häutung auftreten, was in verkrüppelten Tieren resultiert. Besonders bei den Wandelnden Blättern sollte gut auf eine ausreichend hohe Luftfeuchtigkeit von 60–80 % geachtet werden. Wichtig ist daher bei der täglichen Pflege das ausgiebige Besprühen der Futterpflanzen mit Wasser (Fritzsche, 2007; Hennemann & Conle, 2024; Schwerdtfeger, o. J.).

Die Terrariengröße ist abhängig von der Anzahl und Größe der gehaltenen Tiere. Für zwei bis drei Tiere reicht ein kleines Terrarium von $60 \times 30 \times 30$ cm, wenn man eine größere Gruppe halten will oder vor hat zu züchten, sollte man aber besser gleich ein größeres Terrarium wählen. Ist es zu eng, können sich die Tiere gegenseitig bei der Häutung stören, außerdem ist dann weniger Platz für Futter und es muss öfter aufgestockt werden.

Der Bodengrund ist den meisten Arten nicht besonders wichtig, nur solche, die ihre Eier in das Substrat legen wollen (z. B. Dorngespenstschrecken) benötigen eine dickere Substratschicht von etwa 5 cm. Dafür eignet sich ungedüngte Blumenerde oder Kokoshumus.

Futter und Pflege Als Futter eignen sich bei vielen Arten Rosengewächse wie Brombeere, Kratz- und Himbeere, zudem verschiedene Laubbäume wie Hasel, Buche, Eiche und Obstbäume. Die Kratzbeere hat den Vorteil, dass sie wintergrün ist, das heißt, man findet auch im Winter frisches Futter. Die Äste stellt man in eine Vase mit enger Öffnung, die man zusätzlich noch mit etwas Watte zustopfen kann, um das Ertrinken der Tiere zu verhindern.

Zur regelmäßigen Pflege gehört das Besprühen der Futterpflanzen, zum einen um eine Minimalluftfeuchtigkeit zu gewährleisten und zum anderen nutzen die Tiere die Tröpfchen als Wasserquelle.

Bei manchen Arten ist es notwendig regelmäßig die Eier abzusammeln und einzufrieren, da sie sich sonst explosionsartig vermehren können. Um das Absammeln der Eier einfacher zu machen, kann man anstelle von Erdsubstrat einfach Küchenpapier am Terrarienboden auslegen, welches man dann regelmäßig mitsamt dem Kot und den Eiern entfernt. Um die Population zu erhalten kann man einige Eier in feuchtem Substrat aufziehen (Fritzsche, 2007).

Handling Beim Handling der Tiere muss man aufpassen, die Tiere vorsichtig vom Untergrund abzulösen, da sie sich mit ihren Beinen sehr gut am Untergrund festhalten können und bei starkem Zug Gliedmaßen verlieren können. Am besten fährt man mit einer Hand unter die Beine und hält mit zwei Fingern der anderen Hand das Tier an der Brust fest. Man kann die Tiere auch einfach anstupsen und selbstständig auf die Hand laufen lassen. Ein Vorteil der Tarnstrategie der Gespenstschrecken ist, dass sie sich, hat man sie erst einmal auf einem Ast abgesetzt, so gut wie nicht mehr bewegen. Dadurch können sie gut beobachtet, abgezeichnet und mit der Lupe untersucht werden (Schulbiologiezentrum Hannover, o. J.).

Gesetzeslage Gespenstschrecken fallen nicht unter die Anhänge des Washingtoner Artenschutzübereinkommens (CITES) oder die Verordnung (EG) Nr. 338/97, die den Handel mit gefährdeten Arten regeln. Daher gibt es für ihre Haltung und den Kauf in Österreich keine spezifischen artenschutzrechtlichen Beschränkungen. Dennoch ist es wichtig, sich vor dem Erwerb über die genaue Art zu informieren, da einige exotische Insektenarten in anderen Ländern geschützt sein könnten. Unabhängig vom Artenschutzstatus unterliegt die Haltung von Gespenstschrecken, wie auch allen anderen Tieren, den allgemeinen tierschutzrechtlichen Bestimmungen Österreichs.

Mögliche Lehrplanbezüge In der folgenden Tabelle (Tab. 7.1.) werden Vorschläge für Lehrplanbezüge zum Sachunterricht in der Volksschule sowie zum Unterrichtsfach Biologie und Umweltkunde (BU) in der Sekundarstufe I und II dargelegt, wenn lebende Stab- und Gespenstschrecken eingesetzt werden (RIS, 2025a, b, c).

Die in der Tab. 7.1. angeführten Inhalte können den im Lehrplan beschriebenen zentralen fachlichen Konzepten *Leben und Anpassung, Struktur und Funktion* oder den Basiskonzepten *Struktur und Funktion* und *Variabilität, Verwandtschaft, Geschichte und Evolution* zugeordnet werden und der Bearbeitung dieser im Unterricht dienen.

Tab. 7.1 Stab- und Gespenstschrecken im Lehrplan (VS, NMS, AHS). *falls Biologie und Umweltbildung unterrichtet wird

Schultyp	Schulstufe, Unterrichtsfach	Auszug aus dem Lehrplan
Volksschule	2. Schulstufe Sachunterricht	Tiere und Pflanzen in ihren Lebensräumen erkunden und dokumentieren sowie Wechselwirkungen beschreiben
	4. Schulstufe Sachunterricht	Entwicklungsstadien und Lebenszyklen bei Menschen, Tieren und Pflanzen beobachten, bestimmen und Artenvielfalt kategorisieren
	Verbindliche Übung Sachbegegnung	Tiere und Pflanzen z. B.: Pflege und Haltung von Haustieren und Nutztieren, Merkmale und Gemeinsamkeiten von bestimmten Pflanzen- und Tierarten, Naturschutz,…
Mittelschule	5. Schulstufe BU	Wechselbeziehungen zwischen Lebewesen in ihrem Lebensraum
	6. Schulstufe BU	Vielfalt und Angepasstheit an Land lebender wirbelloser Tiere in Körperstruktur und Verhalten
Allgemein-bildende Höhere Schulen	5. Schulstufe BU	Wechselbeziehungen zwischen Lebewesen in ihrem Lebensraum
	6. Schulstufe BU	Vielfalt und Angepasstheit an Land lebender wirbelloser Tiere in Körperstruktur und Verhalten
	10. Schulstufe, 4. Semester; BU	Verhaltensbiologie
	11. Schulstufe 6. Semester; BU*	Bewegungssysteme bei Pflanzen und Tieren

7.3 Vorschläge für den Unterricht

A: Möglicher Ablauf einer tiergestützten Einheit mit Stab- und Gespenstschrecken

Besonders spannend kann der Einstieg ins Thema „*Stab- und Gespenstschrecken*" durch ein interaktives Quiz gestaltet werden. Hier gibt es verschiedene Möglichkeiten der Durchführung: Digitale Quiz-Tools ermöglichen eine spielerische Abfrage des Wissens. Klassische Quizrunden können ebenso effektiv sein: Die Lehrkraft blendet Fragen auf einer Folie ein oder liest sie vor, während die Schüler:innen per Handzeichen abstimmen (z. B. „Wer ist für Antwort 1? Wer für Antwort 2?").

Eine weitere unterhaltsame Variante sind Wahr-Falsch-Aussagen. Dazu können interessante Fakten in Form von Behauptungen präsentiert werden, z. B.: siehe Abschn. 6.1.1. Die Lernenden beurteilen die Aussagen als richtig oder falsch. Dabei gibt es verschiedene Umsetzungsmöglichkeiten: Eine Option ist die Verwendung von Handzeichen – die rechte Hand signalisiert Zustimmung, die linke Ablehnung. Alternativ kann ein Bewegungsspiel integriert werden: Falls ausreichend Platz vorhanden ist, nehmen die Schüler:innen aktiv teil. Dafür werden zwei (laminierte) Zettel mit den Antwortmöglichkeiten (Ja und Nein) auf den Boden gelegt. Nach jeder Aussage bewegen sie sich zur passenden Position. Je überraschender und spannender die Fakten, desto größer der Spaßfaktor – sowohl für Kinder als auch für Jugendliche.

Wenn der Schwerpunkt auf einer bestimmten Stab- oder Gespenstschreckenart liegt, lassen sich die dazugehörigen Fakten in zwei Satzhälften aufteilen. Die Anzahl der Sätze sollte mindestens der Anzahl der Schüler:innen in der Klasse entsprechen. Jede Person erhält eine Hälfte eines Satzes und liest diese laut vor. Eine andere Person ergänzt den Satz mit ihrer passenden Hälfte. Damit das Spiel flüssig abläuft, steht auf dem Zettel mit dem Satzende zusätzlich ein neuer Satzanfang, der direkt im Anschluss vorgelesen wird. Um die Sätze in der Vorbereitung übersichtlich zu organisieren, trägt man sie am besten in eine Tabelle mit zwei Spalten ein, wie im folgenden Beispiel gezeigt (Tab. 7.2). Jede Schülerin und jeder Schüler erhält eine der ausgeschnittenen Zeilen. Werden die Zettel laminiert, können sie mehrfach verwendet werden und lassen sich platzsparend in einer Materialbox aufbewahren. Für mehr Übersicht und zur Unterstützung bei Schwierigkeiten kann die Lehrkraft die Lösungstabelle bereithalten und mitlesen, um bei Bedarf Hilfestellung zu geben.

Präsentation der Tiere Um die lebenden Tiere anschaulich zu präsentieren, können sie auf einem verzweigten Ast oder – noch besser – auf einem kleinen Strauß aus Ästen platziert werden (Abb. 7.2). Diese Äste sollten in einem stabilen, schweren Gefäß stehen, das nicht umkippen kann. Der vorbereitete „Strauß" wird gut sichtbar in der Mitte des Raumes positioniert. Anschließend stellt die Lehrkraft die Frage: „*Wie viele Tiere seht ihr?*". Diese Methode weckt Neugier und lädt die

Tab. 7.2 Tabelle für ein Spiel zu Stab- und Gespenstschrecken

Satzende	*Satzanfang*
…um wie ein bewegtes Blatt im Wind zu wirken	Gespenstschrecken können sich hervorragend tarnen, …
…indem sie sich in Farbe und Form ihrer Umgebung anpassen	Wenn sich eine Gespenstschrecke bedroht fühlt, …
…kann sie sich totstellen oder sich fallen lassen	Manche Arten wiegen sich im Wind hin und her, …

Abb. 7.2 Äste mit Annam-Stabschrecken. (© Weilhartner Karin)

Schüler:innen dazu ein, genau hinzusehen. In großen Klassen können zwei oder mehr solcher Gefäße vorbereitet werden, um allen eine gute Sicht zu ermöglichen. Idealerweise werden vorab mehrere Tiere auf die Äste gesetzt – je nach Art und Anzahl der verfügbaren Tiere.

Diese Herangehensweise bietet den Schüler:innen die Möglichkeit, die Tiere aus einer gewissen Distanz kennenzulernen, sich behutsam mit ihnen vertraut zu machen und mögliche Ängste abzubauen. Gleichzeitig sorgt das Entdecken der gut getarnten Schrecken für Staunen und Faszination. Setzt man Schrecken häufiger im Unterricht ein, können auch fertige Beobachtungsständer gebastelt werden – zum Beispiel aus stabilen Holz- oder Kunststoffplatten, in die verzweigte Äste oder dünne Halterungen eingebohrt oder eingelassen werden. Zusätzlich stabilisiert werden können diese auch mit Knetmasse. Alternativ eignen sich auch schwere Blumentöpfe oder mit Sand oder Kies gefüllte Gefäße, in die man Äste steckt. Hat man Annam-Stabschrecken (z. B.: *Medauroidea extradentata*) zur Verfügung, eignen sich sowohl kahle als auch belaubte Äste als Sitzgelegenheiten. Für „Wandelnde Blätter" *(Phyllium spp.)* empfiehlt sich hingegen ein Strauß mit frischen Blättern, um ihre Tarnung optimal zur Geltung zu bringen. Bei geflügelten Stabschrecken *(z. B. Necroscia spp.)* bieten sich Getreidehalme als Sitzgelegenheit an, während Australische Gespenstschrecken *(Extatosoma tiaratum)* bevorzugt auf Ästen mit verwelkten, eingerollten Blättern sitzen, da sie sich dort besonders gut verbergen können. Durch die gezielte Auswahl der passenden Zweige und Blätter lässt sich die beeindruckende Tarnung der verschiedenen Schreckenarten eindrucksvoll demonstrieren (vgl. auch Frings et al., 2007; Reinke-Nobbe, 2007; Schulbiologiezentrum Hannover, o. J.).

B: Regeln im Umgang mit Stabschrecken – Zusätzlich zu jenen von Abschn. 1.4. (Teil I)
- Die Schrecken dürfen behutsam aufgenommen werden. Manche Arten kann man zwischen den Beinpaaren mit zwei Fingern hochheben (siehe Abb. 7.3), bei anderen Arten empfiehlt es sich mit der ganzen Hand unter das Tier zu fahren und dieses erst dann hochzuheben.
- Sitzen die Tiere auf Ästen, so kann es sein, dass sie sich sehr gut festkrallen. Bitte langsam und behutsam lösen – niemals anreißen.
- Die Beine der Tiere sind empfindlich. Niemals an den Beinen oder Fühlern ziehen, da sie abbrechen können.
- Das Terrarium oder der Arbeitsbehälter darf nicht geschüttelt oder ruckartig bewegt werden.
- Die Tiere sollten nicht zu Boden fallen – geschieht dies dennoch, so bleiben alle rundherum ruhig stehen, nur eine Person hebt das Tier wieder hoch.
- Immer nur ein Tier halten, es kann sein, dass sich diese plötzlich und rasch bewegen und zum Beispiel die Hand hochklettern. Entweder selbst entfernen oder der Lehrperson Bescheid geben. Die Tiere dürfen nicht über das Gesicht laufen.

C: Arbeitsblätter zu Stabschrecken Arbeitsblätter inklusive Comics siehe Abb. 7.4.

D: Lösungen zu den Arbeitsblättern
1b) länglich, bräunlich, Oberfläche wirkt eher rau, das Tier bewegt sich gar nicht, hält sich sehr ruhig
2) Bei Wind wippen die Tiere sanft hin und her (seitliches schaukeln) und imitieren so einen Ast, der vom Wind bewegt wird. Diese Nachahmung hilft ihnen, in ihrer Umgebung weniger aufzufallen und erhöht ihre Überlebenschancen.
2c) Das Bein einer Stabschrecke – wie bei allen Insekten – ist in mehrere typische Abschnitte gegliedert. Die Gliederung folgt dem allgemeinen Bauplan der Insektenextremität: Coxa (Hüfte): Verbindet das Bein mit dem Thorax (Brustsegment) des Körpers; Trochanter (Schenkelring): Kleines Verbindungsstück zwischen Coxa und Femur; Femur (Schenkel): Meist das kräftigste und längste Glied, dient vor allem der Kraftübertragung; Tibia (Schiene): Ebenfalls lang und oft mit kleinen Dornen oder Fortsätzen versehen; Tarsus (Fuß): Besteht meist aus mehreren kleinen Gliedern (bei Stabschrecken i. d. R. 5); Prätarsus: Der Endabschnitt des Tarsus mit 2 kleinen Krallen je Bein.

Abb. 7.3 Eine ausgewachsene Annam-Stabschrecke kann auch mit den Fingern hochgehoben werden. (© Virtbauer Lisa)

Die Superkräfte der Stabschrecke: Miss Invisible?

1) **Tarnen und Täuschen:** *Forschungsfrage*: Wie passen sich Stabschrecken ihrer Umgebung an, so dass sie für Fressfeinde nahezu unsichtbar sind?

   a. Vermutung: Was denkt ihr, wie die Stabschrecke das macht?

   b. So findet ihr es heraus:
      Das braucht ihr: Stabschrecke, Lupe

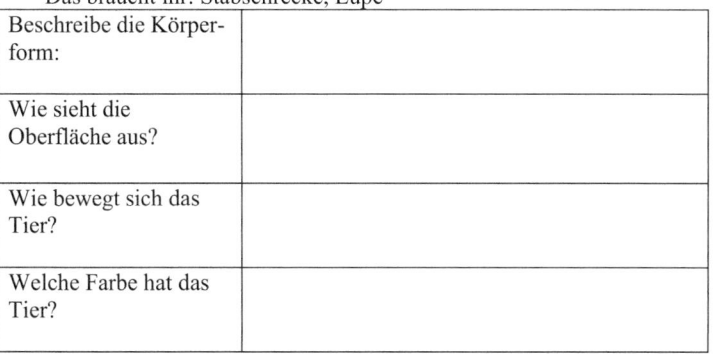

Beschreibe die Körperform:	
Wie sieht die Oberfläche aus?	
Wie bewegt sich das Tier?	
Welche Farbe hat das Tier?	

Wenn Tiere aussehen wie Pflanzen, um nicht gesehen zu werden, nennt man das **Mimese**. An welchen Pflanzenteil erinnert euch das Tier, das vor euch sitzt?

→ Überlegt, welche Experimente oder Beobachtungen durchgeführt werden können, um die Tarnung von Stabschrecken in verschiedenen Umgebungen und bei verschiedenen Umwelteinflüssen zu testen. z.B.:

2) **Vom Winde verweht:** Untersucht, wie sich Stabschrecken bei Wind verhalten und welche Strategien sie möglicherweise nutzen, um sich in ihrer Umgebung zu tarnen oder zu stabilisieren.

   a. Welche *Frage* formuliert ihr als Forscherteam:

   b. Was vermutet ihr (=*Hypothese*)? z. B. mehr Bewegung, Stillhalten, Wippen wie ein Ast, fallen lassen, festhalten oder festkrallen? Hilfsfrage: Welche Merkmale helfen der Stabschrecke, sich festzuhalten oder sich an Oberflächen zu klammern?

   c. *Plant nun eure Beobachtung*, aber klärt zuerst ab: Wie sieht das Bein sowie das Ende des Beines der Stabschrecke aus? Fertigt eine Skizze von einem Bein an! In wie viele Abschnitte ist das Bein gegliedert? Ihr könnt auch eine Lupe verwenden.

Abb. 7.4 Stabschrecken-Comic. (© Weilhartner Karin)

Überlegt euch für die *Planung*, welche weiteren Faktoren Einfluss nehmen könnten (z. B. Windstärke, Untergrund, Feuchtigkeit, ...) und wie ihr verschiedene Einflüsse simulieren könnt.
Hilfsfragen: Welches *Material* benötigt ihr → Zur Verfügung stehen: mind. 2 Stabschrecken, Äste, Rindenstücke, verschiedene Untergründe bzw. Oberflächen wie: Schleifpapier (rau), Karton (leicht körnig), Glasscheibe (glatt), eure Puste
Verteilt ihr Aufgaben in der Gruppe? Wie notiert ihr eure Beobachtung? Tipp1: Achtet auf Körperhaltung & Bewegungsmuster; Tipp2: Erstellt eine Tabelle mit euren Beobachtungen zur Haftung auf verschiedenen Oberflächen.

d. *Führt eure erste Beobachtung durch.* Erzeugt nun sanft Wind (vorsichtig pusten). Vergesst dabei nicht die besprochenen Regeln: Achtet darauf, dass die Tiere nicht verletzt oder gestresst werden.

e. *Notiert* eure Beobachtung! Wie verhält sich die Stabschrecke?

f. Verändert nun einen Faktor: Wiederholt das Experiment mit **variierender Windstärke**. Bevor ihr beginnt: Was *vermutet* ihr wird passieren?

g. *Führt die zweite Beobachtung durch* & *Notiert* alles! Wie verhält sich die Stabschrecke? Wie landet die Stabschrecke am Boden, falls sie fallen sollte?

h. Welche Strategie nutzen Stabschrecken, um sich trotz Wind zu tarnen oder zu stabilisieren? Warum könnte dieses Verhalten in der Natur von Vorteil sein? Trifft eure Hypothese zu? Wie beantwortet ihr eure Frage?

i. Wiederholt das Experiment mit **verschiedenen Untergründen**. Bevor ihr beginnt: Was *vermutet* ihr wird passieren?

j. *Führt die dritte Beobachtung durch* & *Notiert* alles! Wie verhält sich die Stabschrecke? Welche Oberflächen bieten den besten Halt? Welche Merkmale des Fußes (Krallen & Haftpolster) helfen den Stabschrecken beim Festhalten?

k. Warum könnte eine gute Haftung für Stabschrecken in der Natur überlebenswichtig sein? Trifft eure Hypothese zu? Wie beantwortet ihr eure Frage?

(Fortsetzung)

2f) Stabschrecken landen IMMER auf ihren Füßen, wenn sie fallen. Sie sind leichtgewichtig und haben einen großen Körper mit hoher Oberfläche, was den Luftwiderstand erhöht. Dadurch fallen sie (vergleichsweise) langsam und kontrolliert – eher wie ein Blatt als wie ein Stein. Sie besitzen eine Art eingebauten Gleichgewichtssinn. Während des Falls drehen sie gezielt ihren Körper, sodass die Beine nach unten zeigen. Ihr langer, nicht zu fester stabförmiger Körper ermöglicht eine Gleichgewichtsverlagerung. Sensoren (z. B. an den Beinen oder in der Cuticula) geben dem Nervensystem Rückmeldung über die Orientierung.

2i) Stabschrecken können sich auch auf glatten Oberflächen festkrallen: Am Ende jedes Beins haben Stabschrecken zwei kleine Krallen, die sich an feinsten Unebenheiten festhaken können – auch auf scheinbar glattem Glas gibt es mikroskopisch kleine Strukturen, an denen sich die Krallen greifen können. Manche Arten haben an ihren Füßen winzige Härchen oder flexible Pads haben, welche man unter dem Mikroskop sieht. Es gibt sogar Arten, deren Füße winzige Mengen Flüssigkeit absondern, die als dünner Film zwischen Glas und Fuß wirkt. Dieser Flüssigkeitsfilm ermöglicht eine Adhäsion durch Kapillarkräfte – ähnlich wie bei Fliegen oder Käfern.

Literatur

Conle, O. V., Hennemann, F. H., Riquelme, P. V., & Kneubühler, B. (o.J.). *Phasmatodea*. https://www.phasmatodea.com. Zugegriffen: 21.März.2025.

Frings, H.-J., Grothe, R., & Bütefisch, D. (Juni 2007). Arbeitshilfe Nr. 15.7 *Die Gespenstschrecke im Biologieunterricht (Extatosoma tiaratum)*. Landeshauptstadt Hannover, Fachbereich Bibliothek und Schule, Schulbiologiezentrum (Hrsg.). https://www.hannover.de/content/download/577504/file/AH%2015.7%20Gespenstschrecke.pdf.

Fritzsche, I. (2007). *Art für Art – Terraristik*. Stabschrecken: Carausius, Sipyloidea & Co., Natur und Tier.

Hadley, D. (9. September 2024). *10 Fascinating Stick Insect Facts – From Camouflage to Playing Dead, Stick Bugs are Full of Tricks*. ThoughtCo. https://www.thoughtco.com/fascinating-facts-about-stick-insects-1968575.

Hennemann, F. H., & Conle, O. V. (2024). A new *Trychopeplus* species (Phasmatodea, Diapheromerinae) from Colombia. *Zootaxa, 51985*(1), 1–14. https://doi.org/10.11646/zootaxa.51985.1.1.

Reinke-Nobbe, E. (2007). *Insekten. Beobachten – Analysieren – Schlussfolgern. Kompetenzförderung durch praktisches Arbeiten mit lebenden Tieren*. Zentrum für Schulbiologie und Umwelterziehung. Landesinstitut für Lehrerbildung und Schulentwicklung Hamburg.

RIS: Rechtsinformationssystem des Bundes – RIS. (17. März 2025a). *Bundesrecht konsolidiert: Gesamte Rechtsvorschrift für Lehrpläne der Mittelschulen, Fassung* BGBl. II Nr. 185/2012 in der Fassung von BGBl. II Nr. 280/2024. https://www.ris.bka.gv.at/GeltendeFassung.wxe?Abfrage=Bundesnormen&Gesetzesnummer=20007850. Zugegriffen: 21.März.2025.

RIS: Rechtinformationssystem des Bundes – RIS. (17. März 2025b). *Bundesrecht konsolidiert: Lehrplan der Volksschule Anl. 1, tagesaktuelle Fassung*. BGBl. Nr. 134/1963 in der Fassung von BGBl. II Nr. 204/2024. https://www.ris.bka.gv.at/NormDokument.wxe?Abfrage=Bundesnormen&Gesetzesnummer=10009275&Artikel=&Paragraf=&Anlage=1&Uebergangsrecht=.

RIS: Rechtsinformationssystem des Bundes – RIS. (17. März 2025c). *Bundesrecht konsolidiert: Lehrpläne – allgemeinbildende höhere Schulen Anl. 1, tagesaktuelle Fassung*. BGBl. Nr. 88/1985 in der Fassung von BGBl. II Nr. 204/2024. https://www.ris.bka.gv.at/NormDokument.wxe?Abfrage=Bundesnormen&Gesetzesnummer=10008568&Artikel=&Paragraf=&Anlage=1&Uebergangsrecht=.

Schulbiologiezentrum Hannover (o.J.). Arbeitshilfe Nr. 21.2 *Stab- & Gespenstschrecken. Kurzpflegeanleitung.* http://www.schulbiologiezentrum.info/KurzPflegeAnleitungen%20 21/21.2%20Stab-%20und%20Gespenstschrecken_stand%2007.09.2022.pdf.

Schwerdtfeger, M. (o.J.). *Gespenstschrecken.* https://www.vollblutbiologe.de/mein-zoo/gespenstschrecken/. Zugegriffen: 21.März.2025.

University of Cambridge (19. Februar 2014). *How stick insects honed friction to grip without sticking.* Phys.org. https://phys.org/news/2014-02-insects-honed-friction.html.

Teil III
Best practice Beispiele von Lehrenden

Im dritten Abschnitt des Buches werden vier ausgewählte Projekte von Lehrenden vorgestellt, die über ihre Erfahrungen im Bereich der dauerhaften Tierhaltung an der Schule, ihres Einsatzes von lebenden Tieren im Unterricht oder ihrer Durchführung von Projekten mit lebenden Tieren an ihrer Schule berichten.

Tierhaltung am BRG Salzburg

Martina Wörndl-Aichriedler und Astrid Fitzga

8.1 Kurze Beschreibung

Am BRG Salzburg halten wir seit Jahrzehnten lebende Tiere, die auf unterschiedlichste Weise ins Unterrichtsgeschehen sowie ins Schulkonzept (Naturwissenschaftlicher Schwerpunkt) integriert werden. Im Laufe der Jahre konnten wir Erfahrung sammeln hinsichtlich Haltung der Tiere, Eignung mancher Tierarten und dem Umgang mit tierischen „Gästen".

Laut unserer Erfahrung können Tiere als Co-Pädagogen an Schulen eine sehr positive Wirkung auf Schüler:innen haben und die Motivation, das Lernverhalten und das soziale Miteinander fördern. Im Rahmen der tiergestützten Pädagogik wird gezielt die Anwesenheit und der Umgang mit Tieren genutzt, um Lern- und Entwicklungsprozesse zu unterstützen.

8.2 Rahmenbedingungen

- **Tierarten:** derzeit verschiedene Fischarten, Insekten wie Gespenstschrecken oder Fauchschaben, Achatschnecken, Rennmäuse sowie heimische Wildtiere
- **Schultyp:** BRG Salzburg (AHS Langform)
- **Schulklasse(n):** verschiedene Altersstufen; Schulschwerpunkt Naturwissenschaftliches Labor

---

M. Wörndl-Aichriedler (✉) · A. Fitzga
BRG Salzburg, Salzburg, Österreich
E-Mail: woe@brg.salzburg.at

A. Fitzga
E-Mail: fit@brg.salzburg.at

- **Beteiligte Personen:** Kustod:innen, BU Kolleg:innen sowie wechselnde Anzahl von Schüler:innen
- **Fach/Fächer:** Regelunterricht BU, NBU und NWL
- **Dauer des Projektes:** aufgrund des NWL-Schwerpunktes dauerhaft
- **Dauer des Tieraufenthaltes:** manche Tierarten dauerhaft, andere nur temporär – je nach Tierart
- **Finanzierung:** Abrechnung über Kustodiat

8.3 Motivation

Wir konnten feststellen, dass der Kontakt zu Tieren Stress abbauen, Ängste verringern und das emotionale Wohlbefinden der Schüler:innen steigern kann. Dies schafft ein positives Lernklima, in dem sich die Kinder wohler fühlen und motivierter sind, am Unterricht teilzunehmen. Der Umgang mit Tieren kann Empathie, Verantwortungsbewusstsein und Kooperationsbereitschaft stärken. Der Lernerfolg kann auch im Zusammenhang mit diesen sozialen Kompetenzen gesehen werden.

Durch ihre Anwesenheit sinkt das Stressniveau, und die Kinder können sich besser auf schulische Aufgaben fokussieren. Der spielerische und emotionale Zugang zu Tieren kann das Interesse an verschiedenen Lerninhalten erhöhen, insbesondere in Bereichen wie Biologie, Umweltbildung oder Sozialverhalten. Der Kontakt zu einem „tierischen Co-Pädagogen" bietet Abwechslung zum traditionellen Unterricht und steigert die Lernfreude.
:

Zusammenfassend legen wir besonderen Wert auf

- Steigerung der Motivation
- Förderung von Verantwortungsbewusstsein und Sozialkompetenzen
- Flexibilität und Vielfältigkeit im Unterricht
- Achtsamkeit im Umgang mit Tieren
- Faszination und Interaktion

8.4 Vorstellen unserer permanenten Tierhaltung

Wie zu Beginn erwähnt, haben wir am BRG Salzburg Erfahrung mit permanenter Tierhaltung (z. B.: Abb. 8.1). Über die Jahre hinweg, wurden sowohl verschiedenste Tierarten in unseren Fachsälen gehalten als auch in zeitlich begrenzten Projekten eingesetzt. Zusätzlich profitieren wir als Kooperationsschule der School of Education von der langjährigen Zusammenarbeit mit dem Schulbiologiezentrum

8 Tierhaltung am BRG Salzburg

Abb. 8.1 Tierhaltung bzw. Aquarien am BRG Salzburg. (© Martina Wörndl-Aichriedler & Astrid Fitzga)

der Universität Salzburg – durch das vielfältige Angebot haben wir die Möglichkeit, temporär weitere Tierarten auszuleihen, was immer wieder genutzt wird.

Welche Tiere werden an der Schule gehalten? Am BRG Salzburg haben sich verschiedene Tierarten als besonders wertvoll für den Unterricht erwiesen (siehe auch Abb. 8.2.). Zu unseren aktuellen Stammtieren im Fachsaal zählen:

1. **Fische im Aquarium:** Das Aquarium stellt ein besonderes Highlight dar: Es verbindet beruhigende Wirkung mit einem spannenden Einblick in die Verhaltensbiologie. Über die Jahre hat sich gezeigt, dass die Aquaristik ein dynamischer „learning by doing"-Prozess ist. Im Vorfeld wurden Aspekte wie Verantwortlichkeiten, Fachkenntnisse in der kontinuierlichen Pflege, Kosten sowie der richtige Umgang im Krankheitsfall – gerade im Hinblick auf die Sensibilisierung der Schüler:innen – genau abgestimmt. Zudem ist es wichtig, geeignete Fischarten für Anfänger:innen auszuwählen (z. B. Guppys, Neonsalmler, Zebrabuntbarsche) und mit Aquarienpflanzen wie Vallisnerien oder Anubias das natürliche Gleichgewicht zu fördern.
2. **Gespenstschrecken** (verschiedene Arten): Diese faszinierenden Insekten bieten den Schüler:innen spannende Einblicke in die Tierwelt. Ihre Anpassungsfähigkeit und hervorragende Tarnung machen sie zu einem interessanten Lernobjekt. Das Futter der Tiere (verschiedene Brombeer- oder Himbeerblätter, Rosengewächse, etc.) kann jedoch nicht gekauft werden, sondern muss – auch im Winter – selbst gesammelt werden.
3. **Madagaskar Fauchschaben** (*Gromphadorhina portentosa*): Fauchschaben beeindrucken durch ihre Größe und ihre Fähigkeit, Laute zu erzeugen, was sie zu

Abb. 8.2 Tierhaltung am BRG Salzburg. (© Martina Wörndl-Aichriedler & Astrid Fitzga)

einem eindrucksvollen Anschauungsbeispiel macht. Die Haltung der robusten Insekten ist vergleichsweise einfach.
4. **Afrikanische Achatschnecken** *(Achatinidae):* Durch ihre imposante Größe regen sie dazu an, die Biologie und das Verhalten von Schnecken sowie ihre Bedeutung im Ökosystem eingehender zu erforschen. Die Aufrechterhaltung der Luftfeuchtigkeit ist von besonderer Wichtigkeit. Vor allem in den Wintermonaten, wenn die Luft durch das Heizen trocken ist, wird das Terrarium regelmäßig mit Wasser besprüht.
5. **Schwarzkäfer** *(Zophobas morio):* Schwarzkäfer sind nützliche Tiere im Ökosystem, die den Kindern helfen, die Bedeutung von Käfern und deren Rolle im Recycling von Nährstoffen zu verstehen. Des Weiteren kann man bei entsprechender Haltung bereits nach kurzer Zeit die verschiedenen Entwicklungsstadien der Metamorphose zeigen – ein großer Vorteil, wenn es darum geht, flexibel im Unterricht agieren zu können und diesen abwechslungsreich, anschaulich und lebensnah zu gestalten.
6. **Mongolische Rennmäuse** *(Meriones unguiculatus):* Mithilfe dieser aktiven und sozialen Nagetiere werden den Schüler:innen viel über Lebensräume und Verhaltensweisen vermittelt.
7. **Axolotl** *(Ambystoma mexicanum):* Als faszinierendes Beispiel für Metamorphose und Regeneration bieten Axolotl Einblicke in Lebenszyklen und unterstreichen die Bedeutung von Gewässern im Ökosystem. Da die Tiere in den letzten Jahren im Trend liegen, sind sie ein besonderes Highlight für unsere Schüler:innen.
8. **Heimische Wildtiere:** Heimische Wildtiere wie Raupen, Schnecken, Käfer und Regenwürmer werden an unserer Schule wiederholt und ausschließlich temporär untergebracht. Seit der Einführung der permanenten Tierhaltung stehen

mehrere geeignete Behälter, ältere Terrarien oder leerstehende Aquarien zur Verfügung, die bei Bedarf schnell in ein vorübergehendes Zuhause für die Tiere umgewandelt werden können. Der Umgang mit diesen Tieren fällt aufgrund unserer gesammelten Erfahrungen und der bereits bestehenden Tierhaltung deutlich leichter – was ohne Zweifel eine wertvolle Bereicherung für den Unterricht darstellt.

8.5 Empfehlungen zur Haltung von Tieren an der Schule – kurz & knapp

Abschließend einige Tipps, die bei der Haltung von Tieren an der Schule hilfreich sein können:

Ausstattung Eine Basis-Ausstattung an Glasterrarien, Kunststoffterrarien und Transportboxen sowie notwendige Technik und Materialien (z. B. Filter, Pumpen, Sand, Substrat, Hygrometer, Heizlampen, Substrat, Sand und Dekoration) ist erforderlich. Es bedarf nicht immer teurer Terrarien aus Zoohandlungen – auch ältere Aquarien, deren Dichtigkeit nachgelassen hat, können als geeignete Unterkunft für Käfer oder andere Insekten dienen. Oft sind diese kostengünstig zu erwerben oder werden sogar gespendet.

Pflege und Verantwortung Für Pflege und Versorgung sämtlicher Tiere und Terrarien sowie Aquarien sollte eine Person hauptverantwortlich sein, um Kommunikationsprobleme zu vermeiden. Hierfür bietet sich bei uns das BU-Kustodiat an, in dem diese Tätigkeiten einfließen. Wesentlich für ein gutes Gelingen ist eine Absprache mit der Direktion sowie allen Fachkolleg:innen. Zusammenarbeit im Team ist für die Haltung von Tieren in der Schule unerlässlich. Ein gutes Team bereichert den Alltag an der Schule in jeder Hinsicht.

Bevor Tiere in den Unterricht integriert werden, muss abgeklärt werden, ob Schüler:innen etwa unter Allergien leiden. Zudem sollten klare Regeln im Umgang mit den Tieren vorab festgelegt und vermittelt werden. Diese beinhalten den respektvollen Umgang, Hygienevorschriften (z. B. Händewaschen nach dem Kontakt) und klare Grenzen im Verhalten der Kinder gegenüber den Tieren.

Auswahl der Tiere Man sollte sich vorab sehr gut über die Haltungsanforderungen der gewünschten Tiere informieren und Verantwortlichkeiten besprechen und festlegen. Pflegeleichte Tiere, die man nicht täglich füttern und betreuen muss und somit auch über mehrere Tage (z. B.: Wochenende) problemlos an der Schule lassen kann, sind von Vorteil.

Mitbringen von Wildtieren wie Raupen, Schnecken, Käfern und Regenwürmern hat sich als besonders wertvoll erwiesen. Diese Tiere sind oft einfach zu betreuen und können nach kurzer Zeit wieder in ihr ursprüngliches Habitat zurückgebracht werden, und bieten den Schüler:innen dennoch eine hervorragende Möglichkeit,

Wissen über heimische Tierarten aus ihrer unmittelbaren Umgebung zu erlangen und in direkten Kontakt mit ihnen zu treten.

8.6 Highlights und Erfolge

Ein besonders hervorzuhebender Aspekt der Tierhaltung an unserer Schule ist die Beteiligung der Schüler:innen während der Ferienzeiten. In diesen Phasen übernehmen sie eigenständig die Pflege der Tiere, was ihre Verantwortungsbereitschaft und ihr Engagement fördert. Darüber hinaus bieten einige Schüler:innen ihre eigenen Tiere (bei allfälligem Nachwuchsüberschuss) für die Schule an oder nehmen Tiere bei sich zu Hause auf, insbesondere im Falle von Nachwuchs, den die Schultiere bekommen. Dies schafft eine starke Bindung zwischen den Lernenden und den Tieren und fördert den respektvollen Umgang miteinander.

Besonders bemerkenswert ist, dass einige Schüler:innen, die sonst durch unruhiges Verhalten auffallen, im Kontakt mit den Tieren deutlich entspannter und ausgeglichener wirken. Sie gehen sehr behutsam und sorgsam mit den Tieren um, auch wenn sie vorher noch laut und ungestüm gegenüber ihren Mitschüler:innen waren. Dieser Umgang stärkt nicht nur ihr Selbstbewusstsein, sondern auch ihre sozialen Fähigkeiten.

Ein weiterer wertvoller Aspekt der Tierhaltung ist die Möglichkeit, dass die Schüler:innen durch Beobachtungsaufgaben in Gruppenarbeiten natürliche Zusammenhänge im tierischen Verhalten erkennen können. Sie lernen, wie Nahrungsketten funktionieren, wie Tiere auf Umweltveränderungen reagieren und wie ihr Verhalten innerhalb sozialer Gruppen abläuft. Diese praktischen Einblicke ermöglichen es den Kindern, theoretisches Wissen auf lebendige Weise zu erfahren und zu vertiefen.

Die Einbindung der Schüler:innen in die Pflege und Betreuung der Tiere hat sich insgesamt als äußerst bereichernd erwiesen. In Supplierstunden sowie im Rahmen der Nachmittagsbetreuung können sie Verantwortung übernehmen und aktiv mithelfen, die Tiere zu versorgen. Dieses direkte Engagement stärkt nicht nur das Verantwortungsbewusstsein, sondern fördert auch das Gemeinschaftsgefühl und die Empathie gegenüber anderen Lebewesen.

8.7 Herausforderungen und Empfehlungen für Lehrkräfte

Trotz der vielen positiven Aspekte bringt die Haltung lebender Tiere im Schulalltag auch praktische Herausforderungen mit sich. Ein zentraler Punkt ist die kontinuierliche Pflege der Tiere, für die in erster Linie unsere Kustod:innen verantwortlich sind. Die enge Zusammenarbeit und gegenseitige Unterstützung im gesamten BU-Team ist hierbei essenziell. Ferienzeiten erfordern ebenfalls eine sorgfältige Organisation, da die Tiere weiterhin betreut werden müssen – manche Lehrkräfte kümmern sich in dieser Zeit um die Tiere vor Ort, während andere sie mit nach

Hause nehmen. Bei unvorhergesehenen Krankenständen bedarf es stets der Bereitschaft zur gegenseitigen Unterstützung.

Unsere Erfahrungen bestätigen, dass eine artgerechte Haltung unabdingbar ist, um das Wohlergehen der Tiere sicherzustellen. Klare Standards, die ausreichend Platz, Nahrung und Pflege garantieren, sowie verbindliche Verhaltensregeln sind dabei grundlegende Voraussetzungen.

8.8 Resümee und Ausblick

Der Einsatz von lebenden Tieren im Unterricht bringt Verantwortung und einen gewissen Aufwand mit sich. Für uns überwiegen dennoch die Vorteile, Tiere an unserer Schule zu halten.

Rennmäuse im Klassenzimmer – ein fächerübergreifendes Schulprojekt in der Mittelschule

Bettina Heinrich

9.1 Kurze Beschreibung

Das „Rennmaus-Projekt" wurde mit zwei ersten Klassen einer 5. Schulstufe in einer Mittelschule mit dem Schwerpunkt Tiergestützte Pädagogik durchgeführt, um die Schüler:innen für Tierhaltung und interdisziplinäres Lernen zu sensibilisieren. Durch direkte Erfahrungen entwickelten sie Wissen, Empathie und ein Bewusstsein für die Verantwortung der Tierhaltung.

Das Projekt förderte Fürsorge, Achtsamkeit und Engagement und unterstützte die Kinder in der Eingewöhnungsphase in einer neuen Schule, indem es den Austausch mit Mitschüler:innen erleichterte. Zudem ermöglichte der fächerübergreifende Unterricht den Aufbau von vertieftem und gut vernetztem Wissen.

9.2 Rahmenbedingungen

- **Schultyp:** Katholische Privatschule Albertus Magnus Mittelschule mit dem Schwerpunkt Tiergestützte Pädagogik (TGP)
- **Schulklasse:** Zwei erste Klassen (1a und 1b)
- **Beteiligte Personen:** Hauptverantwortliche der tiergestützten Pädagogik und gleichzeitig Biologielehrerin, zwei Klassenvorstände sowie weitere Lehrer:innen verschiedener Unterrichtsgegenstände, Schulwart und Reinigungspersonal
- **Tierart:** Zwei Mongolische Rennmäuse (*Meriones unguiculatus*)
- **Dauer des Projekts:** Je ein Monat pro Klasse

B. Heinrich (✉)
Mittelschule – Albertus Magnus Schule, Wien, Österreich
E-Mail: direktion.ms@ams-wien.at

© Der/die Autor(en), exklusiv lizenziert an Springer-Verlag GmbH, DE, ein Teil von Springer Nature 2025
L. Virtbauer (Hrsg.), *Lebendiges Lernen mit lebenden Tieren – Einsatz von Tieren in pädagogischen Settings,* https://doi.org/10.1007/978-3-662-70219-2_9

- **Dauer des Tieraufenthaltes:** Zwei Monate, Tierausleihe aus dem Schulbiologiezentrum der Universität Salzburg
- **Kostendeckung:** Schulinterne Finanzierung

9.3 Motivation

In den letzten Jahren haben wir immer wieder erleben dürfen, wie der Einsatz von Tieren in unserer Schule und der Besuch tiergestützter Einrichtungen die kognitive und sozial-emotionale Entwicklung der Kinder positiv beeinflussen. Die Tiere helfen nicht nur dabei Stress und Unruhe abzubauen, sondern tragen auch dazu bei, die Stimmung zu heben. Der Kontakt mit ihnen sorgt für positive Gefühle, die eine wichtige Rolle im Lernprozess spielen. Sie fördern die Konzentration, die Aufnahmebereitschaft und die Verarbeitung von Informationen. All diese positiven Auswirkungen, zusammen mit der Freude und dem Wohlbefinden der Kinder, bestärken uns darin, Tiere weiterhin als wertvolle Co-Pädagogen in unserer Schule willkommen zu heißen.

9.4 Vorbereitung des Projekts

Planung und Finanzierung Die organisatorischen Rahmenbedingungen des Projekts wurden sorgfältig geplant, um einen reibungslosen Ablauf zu gewährleisten. Nach Rücksprache mit der Schulleitung wurde die Finanzierung anhand einer detaillierten Kostenaufstellung geklärt und genehmigt. Das Vorhaben sowie der geplante Ablauf wurden in einer Konferenz dem gesamten Lehrkörper vorgestellt. Viele Lehrer:innen der beiden beteiligten Klassen unterstützten das Projekt und brachten sich fachlich in mehreren Unterrichtseinheiten ein.

Hygiene und technische Unterstützung Im Vorfeld wurden sowohl die Reinigungsfachkräfte als auch der Schulwart über das Projekt informiert und eingebunden. Die Reinigungsfachkräfte stellten für die betroffenen Klassenräume zusätzliche Müllsäcke bereit, um eine hygienische Entsorgung des anfallenden Abfalls zu gewährleisten. Der Schulwart baute aus einem alten Overhead-Projektor-Untergestell, einer Schultischplatte und einem gekauften Nagarium ein fahrbares Gehege. Die Möglichkeit, die Rennmäuse im Klassenraum und am Gang zwischen den beiden ersten Klassen hin- und herzuschieben, erwies sich als besonders nützlich. Die Montage von Plattformen und verschiedenen Ebenen im Gehege sowie das Beheben kleiner technischer Probleme sind ebenfalls dem Engagement des Schulwartes zu verdanken.

Einbeziehung von Expert:innen Es war beruhigend zu wissen, dass bei Fragen jederzeit Expert:innen zur Unterstützung bereitstanden. In unserem Fall stand uns das SBZ der Universität Salzburg sowie dessen Mitarbeiter:innen beratend zur

Abb. 9.1 Beispiel eines Lapbooks. (© Bettina Heinrich)

Seite. Zudem wurde Fachliteratur zum Thema angeschafft, um das Fachwissen aller Mitwirkenden zu erweitern.

Einbindung der Erziehungsberechtigten Eine enge Zusammenarbeit zwischen Schule und Elternhaus war für die Umsetzung des Projekts ebenfalls wichtig. Die Eltern wurden durch einen Brief über das Vorhaben informiert und zur aktiven Unterstützung eingeladen. Dieser enthielt Details zur Pflege und Fütterung der Rennmäuse, bei der sich die Schüler:innen einbringen sollten. Die Eltern wurden daher gebeten, bei der Beschaffung geeigneter, abwechslungsreicher Nahrungsmittel zu helfen, weshalb eine detaillierte Futterliste beigelegt wurde. Die Eltern sollten ihren Kindern kleine Portionen in angemessener Menge mitgeben, wenngleich natürlich immer ausreichend Futter für die tägliche Versorgung der Tiere in der Schule zur Verfügung stand.

Vorbereitung einer gemeinsamen Ergebnissicherung Zur besseren Koordination des fächerübergreifenden Unterrichts wurde eine Konferenz mit den beteiligten Lehrkräften abgehalten. Hier wurden mögliche Unterrichtsthemen besprochen und festgelegt. Um die Projektergebnisse zu sichern und zu festigen, entschied sich das „Rennmaus-Lehrer:innenteam" für die Gestaltung eines Lapbooks (Falt- bzw. Klappbuchs; siehe Abb. 9.1). Die Fachlehrkräfte bereiteten das Thema so auf, dass die Schüler:innen die unterschiedlichen Informationen aus jedem Fachbereich in kreativer Form darstellen konnten, etwa durch Leporelloelemente, Umschläge, Stern-Büchlein oder Flip-Flaps. Es sollte für jedes Kind ein individuell gestaltetes Lapbook entstehen, das eine übersichtliche und kompakte Zusammenfassung des Projekts bietet.

9.5 Fütterung und Pflege der Mäuse

Das Rennmausprojekt erstreckte sich über zwei Monate, wobei für jede erste Klasse etwa ein Monat eingeplant war. In verschiedenen Unterrichtseinheiten hatten die Schüler:innen die Gelegenheit, praktische Erfahrungen in der Pflege und Haltung von Rennmäusen zu sammeln (Abb. 9.2).

Abb. 9.2 Kontaktaufnahme beim Futter anbieten. (© Bettina)

Die Fütterung der Tiere und die Säuberung der Anlage fanden während der Unterrichtsstunden statt, meist in der ersten Stunde. Zu Beginn des Projekts dauerte dieser Prozess etwa eine halbe Stunde, da jede Lehrkraft den beiden Kindern die Zeit einräumte, die sie benötigten. Die restlichen Schüler:innen beobachteten den Prozess. Mit der Zeit pendelte sich die Reinigungs- und Fütterungszeit auf etwa eine Viertelstunde ein. Manchmal, wenn gerade etwas Spannendes im Nagarium passierte, dauerte es auch länger. An einigen Tagen wurde das Reinigen und Füttern auf zwei verschiedene Zeiten am Vormittag aufgeteilt. Dadurch waren aufgrund des abwechslungsreichen Stundenplans immer andere Lehrer:innen in den Prozess eingebunden. Obwohl das gesamte Lehrer:innenteam von der Hauptverantwortlichen in diesem Aufgabenbereich geschult wurden, waren es oft die Kinder, die den Pädagog:innen jeden Schritt erklärten und sie in das tägliche Prozedere einführten. Die Lehrer:innen schlüpften hauptsächlich in die Rolle der Beobachter:innen und mussten nur selten unterstützend eingreifen. Das tägliche Reinigungs- und Fütterungsritual nahm den Erstklässler:innen auch die Scheu, mit ihren neuen Lehrer:innen in Kontakt zu treten. Die am Projekt beteiligten Lehrkräfte erklärten sich zudem bereit, bei der Betreuung und Versorgung der Mäuse in besonderen Situationen (z. B. an Wochenenden, Feiertagen oder bei Krankheit) zu unterstützen.

9.6 Konkrete Einbeziehung in den einzelnen Fächern

Das Projekt wurde interdisziplinär in den Unterricht integriert und umfasste eine Vielzahl von Fächern. Die Umsetzung wird im folgenden Abschnitt kurz vorgestellt:

WIR (= Sozialstunde) Die Kinder wurden noch vor dem Einzug der Rennmäuse im Umgang mit den Tieren und der damit verbundenen Hygiene geschult. Außerdem wurde geklärt, ob Allergien bekannt sind. Gemeinsam erarbeiteten wir Verhaltensrichtlinien, um eine stressfreie Umgebung für die Mäuse zu gewährleisten. Diese Regeln wurden sichtbar am Nagarium befestigt und mussten beachtet werden. Auch alle Lehrkräfte wurden über diese Vereinbarungen informiert und sollten das Verhalten der Kinder beobachten sowie gegebenenfalls erneut darauf hinweisen und erklären. Fütterungs- und Reinigungspläne wurden erstellt, sichtbar aufgehängt sowie die Eltern per Elternbrief darüber informiert. Pro Tag waren immer zwei Kinder in Partnerarbeit mit der Reinigung, Umstrukturierung und Fütterung der Mäuse betraut. An diesem Tag durften sie auch Futter von zu Hause mitbringen. Jedes Kind hatte somit seinen eigenen „Rennmaustag" und in einer Klasse konnten sogar zwei Tage pro Kind eingeplant werden. Diese Organisation ermöglichte eine geregelte und faire Verteilung der Verantwortung unter den Schüler:innen.

Gegenseitige Unterstützung und Hilfestellung waren Voraussetzung für alle. Das Wohl der Tiere stand an erster Stelle.

Kunst und Gestaltung Die Gestaltung eines Lapbooks, einer Art Flügelmappe, bot die Möglichkeit, das erworbene Wissen mit Kreativität und Kunst zu verbinden. Gleichzeitig diente die Flügelmappe als Sammelordner für Informationen über die Nagetiere aus allen Unterrichtsbereichen. Das Äußere der Mappe war als Rennmaus gestaltet, wobei die Kinder die Freiheit hatten, ihre Phantasie voll auszuleben – die mongolische Rennmaus musste nicht exakt dem biologischen Vorbild entsprechen. Sie konnten das Tier nach Belieben gestalten, etwa mit Ölkreiden, Wassermalfarben, Buntstiften oder interessanten Mustern, was den kreativen Prozess noch spannender machte. Im Inneren der Mappe befanden sich Ordnungshilfen, die aus Papier, Karton oder Klarsichtfolien bestehen konnten. In ihnen fanden sich Texte, Fotos, Skizzen, Vokabeln und kreative Basteltechniken wie Collagen. Dies erleichterte die Handhabung und Organisation der gesammelten Informationen.

Deutschunterricht Hier lag der Schwerpunkt auf dem sinnerfassenden Lesen und dem Entnehmen von Informationen aus Sachtexten über die Mongolische Rennmaus. Die Schüler:innen übten, wesentliche Inhalte aus verschiedenen Quellen zu verstehen und klar zusammenzufassen, zum Beispiel in Form von Steckbriefen und Mindmaps.

Ein Höhepunkt war die Arbeit mit dem Weihnachtsgedicht „Die Weihnachtsmaus" von James Krüss. Dabei lag der Fokus auf dem Erlernen und Präsentieren des neuen Stilmittels, nicht auf der biologischen Übereinstimmung zwischen der Hausmaus im Gedicht und der Rennmaus in der Klasse. Das Gedicht wurde in Strophen unterteilt, auswendig gelernt und von verschiedenen Schüler:innen vorgetragen. Im Hintergrund war das Nagarium mit den Rennmäuse im Gehege zu sehen, was die Präsentation bereicherte. Die Bewegungen der Mäuse konnten manchmal mit inhaltlich passenden Gedichtsteilen kombiniert werden, wodurch die Darbietung lebendig und spannend und die Freude am Lernen gefördert wurde. Zusätzlich wurden Videoaufnahmen der Präsentation gemacht und später im jährlichen Online-Adventkalender auf der Schulhomepage veröffentlicht. Das Gedicht und die Fotos der „Weihnachtsmäuse" wurden auch im Lapbook festgehalten, sodass die Schüler:innen ihre Arbeit kreativ und anschaulich dokumentieren konnten.

Biologie und Umweltbildung Im BU-Unterricht wurden verschiedene Themen behandelt:

Tiergerechte Haltung: Bevor die Mäuse aus Salzburg in das Klassenzimmer einzogen, wurde das fahrbare Nagarium in der Klasse aufgestellt. Das für die Einrichtung benötigte Zubehör, wie Einstreu, Heu, Stroh, Sandbad, Sand, Schlafmöglichkeiten (Häuschen), Kletter- und Versteckmöglichkeiten, Äste sowie Futter- und Wassernäpfe, wurde vorgestellt und auf einem Tisch platziert. Zusätzlich wurden verschiedene Behälter mit unterschiedlichen Futterangeboten, darunter Nüsse, Samen, Kerne, getrocknete Kräuter und Rennmausfutter, bereitgestellt. Das Thema „Einrichtung des Nagariums" wurde in verschiedene Teilbereiche gegliedert und in einfache Informationstexte aufbereitet. Dabei wurden unter anderem Fragen behandelt wie: Wo sollte das Nagarium im Klassenzimmer idealerweise platziert werden? Warum ist die Einstreu so wichtig? Worauf muss man achten, wenn Klettermöglichkeiten auf die Einstreu gestellt werden? Welche Bedeutung haben Versteck- und Nagemöglichkeiten? Welche Funktion erfüllt das Sandbad? Wo sollten die Futterschalen aufgestellt werden? Warum sind Beschäftigungsmöglichkeiten für die Tiere so entscheidend?
Diese Informationen wurden mithilfe der Unterrichtsmethode „Gruppen-Expert:innen-Ralley" (Jigsaw-Technik) erarbeitet, bei der die Schüler:innen kooperativ arbeiten und sich in verschiedenen Bereichen zu Experten entwickeln. Nach dem Durchlaufen der verschiedenen Phasen dieser Methode hatte jedes Kind tiefgehendes Wissen über einen bestimmten Bereich und konnte nachvollziehbar erklären, warum bestimmte Elemente im Nagarium erforderlich sind und welche Funktionen sie erfüllen. Anschließend wurden die Schüler:innen wieder in Gruppen eingeteilt, um das Gehege selbstständig mit dem von der Lehrkraft bereitgestellten Zubehör zu gestalten.

Ernährungspyramide für Rennmäuse: In zwei Unterrichtseinheiten wurde die Ernährung der Rennmäuse behandelt. Die Schüler:innen erstellten eine Ernährungspyramide für die Tiere, in die sie verschiedene Futtersorten wie Körner, Sämereien, Kräuter, Obst, Gemüse und Heu eintrugen. Dabei bestimmten sie die Häufigkeit der Futtergaben pro Woche und Tag und ordneten die Mengen den entsprechenden Stufen der Pyramide zu. Passende Futterbilder machten jede Stufe noch anschaulicher. Die erforderlichen Informationen mussten die Kinder aus kurzen Texten entnehmen. Da sie bereits mit dem Konzept der Nahrungspyramide beim Menschen vertraut waren, konnten sie dieses Wissen auf die Rennmäuse übertragen und entwickelten ein besseres Verständnis für deren Bedürfnisse. Die Pyramide wurde schließlich im Lapbook befestigt.

Anatomie/Sinnesorgane / Verhalten: Die Themen Anatomie, Sinnesorgane und Verhalten der Rennmäuse wurden in einer PowerPoint-Präsentation vermittelt. Zusätzlich lag der Fokus auf den Besonderheiten der Sinnesorgane der Besuchstiere im Nagarium, wie Ohren, Augen und Vibrissen, die anschaulich demonstriert wurden. An den lebenden Tieren erläuterte man zum Beispiel die Bedeutung der seitlich am Kopf hervorstehenden Augen für das weite Sichtfeld sowie die Wichtigkeit der Vibrissen, die sogar feinste Luftzüge in der Klasse wahrnehmen können. So konnten die Schüler:innen einen direkten Bezug zu den Tieren herstellen. Parallel dazu hielten die Kinder kurze, stichwortartige Informationen zu dem Thema wieder ihn ihrem Lapbook fest. Ein wesentlicher Bestandteil der Unterrichtseinheit waren zwei experimentelle Spiele, die nun kurz vorgestellt werden:

Spiel 1 – Geruchsmemory: Jedes Kind erhielt ein mit ätherischem Öl getränktes Wattepad, wobei drei verschiedene Düfte (Lavendel, Minze, Orange) verwendet wurden. Die Schüler:innen mussten ihre Partner:innen anhand des gleichen Duftes finden, indem sie durch die Klasse gingen und an den Proben ihrer Mitschüler:innen rochen. Am Ende bildeten sich drei Gruppen, jede mit einem spezifischen Duft. Dieses Spiel veranschaulichte, wie sich Rennmäuse in der Natur durch ihren Sippen-Geruch erkennen, was für ihre soziale Struktur von großer Bedeutung ist. Ihre empfindliche Nase erkennt sofort, wenn eine Maus nicht zur eigenen Gruppe gehört, was zu heftigen Kämpfen führen kann.

Spiel 2 – Ich höre was, was du nicht hörst: Im zweiten Experiment wurde der Gehörsinn der Schüler:innen mit einem Online-Hörtest überprüft. Die Kinder sollten herausfinden, bis zu welcher Frequenz sie Töne noch wahrnehmen konnten und welche sie als laut oder leise empfanden. Ziel war es, den Schüler:innen zu verdeutlichen, dass Rennmäuse in einem Frequenzbereich kommunizieren, der für Menschen nicht hörbar ist. Das Spiel diente dazu, ein besseres Verständnis für die unterschiedliche Wahrnehmung von Tönen zu entwickeln und das Thema Rücksichtnahme und Lautstärke anzusprechen. Die Schüler:innen erkannten, dass Geräusche, die für uns angenehm sind, für Rennmäuse unangenehm oder störend wirken können.

Die praktischen Spiele gaben den Schüler:innen wertvolle Einblicke in die Sinneswahrnehmungen der Rennmäuse und deren Bedeutung für Überleben und Verhalten.

Englischunterricht Hier stand das Thema „Prepositions" im Mittelpunkt. Die Schüler:innen erarbeiteten diese anhand der Frage „Where is the mouse?" unter Verwendung des Nagariums mit den Rennmäusen. Um das Thema kreativ und anschaulich zu gestalten, erstellten die Kinder ein Flip-Flap-Faltbuch im Lapbook, in dem die Maus in verschiedenen Positionen im Nagarium abgebildet wurde. Die dazugehörigen Präpositionen, wie „in", „on", „under" oder „next to", wurden so direkt und praxisnah eingeübt. Die Nager fungierten als „Co-Pädagog:innen", da sie die Schüler:innen bei der Anwendung der Präpositionen unterstützten und zugleich als „Sinnesmaterial" dienten. Diese kreative Einbindung stimulierte die Kinder optimal, sich in das neue Kapitel der Fremdsprache zu vertiefen. Durch die anschauliche und interaktive Herangehensweise wurde die Neugier der Schüler:innen geweckt, Kreativität gefordert und Aufmerksamkeit sowie Konzentration gefördert.

Mathematikunterricht Hier stand das Tierschutzgesetz zur Haltung mongolischer Rennmäuse im Fokus. Dabei ermittelten die Kinder die gesetzlich vorgeschriebenen Maße für das Gehege. Mit einem Maßband maßen sie die Länge und Breite des Geheges, fertigten Skizzen an und berechneten die Fläche sowie den Umfang. Zusätzlich ermittelten die Schüler:innen die Höhe der Einstreu, um die optimalen Bedingungen für das Wohl der Tiere sicherzustellen. Auch die wöchentliche Futtermenge der Mäuse wurde berechnet.

Geografie und wirtschaftliche Bildung Im Geografieunterricht begaben sich die Schüler:innen auf eine spannende Entdeckungsreise in die Mongolei, das Heimatland der mongolischen Rennmäuse. Mithilfe eines Beamers und Google Earth erkundeten sie die geografische Lage des Landes. Sie fanden die Mongolei auf der Weltkarte und bestimmten durch eine Atlasübung die angrenzenden Nachbarländer, um ein besseres Verständnis für die Region zu entwickeln. Während der Stunde wurden den Schüler:innen sowohl geografische als auch biologische Zusammenhänge nähergebracht. Sie erfuhren, wie die extremen klimatischen Bedingungen der Mongolei das Leben der dort heimischen Tiere prägen. Besonders das Leben der Rennmäuse in unterirdischen Gangsystemen wurde eingehend erläutert, da diese den Tieren Schutz vor den starken Temperaturschwankungen und Fressfeinden bieten. Die Kinder lernten, wie die geografischen Gegebenheiten der Mongolei – von der weiten Steppe bis hin zu den Gebirgsketten – mit den biologischen Anpassungen der Rennmäuse und anderer Lebewesen im Einklang stehen.

Technik und Design In den textilen Stunden bastelten die Schüler:innen aus Filz und Wolle kleine „Kuscheltier-Wollmäuse". In den technischen Stunden hingegen fertigten sie aus Karton und Holz Beschäftigungsgegenstände, die als Environmental Enrichments für die Nagetiere dienten. Dieses neue Beschäftigungsmaterial wurde anschließend für die Umgestaltung des Geheges verwendet.

Bewegung und Sport Im Fach Bewegung und Sport gestalteten die Schüler:innen einen Art Mäuseparkour für Menschen, bei dem sie mit verschiedenen Turngeräten und Matten die Einrichtung des Nagariums nachbauten. Ziel war es, den Parkour so zu konzipieren, dass er die Herausforderungen widerspiegelte, die Rennmäuse in ihrem natürlichen Lebensraum oder im Gehege bewältigen müssen. Anschließend versuchten die Kinder, die Hindernisse zu überwinden und sich wie die Rennmäuse zu bewegen. Das gemeinschaftliche Bauen und die Zusammenarbeit standen dabei im Vordergrund. Die Aufgabe förderte nicht nur den Spaß an der Bewegung, sondern auch Kreativität und Teamarbeit, da die Schüler:innen ihre Ideen umsetzten und den Parkour nach eigenen Vorstellungen gestalteten.

Römisch-katholischer Religionsunterricht Das Projekt „Mongolische Rennmäuse" wurde im Fach Religion im Kontext des Jahresmottos unserer Schule *„Schöpfung bewahren – Verantwortung leben"* durchgeführt. Es bot eine wertvolle Gelegenheit, den Umgang mit der Natur und den Tieren zu reflektieren. Welche Verantwortung tragen wir als Einzelne und als Gesellschaft im Hinblick auf den Schutz der Schöpfung? Die Schüler:innen setzten sich intensiv mit diesen Fragen auseinander und besprachen den moralischen Aspekt des Projekts: Was bedeutet es, die Schöpfung zu bewahren?

Darüber hinaus entwickelten sie konkrete Ideen, wie sie persönlich Verantwortung für den Erhalt der Natur übernehmen können, sei es durch einen respektvollen Umgang mit der Umwelt oder durch nachhaltige Lebensweisen.

9.7 Ergebnissicherung Kurzfilm für Schulhomepage

Für die Schulhomepage wurde zum Thema Tiergestützte Pädagogik ein Film produziert. Kinder berichteten freiwillig von ihren täglichen Aufgaben bei der Pflege der Mäuse, zeigten den Tagesablauf, das Füttern und Reinigen des Käfigs und teilten ihr erarbeitetes Wissen. Sie wechselten sich in der Moderation ab und schrieben sogar eigene Textpassagen. Der Film vermittelte Wissen über die Mäuse und zeigte die Begeisterung der Schüler:innen für das Thema.

9.8 Highlights und Erfolge

Das Projekt startete nach den Herbstferien mit zwei ersten Klassen und konnte mit Beginn der Weihnachtsferien abgeschlossen werden. Beide Klassen bestanden aus jeweils 18 Kindern, die aus verschiedenen Volksschulen in einem neuen Klassenverband zusammengeführt wurden. Dieser Übergang in die neue Schulstufe bringt für „Erstklässler:innen" erfahrungsgemäß viele Herausforderungen mit sich. Die Kinder sind vor die Aufgabe gestellt, sich mit einer Vielzahl neuer Regeln und sozialer Normen vertraut zu machen. In dieser Zeit müssen sich die Schüler:innen nicht nur an den neuen schulischen Alltag gewöhnen, sondern auch in einer neuen Klassengemeinschaft zurechtfinden. Besonders in dieser Übergangszeit ist es wichtig, dass sich die Kinder gegenseitig unterstützen und erste soziale Bindungen aufbauen.

Die Arbeit mit den Rennmäusen erwies sich während dieser Phase als äußerst wertvoll (Abb. 9.3). Sie fungierten als „Eisbrecher" und halfen, die anfängliche Unsicherheit und die Distanz unter den Schüler:innen zu überwinden. Wir konnten beobachten, dass insbesondere introvertierte Kinder sowie solche, die zu Beginn noch in Außenseiterpositionen waren, durch den gemeinsamen Umgang mit den Tieren leichter Zugang zu den anderen fanden. Die Tiere sorgten nicht nur für eine entspannte Atmosphäre, sondern schafften es auch, Hemmschwellen abzubauen und Gespräche zu fördern.

Abb. 9.3 Schülerin bei der Kontaktaufnahme mit den Mäusen. (© Heinrich Bettina)

Durch die Arbeit mit den Mäusen wurden die Kinder dazu angeregt sich auszutauschen. Sie begannen über ihre persönlichen Erfahrungen und Beobachtungen zu plaudern und zu diskutieren. Diese Gespräche fanden nicht nur während der Arbeit mit den Tieren statt, sondern breiteten sich auch auf die Pausen aus. Das gemeinsame Pflegen und Füttern förderte nicht nur das Miteinander, sondern stärkte auch das Gefühl der Verantwortung und des Zusammenhalts innerhalb der Gruppe. Die Schüler:innen erinnerten sich respektvoll an wichtige Verhaltens- und Hygieneregeln im Umgang mit den Tieren. Besonders in der Anfangsphase waren viele Kinder noch unsicher, wie sie sich richtig verhalten sollten. Die Tatsache, dass sie sich gegenseitig halfen und aufeinander achteten, förderte ein respektvolles Miteinander und trug zur Schaffung eines positiven und sicheren Lernumfelds bei.

Ein besonders herausfordernder Aspekt war die Integration von Schüler:innen mit nichtdeutscher Muttersprache. Zu Beginn waren viele dieser Kinder aufgrund der Sprachbarriere verängstigt und scheuten den Kontakt zu ihren Mitschüler:innen. Durch die gemeinsame Arbeit mit den Tieren wurde jedoch ein kreativer und barrierefreier Raum geschaffen, der es den Kindern ermöglichte, sich auch ohne die Notwendigkeit perfekter Sprachkenntnisse zu verständigen. Die Tiere fungierten hier als eine Art „Brücke" und halfen den Kindern, sich sicherer zu fühlen und den ersten Schritt zur Kontaktaufnahme zu wagen.

Ein weiterer positiver Effekt war die beruhigende Wirkung der Rennmäuse auf besonders unruhige Kinder. Diese wurden phasenweise gezielt neben das Nagarium gesetzt. Das Stillhalten und ruhige Verhalten in der Nähe der Tiere war eine Herausforderung, die sie jedoch gerne annahmen. Die Erfahrung zeigte, dass die Kinder motiviert daran arbeiteten, sich ruhiger zu verhalten, da sie direkten Einfluss auf das Verhalten der Mäuse hatten. Sobald sie es schafften, still zu bleiben und sich kontrolliert zu bewegen, wurden sie sofort belohnt: Die Mäuse verließen ihre Verstecke und erkundeten aktiv ihre Umgebung. Dieses direkte Feedback wirkte als positiver Verstärker und half den Schüler:innen, ihre Unruhe besser zu regulieren. Kinder, die Schwierigkeiten hatten, länger stillzusitzen, lernten auf spielerische Weise, ihre Konzentration zu steigern und ihre Umgebung bewusster wahrzunehmen.

9.9 Herausforderungen und Empfehlungen für Lehrkräfte

Trotz der zahlreichen Erfolge brachte das Projekt auch einige Herausforderungen mit sich. Es erforderte eine sorgfältige Planung, professionelle Teamarbeit, starken gemeinsamen Zusammenhalt und einen regelmäßigen Austausch aller Beteiligten, damit es erfolgreich umgesetzt werden konnte. Nur durch diese enge Zusammenarbeit konnte sichergestellt werden, dass die Tiere stets gut versorgt wurden und alles reibungslos ablief. Auch die Materialvorbereitung erwies sich als anspruchsvolle Aufgabe: Die Erstellung von projektspezifischen Unterlagen (Arbeitsblätter, PowerPoint-Präsentationen, Lernspiele, diverses Material für offene Lernphasen) war äußerst zeitintensiv. Des Weiteren kann ein so umfangreiches Projekt dazu führen, dass andere Themen in der Jahresplanung gestrichen oder zugunsten des Projekts verschoben werden müssen, um genügend Zeit und Ressourcen bereitzustellen. Alle beteiligten Lehrkräfte mussten einige ihrer Unterrichtseinheiten flexibel anpassen, was sie mit Freude und positivem Engagement taten.

Zusätzlich stellte sich heraus, dass in Österreich nur wenige Institutionen Tiere für schulische Projekte verleihen. Daher war es notwendig, die Rennmäuse über eine große Distanz von Salzburg nach Wien zu transportieren, was einen erheblichen zusätzlichen organisatorischen und zeitlichen Aufwand verursachte.

9.10 Resümee und Ausblick

Zusammenfassend lässt sich sagen, dass das Projekt nicht nur die sozialen Fähigkeiten der Kinder förderte, sondern auch einen wichtigen Beitrag zum Aufbau eines integrativen und respektvollen Klassenzusammenhalts leistete. Die Arbeit mit den Rennmäusen unterstützte die Schüler:innen besonders in der Eingewöhnungsphase und half ihnen, sich schnell in der neuen Klassengemeinschaft zurechtzufinden. Der fächerübergreifende Unterricht bereicherte das Projekt zusätzlich, indem er den Kindern ermöglichte, verschiedene Lernbereiche miteinander zu verbinden und das Thema aus unterschiedlichen Perspektiven zu betrachten. Für die introvertierten und zurückhaltenden Schüler:innen sowie für Kinder mit sprachlichen Hürden war das Projekt eine wertvolle Gelegenheit, sich zu integrieren und aktiv am gemeinsamen Lernprozess teilzunehmen. Das Projekt wurde von allen Beteiligten als großer Erfolg gewertet, und weitere (temporäre) Tierprojekte sind bereits in Planung.

10 Achatschnecken – Langsam, aber lehrreich. Eine kooperative, forschend angelegte Experimentiereinheit für den Biologieunterricht

Monique Meier, Stefanie Wiedmer und Marit Kastaun

10.1 Kurze Beschreibung

Nicht nur die Größe der Achatschnecken ist beeindruckend, auch ihre agilen Fühlerbewegungen, die Muskelbewegungen beim Kriechen wie auch der Einsatz ihrer Raspelzunge beim Fressen, wecken das Interesse bei den Lernenden, sich mit diesen Tieren näher zu beschäftigen. Ihre Verhaltensweisen beim Auffinden von Nahrung und den hierbei genutzten Sinnen stellt die Grundlage des Forschenden Lernens der Schüler:innen mit den Tieren dar. Diese lässt mehr als eine Vermutung zu und ermöglicht offenes, selbstständiges Forschen. Ausgerüstet mit vergleichsweise wenigen und leicht zu beschaffenden Materialien können die Schüler:innen ein Experimentiersetting entwickeln, qualitative oder quantitative Daten zum Verhalten der Achatschnecken bei der Nahrungssuche aufnehmen und auswerten, um dabei ihre Kompetenzen in der naturwissenschaftlichen Erkenntnisgewinnung und im kooperativen Arbeiten anzulegen oder zu vertiefen. Mit den Achatschnecken zieht ein morphologisch wie auch verhaltensbiologisch interessantes Tier in den Unterricht ein.

M. Meier (✉) · S. Wiedmer
Professur für Didaktik der Biologie, Technische Universität Dresden, Dresden, Deutschland
E-Mail: monique.meier@tu-dresden.de

S. Wiedmer
E-Mail: stefanie.wiedmer@tu-dresden.de

M. Kastaun
Fachgebiet Didaktik der Biologie, Universität Kassel, Kassel, Deutschland
E-Mail: m.kastaun@uni-kassel.de

10.2 Rahmenbedingungen

- **Tierart:** Afrikanische Achatschnecken (*Achatina fulica*)
- **Schultyp:** alle Schulformen, mit Fokus auf Mittelstufe
- **Schulklasse:** 5. und 6. Klassenstufe
- **Fach/Fächer:** Biologie (Themen: Wirbellose Tiere, Anpassung an den Lebensraum, Experimentieren)
- **Beteiligte Personen:** Erprobung und Evaluation mit 9 Schulklassen des 6. Jahrgangs, eine Fachlehrkraft pro Klasse sowie betreuende Personen
- **Dauer des Projektes:** Unterrichtsblock (= Experimentiereinheit 2–3 h)
- **Dauer des Tieraufenthaltes:** Die Einheit fand im Lehr-Lern-Labor an einer Universität statt, wo die Schnecken gehalten werden. Bei Durchführung an der Schule müssen die Schnecken nicht dauerhaft an der Schule sein, sondern könnten für die Experimentiereinheit ausgeliehen werden.
- **Finanzierung:** haushaltsfinanziert

10.3 Motivation

Das Tierreich steckt voller Geheimnisse, die Lernende jeden Alters zum Fragen stellen und Forschenden Lernen motivieren. Viele biologische Phänomene können von den Lernenden in einfachen Beobachtungen oder Experimenten selbst erforscht und beantwortet werden. Für die Experimentiereinheiten haben wir uns für die Ostafrikanischen Riesenschnecken (auch Achatschnecken) entschieden, da viele Schüler:innen Vorerfahrungen mit (meist heimischen) Schnecken aus ihrer Grundschulzeit mitbringen, die exotischen, afrikanischen Arten zusätzlich durch ihre Größe beeindrucken. Dies weckt meist das Interesse sich mit diesen eindrucksvollen Tieren näher beschäftigen zu wollen.

Die Motivation zum Arbeiten mit Achatschnecken wurde in der Arbeitsgruppe der Biologiedidaktik an der Universität Kassel entfacht und führte im Lehr-Lern-Labor FLOX zur Entwicklung der hier beschriebenen Experimentiereinheit. Diese wird seit 2024 im Zuge der Einrichtung des Lehr-Lern-Labor petZ an der TU Dresden weiterentwickelt.

10.4 Ablauf, Materialien und Herangehensweise

Ausgangspunkt und fachinhaltlichen Kontext der Experimentiereinheit bildet die Ausprägung der Sinne bei den Achatschnecken in Verbindung mit ihrer generellen Aktivität, vor allem zur Nahrungssuche. Die Erforschung der Sinne erfolgt in Kleingruppen. Organisiert über zwei Phasen können die Lernenden erst *frei* die Sinne der Achatschnecken Erkunden und Entdecken, um daran anschließend *methodisch angeleiteter wissenschaftlich* zu arbeiten. In beiden Phasen werden folgende Materialien je Kleingruppe benötigt, die ihnen an einem Materialistisch zur freien Wahl zur Verfügung gestellt werden:

- *Für alle Gruppen:* 2–3 Achatschnecken, glatte Unterlage (z. B. Glasplatte), weißes Papier (unter die Unterlage) & Stifte, Stoppuhr, ggf. Sprühflasche mit lauwarmem Wasser, digitales Endgerät
- *Für das Experiment zum Hörsinn:* Aufsteller (z. B. Ziegelsteine, Pappecken), Laub in Schüssel/Behälter, Audioaufnahmen von fallendem Obst o.Ä. auf digitalem Endgerät
- *Für das Experiment zum Sehsinn*: Papier- oder Knet-Attrappen von präferierter Nahrung (z. B. Banane) und anderen Formen (z. B. Herz)
- *Für das Experiment zum Geruchssinn:* Aufsteller (z. B. Ziegelsteine, Pappecken); verschiedene Nahrungsquellen wie Katzenfutter, Salat, reifes Obst etc.; ggf. Schneidebrett und Messer, Löffel; kleine Petrischalen

Für die Durchführung der Versuche in dieser Einheit sollten die Tiere nicht satt sein. Es empfiehlt sich, mindestens einen Tag vor dem Einsatz im Unterricht zwei Achatschnecken pro Gruppe in einen Behälter oder eine Faunabox ohne Futter zu setzen. Ersatztiere befinden sich in einer weiteren Box.

10.4.1 Einführung

Die Lernenden werden vor den Versuchen über den Umgang mit den Achatschnecken belehrt: Vor dem Austeilen bzw. Herausheben aus der Box werden die Hände gründlich, ohne Seife, gewaschen. Die Aktivität ist von der Umgebungstemperatur und -feuchtigkeit abhängig. Zu ihrem Schutz ziehen sich die Schnecken häufig in ihr Gehäuse zurück, um einen Wasserverlust zu verhindern. Die Tiere können vorsichtig mit lauwarmem Wasser besprüht, aber keinesfalls gebadet oder geduscht werden. Ein Anfassen der Tiere mit feuchten Händen erleichtert den Umgang. Glasplatten können vor dem Einsatz auf etwa 25 °C erwärmt werden. Beim Hochheben oder Umsetzen der Tiere ist Folgendes zu beachten:

- Die Tiere dürfen nicht an ihrem Gehäuse vom Untergrund hochgezogen werden, da sie dabei verletzt werden oder sogar sterben können (Mantelkollaps).
- Haben sich die Tiere am Untergrund festgeheftet, werden sie vorsichtig seitlich heruntergeschoben oder es wird mit den Fingern von vorn unter den Schneckenfuß gefasst.
- Bei Versuchen, bei denen die Schnecken herunterfallen könnten, hält ein Lernender die Hand schützend unter die Schnecke.
- Nach jedem Versuch werden die Tiere in ihre Boxen zurückgesetzt.
- Sollte die Schnecke sich nicht bewegen oder fressen, wird sie in ihren Behälter zurückgesetzt und durch ein anderes Tier ersetzt.

Essen und Trinken ist während der Experimentiereinheit nicht erlaubt. Nach dem Anfassen der Schnecken werden die Hände gründlich mit Seife gewaschen.

10.4.2 Verlaufsplan

Im Folgenden wird tabellarisch der Ablauf der Experimentiereinheit beschrieben (Tab. 10.1).

10.4.3 Phase 1: Freies Experimentieren

Phänomen und Fragestellung Mit Hilfe eines Comics (siehe Abb. 10.1) lernen die Schüler:innen die Achatschnecken kennen, bekommen erste Informationen zum Lebensraum, zur Aktivität in der Dämmerung/Nacht, zu den morphologischen Merkmalen und zur bevorzugten Nahrung. Wie sie ihre Nahrung finden, bleibt hierbei offen. In der Folge wird mit den Lernenden der Forschungsfrage: **Wie können die Ostafrikanischen Riesenschnecken ihre Nahrung in der Dämmerung und im Dunkeln finden?** nachgegangen. Achatschnecken könnten Futterquellen über den Seh-, Geruchs- oder auch Tastsinn auffinden. Auch wenn der Hörsinn weniger naheliegend erscheint – herabfallendes überreifes Obst aber durchaus Geräusche erzeugt – bietet es sich auch an, diesen zu überprüfen. Mit den Lernenden werden erste Ideen im Plenum zu den möglichen relevanten Sinnen zur Nahrungssuche gesammelt. Aufgeteilt in Kleingruppen können die Lernenden nun zunächst frei ihren Ideen nachgehen, sich den Tieren dabei langsam annähern und das zur Verfügung gestellte Material kennenlernen.

Durchführung und 1. Auswertung In der ersten Phase des „Freien Experimentierens" wird von den Schüler:innen, je nach Vorkenntnissen zum Experimentieren, meist (ohne Planung, kurze Versuche ohne Messkonzept) ein mit vielen Störquellen verbundenes Experiment durchgeführt. Die Kleingruppen können sich Materialien holen und ihren Versuch ohne Eingreifen der betreuenden Lehrpersonen durchführen. Diese achten auf den artgerechten Umgang mit den Tieren und darauf, dass die Tiere in dieser Phase nichts fressen.

Im Plenum wird in einer Tabelle an der Tafel gesammelt, ob die Gruppen eine Vermutung aufgestellt und einen Plan entwickelt haben und zu welchem Ergebnis sie gekommen sind. Das zumeist unsystematische Vorgehen in den Kleingruppen führt (oftmals) zu wenig aussagekräftigen Befunden. Dies wird als Ansatzpunkt genutzt, um mit den Lernenden über den Ablauf wissenschaftlicher Forschung zur Erkenntnisgewinnung, die Bedeutung von Vermutungen und Messungen sowie das Eliminieren oder Konstant halten von Störquellen anhand ihres eigenen Vorgehens zu reflektieren.

Tab. 10.1 Verlaufsplan mit Impulsen zur Experimentiereinheit

Phase	Inhalt & Impulse	Materialien	Anmerkungen/Erweiterungen
Sensibilisierung & Aktivierung	Terrarium mit Schnecken (mit Tuch abgedeckt) steht für alle ersichtlich im Raum: *„Habt ihr eine Vermutung, um welches Tier es sich heute handelt?"* (Verweis auf Merkmale: „handgroß", „schleimig", „langsam") ODER (wenn Tier bekannt): *„Wie sieht das Tier aus? Wie groß ist es? Habt ihr es schon mal live gesehen und/oder sogar auf der Hand gehabt?"*	Terrarium mit Schnecken Tuch ggf. Lupen	Je nach Bekanntheitsgrad des Tieres ist mit Unruhe zu rechnen. Allen Lernenden wird ein Blick auf die Schnecken ermöglicht, dafür ggf. Schnecken in Faunaboxen vorbereiten.
Phänomen & Fragestellung	Kurzfilm, Comic oder Live-Erzählung zu den Schnecken mit anschließendem Austausch, um gemeinsam eine Forschungsfrage abzuleiten: *„Habt ihr Besonderheiten bei der Schnecke gesehen? Beschreibt mal, was eine Schnecke am Tag und nachts so macht? Könnten wir hier etwas untersuchen, was wir uns nicht erklären können?"* Ideen zu Untersuchungsfaktoren an der Tafel sammeln – Forschungsfrage „einpassen" Bildung von Arbeitsgruppen (= Forschergruppen)	Präsentationsfläche Film od. Comic Stellwand od. Tafel	Vor dem Film/Comic/Erzählung Fragen sammeln zu dem, was die Lernenden gern über die Schnecken erfahren möchten. Im Anschluss gemeinsames Beantworten der Fragen auf Basis der Film-/Comic-/Erzählungsinhalte.
Freies Experimentieren	Lernende können in den Arbeitsgruppen ein Experiment/Versuch zur Prüfung der Forschungsfrage frei durchführen, d. h. ohne Impulse seitens der Lehrkraft/betreuenden Person	Experimentiermaterialien ggf. Notizzettel	*Beachten:* artgerechter Umgang, Tiere sollten nicht fressen, kein Kontakt mit Duftöl, Zitrusfrüchten etc.
1. Auswertung	Das Vorgehen der Arbeitsgruppen wird im Plenum gesammelt und tabellarisch entlang der Phasen des Erkenntnisprozesses an der Tafel dokumentiert: *„Wie seid ihr vorgegangen? Warum ist eine Vermutung wichtig? Was sollte ihr bei der Planung beachten werden? Warum hattet ihr keine eindeutigen Ergebnisse? Was könntet ihr beim nächsten Mal besser machen?"* Aufgreifen der untersuchten Sinne und Überleitung zu arbeitsteiligem, „genauem" Forschen in den Gruppen.	Tafel oder digitale Präsentationsfläche	Die Gruppen werden in der freien Experimentierphase zumeist Riechen oder Sehen prüfen. *Ergebnis der freien Phase:* mehr Sinne untersuchen und genaueres/planvolleres Vorgehen

(Fortsetzung)

Tab. 10.1 (Fortsetzung)

Phase	Inhalt & Impulse	Materialien	Anmerkungen/Erweiterungen
Angeleitetes Experimentieren	Die Lernenden übertragen die Forschungsfrage in das Protokoll und formulieren Vermutungen in den Gruppen.	Protokoll als V-Diagramm	Lehrkraft gibt Impulse zur Planung, wie z. B.: *Was soll untersucht werden, wie genau bzw. was wollt ihr beobachten/messen, wie oft und mit wie vielen Schnecken macht ihr die Durchgänge…*
	PLANUNG (I) Lernende entwickeln einen Plan zur Prüfung ihres Sinns/ihrer Vermutung in Rücksprache mit der Lehrkraft.		
	AUSTAUSCH DER FORSCHERGRUPPEN ZUR PLANUNG Je zwei Gruppen finden sich zusammen: *Jede Gruppe stellt vor, wie sie ihren Sinn untersuchen möchte. Jede:r kann Rückfragen stellen, wichtig ist, dass wir gemeinsam überlegen, was an dem Plan verbessert werden kann. Ihr unterstützt euch gegenseitig so, dass alle Gruppen zu aussagekräftigen Ergebnissen kommen*	Tischkarte mit Auftrag zur Austauschphase	Lehrkraft gibt Impulse zu möglichen Störquellen etc. und leitet einen Vergleich der Messkonzepte in den beiden Plänen an, um ähnliche Messintervalle und -dauer anzustreben.
	PLANUNG (II) Lernende in der eigenen Forschergruppe ändern oder passen ggf. ihren Plan mit Messkonzept ab/an und dokumentieren alles im Protokoll.	Protokoll als V-Diagramm Tablets	ggf. Aufteilung der Gruppenmitglieder: Essensbeauftragte:r, Materialbeschaffer:in, Zeitwächter:in, Protokollant:in…
	DURCHFÜHRUNG Lernende bauen ihr geplantes Experiment auf und positionieren sinnvoll zur Dokumentation der Durchläufe ein Tablet. Mit dem Start des Experiments/Einsetzen der ersten Schnecke wird eine Aufnahme im Zeitraffer gestartet.	Experimentiermaterialien	Schnecken erst holen/geben, wenn der Aufbau fertig ist; bei mehreren Durchläufen pro Schnecke, diese erst am Ende fressen lassen
	ZUSAMMENFASSENDE AUSWERTUNG Lernende fassen Ergebnisse in der Gruppe zusammen und besprechen mögliche Fehlerquellen. In der Gruppe wird auf je eine (digitale) Karteikarte die Vermutung und das zentrale Ergebnis formuliert.	große Karteikarten (digital od. analog) ggf. Stifte	Begriffe wie z. B. Fehlerquellen erklären; ein Präsentator/-innen (-Pärchen) aus der Gruppe wählen
	Forschergruppen kommen im Plenum zusammen		
Präsentation & 2. Auswertung	Gruppen stellen ihr Vorgehen mit dem Zeitraffer-Film und Befunde vor. Karteikarten an der (digitalen) Tafel sammeln. Gemeinsam zur Vermutung rückbinden und zusammentragen, was zum Verhalten/ zu den Sinnen der Schnecken gelernt wurde.	Tafel oder digitale Präsentationsfläche	Fachliche Klärung des Phänomens bzw. der Frage durch die Lehrkraft im Zuge der Interpretation der Ergebnisse.

10.4.4 Phase 2: Angeleitetes Experimentieren

Vermutung & Planung Mit dem Übergang in die wissenschaftlich angeleitete Phase zum Experimentieren werden die Kleingruppen zu Forschergruppen, die jeweils einen ausgewählten Sinn der Achatschnecken experimentell untersuchen. Anknüpfend an die Erkenntnisse aus der 1. Auswertungsphase formulieren die Lernenden in ihren Forschergruppen Vermutungen und entwickeln in einer expliziten Planungsphase mithilfe der Materialien und unterstützender Beratung durch die Lehrkraft ein Experiment und dokumentieren dies (siehe Abb. 10.2). Sind der Aufbau, die Durchführung sowie das Messkonzept festgelegt, setzen sich immer zwei Forschergruppen zu einem „Arbeitsgruppentreffen" zusammen und stellen sich kurz gegenseitig ihren Plan vor (siehe Abb. 10.3). Im Austausch zu dem jeweiligen Plan werden mögliche Störquellen identifiziert und gemeinsam Wege der Überwindung diskutiert sowie das Messkonzept ggf. aufeinander abgestimmt, um eine Zusammenführung der Befunde am Ende zu unterstützen. Die Erkenntnisse werden kurz mit der Lehrkraft besprochen, bevor sich die Forschergruppen wieder trennen und jede Gruppe an ihren Platz zurückkehrt.

Durchführung Zurück in den einzelnen Forschergruppen wird der Plan ggf. nochmal überarbeitet, das Experiment aufgebaut und durchgeführt (siehe Abb. 10.4 und 10.5). Erst jetzt kommen die Achatschnecken wieder zum Einsatz und die Gruppen starten mit der Durchführung ihres Experimentes. Diese können sie mit einer Zeitraffer-Aufnahme dokumentieren. In der Durchführung sollten die Gruppen nicht mehr drastisch von ihrem Plan abweichen. Sie führen im Idealfall mehrere Durchgänge mit ein bis zwei Achatschnecken durch und messen z. B. die Zeit vom festgelegten Startpunkt bis zum Erreichen einer (ggf. versteckten) Futterquelle oder sie legen einen Zeitraum fest und notieren das beobachtete Verhalten der Schnecke in diesem. Im Anschluss findet noch in den Forschergruppen eine erste Auswertung statt, die auch zur Vorbereitung der Präsentations- und Auswertungsphase im Klassenplenum dient.
2. Auswertung und Interpretation : Im Plenum bringen die Forschergruppen ihre Befunde zusammen (z. B. gesammelt über digitale Karten an einer Online-Pinnwand), reflektieren ihr Vorgehen sowie die Aussagekraft ihrer Befunde hinsichtlich möglicher Fehlerquellen und werden in der fachlichen Interpretation von der Lehrkraft unterstützt. In der Zusammenführung der einzelnen Experimente und Befunde der Forschergruppen wird das Phänomen um die Sinne und Nahrungssuche kooperativ von den Lernenden einer Schulklasse erschlossen.

Abb. 10.1 Comic zur Veranschaulichung des Phänomens der Nahrungssuche bei AchatsSchnecken. (Eigene Darstellung, erstellt mit Canva (2025) von Stefanie Wiedmer)

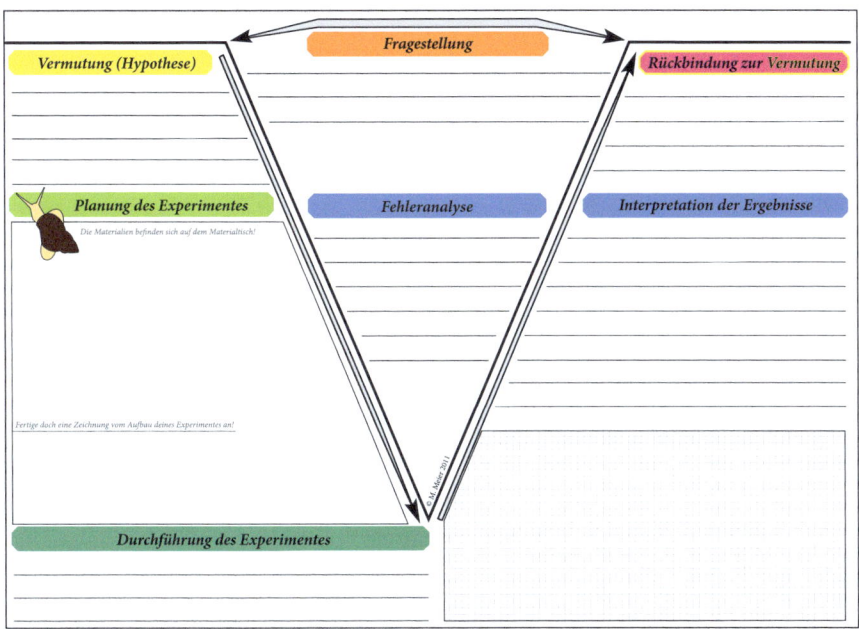

Abb. 10.2 V-Diagramm als Protokollvorlage zur Dokumentation. (© Monique Meier)

10.5 Highlights und Erfolge

„Ihiiii" – *„Boaaah, wie cool sind die!?"* – *„Was ist das, die fass ich nicht an!"* Die ersten Reaktionen zu den Achatschnecken sind bei den Schüler:innen sehr unterschiedlich, von Ekel bis großer Freude ist an Emotionen alles vertreten. Während viele Lernende schnell mit den Achatschnecken in Kontakt treten und ihnen Namen geben, wahren andere gerade zu Beginn der Einheit Distanz. Sowohl die Größe der Achatschnecken als auch das schleimige Aussehen werden nicht selten als eklig empfunden. Im Verlauf der Einheit ist jedoch eine Annäherung aller Lernenden an die Tiere zu beobachten, die ihre Scheu ablegen und sich selbst ein persönliches Highlight verschaffen, indem sie die Tiere in die Hand nehmen. Die Achatschnecken als Lebewesen in ihren Bedürfnissen wahrzunehmen und eine erste emotionale Verbindung aufzubauen, ist für uns ein Erfolg beim Lernen mit Tieren.

Im Zuge des naturwissenschaftlichen Arbeitens zur Prüfung der Sinne der Achatschnecken spielt das kooperative Forschen und Lernen eine zentrale Rolle. Dies ist für die Lernenden sowohl herausfordernd, regt sie aber auch stark zur Mitarbeit an. Jede Kleingruppe bringt durch ihr selbst entwickeltes Experiment zentrale Befunde in das übergeordnete Forschungsvorhaben ein und ist damit kooperativ an der Prüfung und Klärung des Phänomens beteiligt. Dieses Vorgehen führt im Klassengefüge und in den Kleingruppen zu einer motivierten, hohen Beteiligung

AUSTAUSCH IN FORSCHERGRUPPEN

Jede Gruppe erzählt was sie vor hat!

1.) Jede Forschergruppe stellt ihren Plan zum Experiment vor.
2.) Alle anderen stellen Fragen, wenn sie etwas nicht verstehen.

Nun geht es darum euren Versuchsplan gemeinsam zu verbessern!

Tauscht euch zu den folgenden Fragen aus bzw. versucht diese zu beantworten. **Überlegt gemeinsam für eure Experimente was ihr ändern und ähnlich machen könntet.**

- Was wollt ihr in eurem Experiment beobachten und messen?
- Wie oft wollt ihr die Beobachtungen/Messungen durchführen?
- Wie lange wollt ihr beobachten und messen?
- Was könnte euer Experiment bzw. Ergebnis beeinflussen?

Geht nun zurück an euren Forscherplatz, überarbeitet euren Plan und führt ihn durch.

Abb. 10.3 Karte für den Austausch in den Forschergruppen. (© Monique Meier)

sowie zu einem Gemeinschaftsgefühl. Die Aktivität der Lernenden im kognitiven, psychomotorischen und vor allem auch kommunikativen Bereich beim selbstständigen Forschen zu beobachten, ist ein Highlight für uns.

10.6 Herausforderungen und Empfehlungen für Lehrkräfte

Das forschend angelegte Prüfen der einzelnen Sinne der Achatschnecken ist materialbezogen relativ einfach umsetzbar, verlangt aber von den Lernenden fachmethodische und soziale Fähigkeiten in unterschiedlicher Komplexität ab. In den Forschergruppen zum Sehen und Riechen fällt es den Lernenden i. d. R. leichter, ein Versuchssetting zu entwickeln und sich über den gesamten Arbeitsprozess sowie in der Präsentationsphase aktiv zu beteiligen. Beim Hörsinn kann es in den Gruppen aufgrund der fehlenden Reaktion der Schnecken auch zum Absinken der Motivation im Forschungsprozess kommen. In der Anlage eines Versuchssettings zu diesem Sinn, ist jedoch Kreativität bei den Lernenden gefragt. Die Entscheidung für eine passende Lautstärke, die Anordnung der Geräuschquellen und Positionie-

Abb. 10.4 Fotos der Durchführung exemplarischer Experimente. (© Marit Kastaun)

Abb. 10.5 Fotos der Durchführung exemplarischer Experimente. (© Marit Kastaun)

rung der Schnecke muss ggf. sukzessiv ausprobiert werden, sodass in der Durchführung die Lernenden auch vom Plan oder Plänen abweichen, was hier auch zugelassen werden sollte.

In allen Gruppen ist es möglich, dass die Schnecken wenig bis keine Aktivität zeigen. Eine gute Vorbereitung der Schnecken sowie ein artgerechter und ruhiger Umgang während des Experimentierens können sich positiv auswirken. Allerdings bleibt jedes Tier im Verhalten sehr individuell. Es ist wichtig, dass jeder Forschergruppe mindestens zwei Tiere zur Verfügung stehen (Zu empfehlen wären sogar drei Schnecken.); die Haltung so vieler Achatschnecken (für eine ganze Klasse) kann jedoch herausfordernd sein.

Es ist zu empfehlen, neben der zuständigen Fachlehrkraft mindestens eine weitere Person zur Unterstützung bei der Betreuung der Kleingruppen einzubeziehen. Gemäß unseren Erfahrungen haben viele Schüler:innen wenig bis keine Vorkenntnissen im Experimentieren und dem Umgang mit Tieren. Dies stellt einen hohen Betreuungsaufwand in der Experimentiereinheit dar. Zudem kann es sinnvoll sein, zwischen den Phasen mehrere Plenumstreffen einzubauen, um die Lernenden nicht in ergebnislose Irrwege laufen zu lassen. Ziel beim naturwissenschaftlichen Arbeiten ist es, Lernende darin zu unterstützen, gezielter zu planen, relevante Variablen (z. B. Messgrößen, Störgrößen) eines Experiments zu identifizieren, Messungen anzulegen und systematisch durchzuführen sowie Ergebnisse zu reflektieren und zu interpretieren. Dies im Regelunterricht zu erreichen ist zumeist nur mit entsprechender Unterstützung durch die Lehrkraft oder Peers (mit höherem Vorwissen) oder zum Beispiel als Hilfe-/Feedbackkarten angelegtem Material, differenziert für den einzelnen Lernenden möglich.

10.7 Resümee und Ausblick

Die hier beschriebene Experimentiereinheit ist ein etabliertes Modul in den Lehr-Lern-Laboren der Universität Kassel und der Technischen Universität Dresden. Insbesondere die Schwerpunktsetzung im kooperativen und kollaborativen Forschen macht diese Einheit in ihrer wissenschaftsmethodischen Anlage noch authentischer in der Planung, Durchführung und Interpretation von Experimenten, um biologische Erkenntnisse in einem forschungsnahen Lernsetting zu generieren. Perspektivisch sind Weiterentwicklungen im Einsatz digitaler Unterstützungsmaterialien geplant, um die personelle Betreuungsintensität zu reduzieren und ein differenziertes Voranschreiten im Erkenntnisprozess bzw. beim Experimentieren zu fördern.

11

Stressreduktion durch Riesenschnecken – Entwicklung einer Anti-Stresstherapie für Kinder und Jugendliche

Roman Auer

> **Zusammenfassung**
>
> Das Kapitel beschreibt ein Schulprojekt, in dem Schüler:innen untersuchten, ob Achatschnecken eine stressreduzierende Wirkung auf Kinder und Jugendliche haben. Es werden die Rahmenbedingungen und die Motivation des Autors für das Projekt dargelegt. Der Ablauf wird anhand des Versuchsdesigns, der eingesetzten Methoden und Materialien sowie der Durchführung in fünf Phasen vorgestellt. Die Ergebnisse und deren Diskussion, bereichernde Aspekte sowie die Herausforderungen und Empfehlungen für Lehrkräfte werden beschrieben. Ein abschließendes Resümee und Ausblick runden das Kapitel ab.

11.1 Kurze Beschreibung

Afrikanische Achatschnecken, auch Riesenschnecken genannt, sind eine beliebte Tierart für Schulterrarien, da sie einerseits leicht zu halten und pflegen und andererseits ob ihrer Größe beeindruckend sind. Am Tag der offenen Tür sind sie Besuchermagnete. Bei genauerem Hinsehen besitzen diese Tiere eine wertvolle Fähigkeit, die in unserer schnelllebigen Zeit immer mehr abhandenkommt: sie reduzieren Stress – allein durch ihre Anwesenheit! Dass der Kontakt mit den lebenden Achatschnecken tatsächlich stressreduzierend wirkt, wurde von den Schüler:innen der Projektgruppe vorwissenschaftlich untersucht. Das von der Projektgruppe leidenschaftliche verfolgte Projekt „*Stressreduktion durch Rießenschnecken*" wurde

R. Auer (✉)
Vöcklabruck, Österreich
E-Mail: auer@eduhi.at

Abb. 11.1 Vier Mitglieder des Projektteams bei der Präsentation ihrer Arbeit beim Jugend Innovativ Award. (© Auer Roman)

beim Jugend Innovativ Award 2024, in der Kategorie „*science*" eingereicht und gewann den 3. Platz (Abb. 11.1).

11.2 Rahmenbedingungen

- **Tierart:** Afrikanische Achatschnecke oder Riesenschnecke (*Achatinidae*)
- **Schultyp:** Bundesrealgymnasium Schloss Wagrain, Vöcklabruck
- **Schulklasse(n):** Oberstufe, 6. Klasse
- **Beteiligte Personen:** 14 Schüler:innen, 1 Lehrer
- **Fach:** Wahlpflichtgegenstand Biologie
- **Dauer des Projektes:** 1 Semester, davon Unterrichtseinheiten: 6
- **Dauer des Tieraufenthaltes:** dauerhaft an der Schule
- **Finanzierung:** Die Tierhaltung an der Schule (Aquarien, Terrarien) wird Großteiles über Projektgelder, Unterstützung durch den Elternverein sowie privates Engagement finanziert.

11.3 Motivation

Ansätze, Schnecken zur Stressreduktion zu verwenden gibt es zahlreiche, wissenschaftliche Forschungen, welche die psychische Wirkung der Tiere auf den Menschen nachweisen, findet man hingegen kaum. Einige vorwissenschaftliche Grundlagen soll dieses Projekt liefern. Das Forschungsziel des Projektes besteht darin, herauszufinden, ob es tatsächlich möglich ist, durch die Beschäftigung mit großen langsamen Schnecken eine messbare Entspannung bzw. Stressreduktion bei Kindern zu initiieren. Ebenso sollte herausgefunden werden, wie weit die effektive Nähe zu den Tieren die Ergebnisse beeinflusst, ob also zwischen reiner Beobachtung, taktiler Berührung und direktem flächigen Körperkontakt messbare Unterschiede zu verzeichnen sind.

11.4 Ablauf und Herangehensweise

Versuchsdesign Stress ist ein unangenehmer Zustand, der aber nur schlecht messbar und in Zahlen darzustellen ist. Stress bedingt, wie die meisten aufgrund eigener Erfahrungen wissen, neben anderen Symptomen auch erhöhte Transpiration durch Schwitzen. Durch die Ionen im Schweiß erhöht sich die elektrische Leitfähigkeit der Hautoberfläche und die ist messbar! Über die Erfassung des Hautleitwertes ist also unter Ausschluss externer Störfaktoren indirekt der Stresslevel einer Versuchsperson detektierbar! Und das ist die methodische Basis des Projektes. Mithilfe des Hautleitwert-Detektors „eSense Skin Response" der Firma Mindfield®-Biosystems wird über Klettelektroden, die an den Fingerkuppen der Proband:innen angebracht werden, der Stresslevel in verschiedenen standardisierten Situationen erfasst.

Methoden und Materialien Das Messgerät schickt eine ungefährliche Spannung von der einen zur anderen Elektrode. Der Sensor erfasst dabei die Leitfähigkeit der Haut, die direkt vom Vorhandensein von Ionen abhängig ist. Schweiß besteht in erster Linie aus Salzwasser, je mehr Schweiß demnach von den Schweißdrüsen produziert wird, desto besser kann Strom fließen und desto höher ist der Hautleitwert. Nachdem die Proband:innen keiner physiologischen Belastung unterzogen werden, kann demnach davon ausgegangen werden, dass die Schweißproduktion ausschließlich aus einer psychologischen Belastung resultiert, also eine Folge von Stress ist!

Durchführung Die Visualisierung der Werte erfolgt mithilfe eines iPads. Das Gerät zeichnet den Hautleitwert der untersuchten Person während des gesamten Verlaufes der Sitzung auf. Die erhaltenen Graphen werden anonymisiert und geschlechtergetrennt gespeichert.

Die Messungen werden bei 30 freiwilligen Proband:innen aus den 1. Klassen des BRG Schloss Wagrain durchgeführt. Es sind jeweils 15 weibliche, sowie 15 männliche Testpersonen. Die Messungen werden immer einzeln durchgeführt, pro Person dauert die Sitzung ca. sechs Minuten. Die Messungen finden im Klassenraum bzw. im Biologiesaal, also in vertrauter Umgebung statt. Die restliche Klasse arbeitet inzwischen mit der Lehrperson, sodass auch der Lautstärkenpegel und das Stimmengewirr der Klassenkolleg:innen eine konstante und vertraute Hintergrundsituation schafft.

Eine Messung wird in **fünf Phasen** aufgeteilt, wobei bei allen Testpersonen der zeitliche und dramaturgische Ablauf exakt eingehalten werden.

1. *Ruhephase:* Am Beginn wird ein ca. zwei Minuten langes Gespräch geführt. Bei diesem Gespräch wird darauf abgezielt eine entspannte Situation zu schaffen und infolgedessen ein Referenzmaß für den individuellen Ruhe-Leitwert zu bekommen. Die Proband:innen sprechen mit Projekt-Schüler:innen im Einzelgespräch über alltägliche, aber stets positive Dinge, z. B. Lieblingsessen, Ferienpläne, Hobbys, etc. Nach ca. 2 min pendelt sich ein aussagekräftiger Referenzwert auf tiefem Niveau ein.
2. *Stressphase:* Unmittelbar nach den zwei Minuten wird die Situation umgekehrt und der zweite Referenzwert, der maximale Stresswert ermittelt. Dies gelingt durch schnelles Abfragen von Rechnungen, wobei eine zweite Schülerin die Proband:innen zusätzlich anfeuert und unter erheblichen Zeitdruck bringt.
3. *Schnecken – Beobachtungsphase:* Sobald die einminütige Stressphase vorbei ist, wird eine Riesenachatschnecke beigezogen und auf dem Tisch positioniert. Die Testperson beobachtet die Schnecke in ihren Bewegungen und nimmt Blickkontakt auf. Es erfolgt eine langsame Annäherung an das Tier. Dieser Vorgang dauerte eine Minute.
4. *Fütterungsphase:* Unmittelbar nach der Beobachtungsphase erhalten die Testpersonen Gurken bzw. Bananen damit sie die Tiere füttern können (Abb. 11.2). Ziel dieser Phase ist eine weitere Reduktion der Distanz zum Tier bis zur Berührung der Schnecke. Der Vorgang dauert ebenfalls eine Minute.
5. *Direkter Hautkontakt*: In der letzten Phase wird die Schnecke flächig auf die sensorenfreie Hand der Proband:innen gesetzt, um ihnen die Möglichkeit zu geben, mit der Schnecke vollkommen in direkten Hautkontakt zu treten und sich mit allen Sinnen auf das Tier zu fokussieren. Dieser Vorgang dauert ebenfalls ca. eine Minute.

Ergebnisse und Diskussion 100 % der getesteten Schüler:innen zeigen unmittelbar nach der Stressphase einen deutlichen Abfall des Hautleitwertes. Dieser Abfall kann durchaus mit dem Wegfall des provozierten Zeit- und Leistungsdrucks zusammenhängen und ist nicht zwingend den Tieren zuzuordnen. Der signifikante Abfall der Hautleitwerte ist daher noch kein Indiz auf das stressreduzierende Po-

Abb. 11.2 Versuchsaufbau.
(© Roman Auer)

tenzial der Schnecken. Im weiteren Verlauf der Messungen und mit intensiviertem Kontakt zu den Tieren ist aber bei 94,5 % der Proband:innen ein kontinuierlicher Abfall der Leitwerte – in 62,3 % sogar unter den vorher individuellen Ruhe-Referenzwert – festzustellen! Die Begegnung mit den Tieren reduziert also eindeutig den Hautleitwert, also die Stresssymptome!

Die letzte Phase des Versuchs startet ausnahmslos bei allen Proband:innen mit einem deutlichen Peak. Die beeindruckenden Tiere auf der Hand zu halten und mit ihnen in direkten Körper- bzw. Hautkontakt zu treten, verursacht bei allen Testpersonen offensichtlich eine kurze psychische Anspannung. Die Leitwerte fallen aber unmittelbar danach wieder steil ab und zeigen bei allen Proband:innen am Ende des Versuchs einen Tief-, bei einzelnen getesteten Schüler:innen sogar <u>den</u> Tiefstwert der gesamten Messung!

11.5 Highlights und Erfolge

Forschendes Lernen mit Schüler:innen an einem gemeinsamen Projekt bringt vor allem dann gewisse Herausforderungen mit sich, wenn man das geschützte Umfeld der Schule verlässt. Die Teilnahme an einem Wissenschaftswettbewerb ist so eine Situation. Die Note als Maßeinheit für die individuelle Leistung im Unterricht rückt in den Hintergrund. Das „Genügend" mag zum Aufsteigen in die nächste Klasse reichen, im Konkurrenzkampf um den Finaleinzug und die Gunst der Juror:innen genügt es sicher nicht! Das Projekt muss von der Planung über die Ausführung bis zur Präsentation und Diskussion der Ergebnisse einer fachlichen und öffentlichen Kritik standhalten – akribisches Arbeiten, kreative Lösungsideen und nicht zuletzt Selbstvertrauen in die eigene Leistung sind angesagt! Je konstruktiver im Team gearbeitet wird, je genauer und fundierter die Basisdaten erhoben und ausgewertet werden und je nachvollziehbarer die Hypothesen belegt werden, umso höher sind die Chancen auf einen Sieg.

11.6 Herausforderungen und Empfehlungen für Lehrkräfte

Zweifelsfrei ist diese Sonderform der schulischen Lehre eine optimale Vorbereitung auf die kommenden Ansprüche einer universitären Weiterbildung oder gar einer wissenschaftlichen Karriere. Zum einen fördert die Arbeit am Forschungsprojekt jene Skills, die im späteren Berufsleben die Grundlage für effizientes Arbeiten sind. Zum anderen wird den Jugendlichen vor Augen geführt, dass die Notenskala nicht das Maß aller Dinge ist, sondern es da draußen eine Welt gibt, die in völlig anderen Kategorien tickt.

Auch die Lehrperson, die sich den Herausforderungen eines Projektwettbewerbs stellt, verlässt die liebgewonnene Wohlfühlzone der schulischen Routinearbeit. Sich mit den Schüler:innen auf ein vorwissenschaftliches Forschungsabenteuer einzulassen bedeutet erheblichen, in der Regel unbezahlten Mehraufwand in Form von Organisationstätigkeit, viel Schreibarbeit und vor allem das Erstellen eines Präkonzeptes. Klar, dass die Jugendlichen mit Euphorie, Tatendrang und Siegeswillen ans Werk gehen – ohne einer gewissen Leitung und Lenkung durch die Lehrperson endet das Unterfangen aber zwangsläufig in Chaos und Frust. Es braucht also den dezenten roten Faden im Kopf der Betreuer:innen, der das Ziel fokussiert und zu dem manche Irrwege wieder zurückgeführt werden müssen.

11.7 Resümee und Ausblick

Das Projekt hat eindrucksvoll gezeigt, dass Riesenschnecken einen positiven Einfluss auf die Stressbewältigung von Schüler:innen haben können. Sich mit ihnen auf ein vorwissenschaftliches Forschungsabenteuer einzulassen, bedeutet einen erheblichen Mehraufwand. Und dennoch zählen Projektarbeiten zu den unvergesslichen Highlights des Lehrer:innen-Berufs. Nirgends sonst ist ein engeres Zusammenarbeiten mit den Schüler:innen möglich. Nirgends sonst gibt es ein intensiveres Verhältnis zwischen Schüler:innen und Lehrpersonen, kommt man sich persönlich näher und erlebt man gemeinsam die Höhen und Tiefen auf dem Weg zum Ziel. Wer jemals in die Augen einer erfolgreichen Projektgruppe sehen und die stolzen und strahlenden Gesichter der Jugendliche bei der Urkundenübergabe durch den Unterrichtsminister erleben durfte, weiß, warum es all die Mühen wert sind, die eine vorwissenschaftliche Projektarbeit mit sich bringt!

Turtelträume am Reithmanngymnasium

12

Thomas Berti

12.1 Kurze Beschreibung

Seit dem Schuljahr 2012/13 sind Brieftauben fester Bestandteil des Schullebens am BG/BRG Reithmanngymnasium in Innsbruck (Abb. 12.1). Das Projekt *„Turtelträume"* verbindet theoretisches Wissen mit praktischer Arbeit an lebenden Tieren. Die Schüler:innen lernen nicht nur Biologie und Verhaltensforschung, sondern engagieren sich auch in interdisziplinären und außerschulischen Projekten.

Durch die Haltung von Brieftauben am Dach der Turnhalle ist es möglich, einen Unterricht zu gestalten, bei dem sich theoretisches Erfassen und praktisches Tun durchdringen. Das Projekt umfasst einen weiten Handlungsspielraum für Schüler:innen: von der Pflege, Haltung und dem Training der Brieftauben bis hin zu Vorträgen über Brieftauben an anderen Bildungseinrichtungen oder der Organisation eines Hochzeitsauflasses von Brieftauben für frisch vermählte Paare.

12.2 Rahmenbedingungen

- **Tierart:** Brieftauben (*Columba livia domestica*)
- **Schultyp:** BG/BRG Reithmanngymnasium Innsbruck
- **Schulklasse:** Verschiedene Altersstufen: Klassenübergreifend
- **Fach/Fächer:** Biologie, Module, Freifach, Mathematik
- **Beteiligte Personen:** Schüler:innen der Taubengruppe, 1 Lehrer
- **Dauer des Projektes:** Langfristiges Schulprojekt seit 2012/13

T. Berti (✉)
Oberhofen Tirol, Österreich
E-Mail: t.berti@tsn.at

© Der/die Autor(en), exklusiv lizenziert an Springer-Verlag GmbH, DE, ein Teil von Springer Nature 2025
L. Virtbauer (Hrsg.), *Lebendiges Lernen mit lebenden Tieren – Einsatz von Tieren in pädagogischen Settings*, https://doi.org/10.1007/978-3-662-70219-2_12

Abb. 12.1 Taubenschlag am Dach des Reithmanngymnasiums. (© Thomas Berti)

- **Dauer des Tieraufenthaltes:** seit 2012 dauerhaft an der Schule
- **Kostendeckung:** Eigenmittel, Projektförderungen, Kooperationen mit anderen Schulen

12.3 Motivation

Die Motivation für die Durchführung des Projekts lag in der Möglichkeit, Schüler:innen durch Primärerfahrungen mit lebenden Tieren einen besonders nachhaltigen und praxisorientierten Zugang zur Biologie zu ermöglichen. Anstatt sich nur theoretisch mit biologischen Konzepten auseinanderzusetzen, erhielten die Beteiligten die Chance, unmittelbar mit Lebewesen zu arbeiten und dabei Verantwortung für deren Wohlbefinden zu übernehmen.

Ein zentrales Ziel war es, durch die direkte Interaktion mit den Tauben emotionale Bindungen und ein stärkeres Bewusstsein für artgerechte Haltung und ökologische Zusammenhänge zu schaffen. Der Lehrer verfolgte zudem die Absicht, durch den Einsatz lebender Tiere im Unterricht die Motivation und das Interesse der Schüler:*innen am Fach Biologie zu steigern. Insbesondere das forschende Lernen sollte durch eigenständige Beobachtungen und Experimente gefördert werden. Die interdisziplinäre Natur des Projekts ermögliche darüber hinaus die Einbindung weiterer Fächer wie Musik, Geschichte und Ethik, wodurch den Schüler:*innen ein ganzheitlicher Bildungsansatz vermittelt wurde.

Die positiven Effekte auf die Schüler:innen wurden durch regelmäßige Befragungen bestätigt. Sie zeigten, dass der direkte Kontakt mit den Tieren eine stärkere emotionale Verbindung und eine tiefere Auseinandersetzung mit biologischen und ethischen Fragestellungen förderte. Gleichzeitig wurden Verantwortungsbewusstsein und Teamarbeit als Schlüsselkompetenzen entwickelt, die über das Fach Biologie hinaus von Bedeutung sind.

12.4 Ablauf des Projekts

Das Projekt „*Turtelträume*" setzt sich aus verschiedenen Bausteinen zusammen, die sowohl theoretische als auch praktische Elemente umfassen. Im Rahmen der Vorbereitung wurden verschiedene Überlegungen im Hinblick auf eine Kompetenzorientierte Unterrichtsplanung angestellt:

- Fachwissen über die Biologie, Haltung, Pflege, Verhalten und Aufzucht von Brieftauben: Bewerten und Anwenden der biologischen Erkenntnisse – Handeln an der Schnittstelle von Biologie und Gesellschaft
- Stationenbetrieb: Vögel/Wirbeltiere in Leichtbauweise: das Vogelskelett/Brut und Aufzucht der Brieftauben/Körperteile der Tauben/ Taubenflug/ Orientierung/ "Ein- und Zweiwegtauben"/ Taube in der Bibel/…
- Erarbeitung einer Pflegekompetenz und Erstellung eines Pflegeplans, Theoretisches und praktisches Einarbeiten für Auf- und Nachzucht und Haltung von Brieftauben, Verhaltensbeobachtungen, Absetzen der Jungtiere – Flugschulung, Gesundheitskontrollen: Vorträge und Diskussionen im Klassenverband, Umfragen zur Einstellung gegenüber Tauben, Präsentation des Projektes am Tag der offenen Tür/schulübergreifende Präsentationen
- Unterschiedliche Basiskonzepte über die Struktur, Funktion und Entwicklung von Lebewesen, mögliche negative kognitive und emotionale Haltung gegenüber Tauben: Unterschiedlich vorhandenes Fachwissen und Fachsprache zum Thema Brieftauben, unterschiedliche Einschätzung heterogener Lebensmodelle
- Soziale Differenzierung durch unterschiedliche Sozialformen, Groß- und Kleingruppenunterricht, arbeitsgleiche und arbeitsteilige Gruppenarbeit, Partnerarbeit, interessensbezogene und begabungsorientierte Einzelarbeit
- Förderung der sprachlichen Ausdrucksfähigkeit durch Formulierung von Merksätzen, Definieren von Begriffen – Einüben von Schüler:innenvorträgen, altersgerechter Einsatz der Schüler:innen bei der Außenkommunikation des Projektes Turtelträume
- Leistungskontrolle der schriftlichen Dokumente (Stationenbetrieb, …), Bewertung der experimentellen und praktischen Arbeiten (Soziogramm, Pflege, …) Reflexion und Analyse der Vorträge durch die Klasse/Gruppe

Pflege und Training der Brieftauben Die tägliche Betreuung der Brieftauben erfolgt durch die Schüler:innen, die sich in kleinen Teams organisieren. Sie kümmern sich um Fütterung, Reinigung des Taubenschlags und Gesundheitskontrollen. In regelmäßigen Abständen werden die Jungtiere von den Schüler:innen trainiert, um ihre Flugfähigkeiten zu entwickeln und sie auf ihre spätere Rolle als Brieftauben vorzubereiten. Auch in den Ferien übernehmen Freiwillige die Betreuung der Tiere.

12.5 Naturwissenschaftliche Experimente

Die Schüler:innen analysieren das Flugverhalten der Brieftauben und erforschen, wie sich Umweltbedingungen auf ihre Orientierung auswirken. Eine besondere Experimentiermethode war der Einsatz von Taubenpfeifen, die beim Flug unterschiedliche Töne erzeugen. Zudem wurde versucht, mithilfe von Minikameras das Verhalten der Tiere in ihrem Lebensraum zu dokumentieren (siehe auch Abb. 12.2). Diese Aufnahmen ermöglichten detaillierte Analysen der Rangordnung und des Sozialverhaltens innerhalb der Taubengruppe.

Kriteriengeleitete Beobachtung: Wer turtelt mit wem? Im Rahmen des Projekts wurde eine Unterrichtseinheit entwickelt, um das Sozialverhalten der Brieftauben genauer zu erforschen. Die Schüler:innen beobachteten über zwei Stunden hinweg die Interaktionen der Tauben und notierten ihre Beobachtungen in Form eines Soziogramms. Dabei wurden insbesondere Beziehungen zwischen den Tauben erfasst: Wer turtelt mit wem? Wer geht auf Distanz? Wer dominiert das Geschehen? Durch die semiquantitative Erhebung dieser Interaktionen konnten die Schüler:innen eine Hierarchie innerhalb der Taubengruppe ermitteln und soziale Strukturen analysieren. Die Ergebnisse wurden grafisch dargestellt und anschließend diskutiert. Angestrebt wurde dabei die Teilkompetenz: „Gewinnung verhaltensbiologischer Erkenntnisse mit naturwissenschaftlichen Methoden".

Aufgabe für die Schüler:innen

> **Wer turtelt mit wem?**
> Die soziale Strukturierung unserer Brieftauben
> Beobachtungszeit: 2 Stunden

Wir versuchen die sozialen Strukturen unserer Brieftauben semi-quantitativ zu ergründen. Aufgrund von Zahl und Intensität der Interaktivität zwischen den Brieftauben können wir ersehen, wer mit wem turtelt, wer mit wem streitet, sich unterwürfig verhaltet oder sich als „Pascha" gibt.

Durchführung
1. Gib den Brieftauben Namen. (Dies erleichtert gewöhnlich die Arbeit und die Kommunikation über die Tiere – memotechnisches Hilfsmittel).

Abb. 12.2 Schüler mit Taube „Jenny" und angebrachter Kamera. (© Berti Thomas)

2. Erhebe semi-quantitativ, wer mit wem turtelt und wer ohne Partner/Partnerin lebt. Stelle die Sympathieverhältnisse in der Gruppe dar. Verwende Pfeile zwischen den Namen der Tiere, um die Richtung und Stärke von Interaktionen anzuzeigen.
3. Erarbeite die Dominanzstruktur innerhalb der Gruppe. Wer bedroht/verdrängt (wird bedroht/wird verdrängt) wen? Stelle beide Strukturen graphisch dar.
4. Fasse die Gruppenstruktur der Brieftauben in einem kurzen Statement zusammen.

Analyse der Mensch-Tier/Tauben-Interaktionen Ein weiteres Unterrichtsprojekt bestand darin, die Beziehung zwischen Menschen und Tauben in der städtischen Umgebung zu untersuchen. Die Schüler:innen führten Interviews mit Passant:innen durch und stellten ihnen Fragen zur Wahrnehmung von Tauben. Dabei wurden Assoziationen, Emotionen und Vorurteile gegenüber den Tieren erfasst. Zusätzlich dokumentierten sie taubenfreundliche und taubenfeindliche Umgebungen in der Stadt, etwa durch das Fotografieren von Futterstellen oder Taubenabwehrsystemen. Die gesammelten Daten wurden anschließend analysiert und in einer Präsentation aufbereitet, die zum Nachdenken über den Umgang mit Stadttauben anregte. Für die Lernaufgabe „Taubenreportage" wurde die Teilkompetenz „Erhebung von Daten und Meinungen mittels Befragungen und Interviews von Passanten" angestrebt.

Aufgabe für die Schüler:innen

> **Taubenreportage** (Analyse der Beziehungen zwischen Menschen und Tauben)
> Material: Kamera, Schreibzeug, Aufnahmegerät

- Folgende drei Fragen sollen in einem Interview mit Passant:innen beantwortet werden:
  1. Welche Assoziationen und Gefühle verbinden die Passant:innen mit der Taube – Warum und gab es bereits etwaige Taubenerlebnisse?
  2. Ist die Taube ein hässliches oder schönes Tier? Warum? Wie reagiert die Passantin/der Passant auf Taubenberührung?
  3. Was weiß die Passantin/der Passant über Tauben (Orientierung, Taubendünger,…)?
- Haltet Ausschau nach Taubenfreunden (wer Tauben liebend Futter streut …) und Taubenfeinden („Gemma Taubenvergiften im Park …") und befragt die Personen nach ihren Beweggründen.
- Versucht taubenfreundliche (Brunnen …) und taubenfeindliche (Taubenabwehrsysteme …) zu dokumentieren.

12.6 Forschungsarbeit und Interviews

Die Forschungsarbeit innerhalb des Projekts zielte darauf ab, den Einfluss der Arbeit mit Brieftauben auf die Motivation und das Interesse der Lerner:innen am Fach Biologie zu untersuchen. Dazu wurden Interviews mit den teilnehmenden Schüler :innen sowie mit Außenstehenden geführt. Die Interviews waren teils strukturiert, teils offen, um individuelle Perspektiven zu erfassen. Eine zentrale Fragestellung war, ob und inwiefern sich die Wahrnehmung von Tauben und das Interesse an der Biologie durch das Projekt veränderten.

Die Ergebnisse der Interviews zeigten, dass die meisten Schüler:innen ihr Interesse an Tauben und allgemein an Tieren deutlich gesteigert hatten. Sie berichteten, dass sie durch die tägliche Pflege und die wissenschaftliche Auseinandersetzung mit den Tieren ein tieferes Verständnis für biologische Prozesse und artgerechte Tierhaltung entwickelt haben. Besonders die direkte Interaktion mit den Tauben wurde als bereichernd und motivierend empfunden (siehe auch Abb. 12.3). Zudem wurde festgestellt, dass Schüler:innen, die zuvor Berührungsängste oder sogar Vorurteile gegenüber Tauben hatten, diese durch ihre aktive Teilnahme am Projekt abbauen konnten. Die Schüler:innen äußerten auch, dass sie durch das Projekt ein stärkeres Verantwortungsbewusstsein entwickelt und gelernt haben, im Team zu arbeiten.

Neben den positiven Aspekten wurde in den Interviews auch thematisiert, dass die Arbeit mit lebenden Tieren viel Geduld und kontinuierliche Pflege erfordert. Einige Schüler:innen empfanden die tägliche Betreuung als herausfordernd, insbesondere in den Ferienzeiten. Dennoch gaben fast alle Teilnehmer:innen an, dass sie das Projekt als eine wertvolle Erfahrung betrachten, die sie über den Schulunterricht hinaus geprägt hat.

12.7 Präsentationen und Öffentlichkeitsarbeit

Ein weiterer wichtiger Bestandteil des Projekts war die Kommunikation mit der Öffentlichkeit. Die Schüler:innen hielten Vorträge über ihre Erfahrungen und präsentierten das Projekt bei Schulveranstaltungen, wissenschaftlichen Konferenzen und in anderen Bildungseinrichtungen. Auch außerschulische Veranstaltungen, wie der Taubenauftritt bei Hochzeiten oder Ausstellungen, trugen zur Bekanntmachung und Vernetzung des Projekts bei.

Abb. 12.3 Die Schülerinnen zeigen einen freundvollen und geübten Umgang mit den Tauben. (© Berti Thomas)

12.8 Highlights und Erfolge

Das Projekt erzielt in vielfacher Hinsicht große Erfolge. Besonders herausragend ist die erfolgreiche Aufzucht eigener „*Reithmanntauben*", was den Schüler:innen eine unmittelbare und langfristige Möglichkeit bietet, das Verhalten und die Entwicklung der Tauben zu beobachten. Herausragend war die Gründung einer Firma für Hochzeitstauben („*Glück im Anflug*") und die Mitarbeit an einem Museumsprojekt für die Förderung der Friedenskultur („*Projekt Frieda*") an Tiroler Schulen.

Ein weiteres Highlight war die hohe Motivation der Schüler:innen, die sich über Jahre hinweg aktiv in das Projekt eingebracht haben. Die regelmäßigen Befragungen zeigten, dass sie durch die Arbeit mit den Tauben eine gesteigerte Begeisterung für das Fach Biologie entwickelten. Zudem führte die Forschung mit Minikameras zu spannenden Erkenntnissen über das Sozialverhalten der Tauben, wodurch die Schüler:innen lernten, wissenschaftliche Methoden selbstständig anzuwenden.

Auch die kreative Idee der „*Taubenmusik*" durch den Einsatz spezieller Taubenpfeifen wurde als großer Erfolg gewertet. Diese Methode ermöglichte es den Schüler:innen, das Verhalten der Tauben auf eine innovative Weise zu erforschen und gleichzeitig einen künstlerischen Aspekt in das naturwissenschaftliche Projekt zu integrieren.

Nicht zuletzt wurde durch das Projekt eine starke Verbindung zwischen Schule und auch außerschulischen Einrichtungen hergestellt. Die Schüler:innen hielten Vorträge, besuchten andere Bildungseinrichtungen und nahmen an öffentlichen Veranstaltungen teil, wodurch das Bewusstsein für den respektvollen Umgang mit Tauben in der Gesellschaft gefördert wurde.

12.9 Herausforderungen und Empfehlungen für Lehrkräfte

Trotz der vielen positiven Aspekte bringt das Projekt auch einige Herausforderungen mit sich. Die Konstruktion des Taubenschlages wurde aufgrund mangelnder technischer Ausstattung unserer Schule von der HTL Trenkwalderstraße übernommen. Das Eindringen von Mardern und sogar einmalig von einem Habicht ergab einen traurigen Verlust von Brieftauben. Der Brieftaubenschlag muss daher nach jedem Freiflug der Tauben sicher vor tierischen Eindringlingen sein. Die finanziellen Herausforderungen (Futter, Reparaturarbeiten, Brieftauben, Exkursionen) werden durch Projektförderungen aber auch Eigenmittel gemeistert.

Zudem zeigte sich, dass Schüler:innen mit unterschiedlichen Wissensständen und Einstellungen zum Thema Tauben verschiedene Lernzugänge benötigten. Einige Schüler:innen mussten erst ihre Vorurteile oder sogar ihren Ekel gegenüber den Vögeln überwinden. Schließlich erforderte die tägliche Betreuung der Tiere ein hohes Maß an Engagement, insbesondere während der Ferienzeiten. Lehrkräfte, die ein ähnliches Projekt umsetzen möchten, sollten sich daher auf eine langfristige Organisation und intensive Betreuung einstellen.

12.10 Resümee und Ausblick

Im Biologieunterricht ist die unmittelbare Begegnung mit lebenden Tieren durch nichts zu ersetzen. Nur durch die Primärerfahrungen und affektiven Beziehungen der Schüler:innen zu den Brieftauben ist auch die zielgerichtete Umsetzung neuer Inhalte und Aufgabenstellungen möglich. So ist es durch einen Kontakt zu einem Züchter für Saltotauben dazu gekommen, dass diese seit 2024 in unserem Brieftaubenschlag leben. Seit 2024 sind unsere Brieftauben mit einem GPS Tracker ausgestattet und es ist möglich, ihre Freiflüge am Computer nachzuverfolgen und auszuwerten. Weitere Eindrücke des Projektes sind auf der Homepage der Schule zu finden: www.reithmann.tsn.at.

MIX
Papier aus verantwortungsvollen Quellen
Paper from responsible sources
FSC® C105338

If you have any concerns about our products,
you can contact us on
ProductSafety@springernature.com

In case Publisher is established outside the EU,
the EU authorized representative is:
**Springer Nature Customer Service Center GmbH
Europaplatz 3, 69115 Heidelberg, Germany**

Printed by Libri Plureos GmbH
in Hamburg, Germany